Josef Köhler

Relative Dauerfestigkeit

Weitere empfehlenswerte Titel

Nachgiebige Mechanismen
Lena Zentner, 2014
ISBN 978-3-486-76881-7, e-ISBN 978-3-486-85890-7

Höhere Festigkeitlehre
Peter Selke, 2013
ISBN 978-3-486-71407-4, e-ISBN 978-3-486-74860-4

Technische Mechanik 1-3, 18. Auflage
Bruno Assmann, Peter Selke, 2007
ISBN 978-3-486-57955-0

Technische Mechanik 1
Friederich U. Mathiak, 2012
ISBN 978-3-486-71285-8, e-ISBN 978-3-486-71491-3

Technische Mechanik 2
Friederich U. Mathiak, 2013
ISBN 978-3-486-73570-3, e-ISBN 978-3-486-75100-0

Josef Köhler

Relative Dauerfestigkeit

Ermittlung der Dauerfestigkeiten im ppm-Bereich

DE GRUYTER
OLDENBOURG

Autor
Dr.-Ing. Josef Köhler
Erlengrund 5
82431 Kochel
koehler-kochel@t-online.de

ISBN 978-3-11-035868-1
e-ISBN 978-3-11-035871-1

Bibliografische Information der Deutschen Nationalbibliothek
Die Deutsche Nationalbibliothek verzeichnet diese Publikation in der Deutschen Nationalbibliografie; detaillierte bibliografische Daten sind im Internet über http://dnb.dnb.de abrufbar.

Rosenheimer Straße 143, 81671 München, Deutschland
www.degruyter.com
Ein Unternehmen von De Gruyter

Lektorat: Gerhard Pappert
Herstellung: Tina Bonertz
Druck und Bindung: Hubert & Co. GmbH & Co. KG, Göttingen

Gedruckt in Deutschland
Dieses Papier ist alterungsbeständig nach DIN/ISO 9706.

Vorwort

Mitte des 19. Jahrhunderts kam es zu ersten Zugunglücken auf Grund gebrochener Achsen und Radreifen. Die Bauingenieure, die für den Entwurf der Eisenbahnen zuständig waren, bekamen den Verdacht, dass die dynamische Festigkeit der verwendeten Materialien kleiner ist als die statische Festigkeit. Direktor August Wöhler (1819–1914) begann dieses Phänomen systematisch zu untersuchen. Zu diesem Zweck musste er aber erst eine geeignete Prüfmaschine entwerfen und bauen lassen. Seine Ergebnisse stellte er in einem Diagramm der Ausschlagsspannung über der logarithmischen Lastspielzahl vor, dem Wöhlerdiagramm. Seit dieser Zeit weiß man, dass die Dauerschwingfestigkeit von Stählen einem asymptotischen Grenzwert zustrebt, der etwa halb so groß ist wie die statische Festigkeit.

Zur selben Zeit gründete Johann Bauschinger (1834–1893) in München das Mechanisch Technische Laboratorium in der Polytechnischen Hochschule, später Technische Hochschule, dann Technische Universität. Auch er ließ Prüfmaschinen zur dynamischen Prüfung bauen, mit denen er die Verfestigung der Metalle bei alternierender Belastung feststellte, den Bauschinger Effekt.

Nachfolger Johann Bauschingers waren August Föppl (1854–1924), der sich mit theoretischen Lösungen der Dynamik befasste und Ludwig Föppl (1887–1976), der die Verteilung der Kraftlinien bzw. Dehnungslinien an Kerben im Spannungsoptischen Institut des Labors untersuchen ließ. Auf ihn folgte Heinz Neuber (1906–1989), der Kerbspannungen berechenbar machte. Seine Erfahrung aus der Spannungsoptik ermöglichte es ihm, mit einem Drei-Funktionen-Ansatz die Spannungen und Dehnungen in unmittelbarer Umgebung von Kerben, das sind Bohrungen, Nuten, Querschnittsübergänge, zu berechnen. Etwa zeitgleich gelang dies auch den beiden Russen Kolosov und Muscelischwili allerdings mit der Methode der konformen Abbildung. In den 1970er Jahren wurden Neubers Lösungen mit den numerischen Methoden der finiten Elemente und der Randwerte überprüft und bestätigt.

Die experimentelle Bestätigung der Auswirkung von Kerbspannungen im Dauerschwingversuch gelang allerdings nicht. Differenzen zwischen theoretischer Vorhersage und experimentellem Ergebnis von 100 % bis 200 % waren die Regel. Die Korrektur mit Hilfe der Mikro- und Makrostützwirkung brachte Verbesserungen beim Vergleich unterschiedlich gekerbter Bauteile. Der Vergleich gekerbter und ungekerbter Bauteile misslang aber vollständig.

Man kam zu der Erkenntnis: Solange man im Dauerschwingversuch immer die gleichen Proben prüft, bekommt man auch vergleichbare Ergebnisse und sieht keine Notwendigkeit an diesen zu zweifeln. Den fragwürdigen Wert dieser Ergebnisse sieht man erst beim Vergleich unterschiedlicher Probenformen. Das war der Anlass, das Wesen der Dauerfestigkeit näher zu untersuchen. Nationale Förderprogramme zur „Übertragbarkeit von Werkstoffkennwerten“ unterstützen diese Bemühungen seit fünf Jahrzehnten

Zusatzmaterial zum Buch ist auf der Verlagswebsite www.degruyter.com erhältlich.

Inhaltsverzeichnis

1 Einleitung

An der TU Berlin haben die Doktoranden Dorff, Mäiß, Dengel und Maennig, an der TU München Bertele, Köhler und Böhm in großer Zahl gleichartige Proben geprüft und die Ergebnisse in Wöhlerdiagrammen ausgewertet. Es resultierten sehr große Streubereiche, die nicht aus Unzulänglichkeiten des Versuches, sondern aus dem Werkstoff kommen. Da man Streuung mit den Werkzeugen der Statistik berechnet, ist es naheliegend, die Wahrscheinlichkeit als dritte Variable neben der Ausschlagsspannung und der Lastspielzahl einzuführen. Weitere Einflussgrößen sind die Mittelspannung, die Bauteilgröße, die Temperatur und die Umgebung.

Mit den Rasterelektronenmikroskopen, die seit 1970 zur Verfügung standen, konnten die Bruchflächen gebrochener Proben und Bauteile analysiert werden. Am mechanisch technischen Labor der TU München wurden in einer Versuchsreihe 250 Bruchflächen analysiert, um die Ereignisse nachzuempfinden, die zum Bruch führten. Daraus resultiert schließlich ein besseres Verständnis der Vorgänge und auch der notwendigen Auswertemethoden.

Üblicherweise ermittelte man im Dauerschwingversuch mit einer geringen Zahl von Proben eine mittlere Wöhlerlinie. Manchmal geben die Prüfer auch 10 % und 90 % Linien an, um die Breite des Streubereiches abzustecken. Für Produzenten von Massenartikeln z.B. in der Automobilindustrie ist dieses Vorgehen unzulänglich. Wenn ein Unternehmen pro Jahr 50 Millionen Bauteile herstellt und vertreibt, benötigt man Aussagen im Bereich von 1 ppm.

In modernen Massenproduktionen versucht man mit der Nullfehlerstrategie die Ausfallwahrscheinlichkeiten einzelner Komponenten möglichst bei 1 ppm (parts per million) zu halten, um die gewünschte Zuverlässigkeit der Gesamtsysteme zu gewährleisten. Bei geometrischen Fehlern kann man die notwendigen Nachweise durch Messungen erbringen. Selbst das gelingt nur mit automatisierten Messmethoden. Wenn man nämlich sicherheitsrelevante Bauteile zu 100 % vermessen muss, dann muss alle 0,5 Sekunden ein Bauteil fertig vermessen und dokumentiert werden. Derartige Systeme existieren und funktionieren heute bereits.

In der Zuverlässigkeitsanalyse wären diese Nachweise nur mit vielen Probanden in langen Testreihen möglich. Ein Dauerschwingversuch auf einem elektromagnetischen Resonanzpulsator oder einem servohydraulischen Pulsator benötigt zwei Tage für zehn Millionen Lastwechsel. Es erscheint unmöglich, für jeden Werkstoff eine Million Bauteile zu prüfen, um Ergebnisse in ppm zu erzielen. Man ist deshalb auf Prognosen angewiesen. Gesucht ist die zuverlässige Ermittlung der Dauerfestigkeit mit ca. 0 % bzw. 1 ppm Bruchwahrscheinlichkeit. Im Folgenden wird ein einfaches und praxiserprobtes Verfahren vorgestellt, eben diese Dauerfestigkeit zu definieren. Die Wöhlerlinie mit der Bruchwahrscheinlichkeit ca. Null nennt der Autor „Nullbruchlinie“ [1], ihren Schnittpunkt mit einer Grenzlastspielzahl „Nullbruchwert“. Das Verfahren erlaubt es, mit einer geringen Probenzahl die Nullbruchlinie statistisch gesichert zu bestimmen. Darüber hinaus wird gezeigt, wie man mit einigen Laborversuchen eine Basis zur Vorhersage der Dauerfestigkeit bei unterschiedlichen Betriebszuständen schafft.

2 Begriffe, Bezeichnungen

σ_A	Ausschlagsspannung
σm	Mittelspannung
σa	Ausschlagsspannung der Dauerfestigkeit
$\sigma a_{0,\infty}$	Ausschlagsspannung mit Bruchwahrscheinlichkeit 0, Bruchlastspielzahl ∞
$\sigma a_{E,\infty}$	Erwartungswert der Ausschlagsspannung bei der Bruchlastspielzahl ∞
$\sigma a_{E,0}$	Erwartungswert der Ausschlagsspannung bei der Bruchlastspielzahl 0
$\sigma a_{0,0}$	Ausschlagsspannung mit Bruchwahrscheinlichkeit 0, Bruchlastspielzahl 0
$\sigma a_{0.63,D}$	Charakteristischer Wert der Ausschlagsspannung bei der Grenzlastspielzahl
$\sigma a_{0.000001,D}$	Nullbruchwert bei 1ppm, Grenzlastspielzahl D
$\sigma a_{0.63,0}$	Charakteristischer Wert der Ausschlagsspannung, Bruchlastspielzahl 0
$\sigma a_{0.63,\infty}$	Charakteristischer Wert der Ausschlagsspannung, Bruchlastspielzahl ∞
$\sigma a_{0.000001,\infty}$	Nullbruchwert mit Bruchwahrscheinlichkeit 1ppm, Bruchlastspielzahl ∞
σa_{Hmax}	maximale Spannung einer Kerbe nach Hooke'schem Gesetz
Rm	Zugfestigkeit
R	Lastverhältnis σ_U / σ_O
N	Bruchlastspielzahl
N_D	Grenzlastspielzahl
Nc	mittlere Bruchlastspielzahl
z	Exponent der Wöhlerlinie
$G(\sigma a)$	Verteilung der Dauerfestigkeit
$u_{1-\alpha}$	Normiertes Merkmal der Normalverteilung
b	Steilheit der Weibullverteilung
α	Irrtumswahrscheinlichkeit
V, $V0$	Prüfvolumen
r	Krümmungsradius einer Kerbe
a	Risslänge (halbe Probenbreite)
L	Prüflänge
d	Probendicke
t	Kerbtiefe
M	Rissgeometrie
s	Standardabweichung der Stichprobe
$\bar{x}$	Mittelwert der Stichprobe
g	Wahrscheinlichkeitsdichte
G	Verteilungsfunktion
n	Stichprobenumfang
r	Merkmal
x	Extremes Merkmal
x_0	Inkubationswert (Grenzwert des Definitionsbereiches)
α_n	charakteristisches Merkmal

μ	Mittelwert der Grundgesamtheit
σ	Standardabweichung der Grundgesamtheit
Γ	Gammafunktion
B	Bestand
A	Ausfallmenge
λ	Ausfallrate
L	Losgröße
F	Funktionswahrscheinlichkeit

Die Kernstücke dieses Buches sind die Kapitel „Auswertungen" und „Streubandfunktion." Einführende Kapitel zur Versuchstechnik, Belastung, Fraktografie, Statistik, Bruchmechanik, Bruchwahrscheinlichkeit, Extremwerttheorie, Bruchmechanik und statistischer Größeneinfluss sind zum Einlesen voran gestellt. Diese Kapitel sind allerdings nur soweit ausgeführt, wie sie zum Verständnis der Kernaussagen nötig sind.

Das Wöhlerdiagramm wird üblicherweise als zweidimensionale Darstellung der Ausschlagsspannung in Abhängigkeit der Bruchlastspielzahl verwendet. In der DIN 50100 (1978) versucht man aus dieser zweidimensionalen Variablen eine eindimensionale Größe zu gewinnen, indem die Bruchlastspielzahl als Grenzlastspielzahl konstant gesetzt wird.

In der DIN 50100 gibt es deshalb nur eine einzige Dauerfestigkeit. Dieses Vorgehen ist für Ingenieure typisch aber nicht zielführend. Zu einem ganzheitlichen System kommt man erst, wenn man die Dauerfestigkeit als dreidimensionale Variable Ausschlagsspannung in Abhängigkeit der Bruchlastspielzahl und Bruchwahrscheinlichkeit behandelt. In diesem System gibt es dann eine Menge von Dauerfestigkeiten. Deshalb wird in diesem Buch jeder Messwert im Wöhlerversuch als Wertetripel (Auschlagsspannung, Bruchlastspielzahl, Bruchwahrscheinlichkeit) behandelt und als Dauerfestigkeit bezeichnet. Damit unterscheidet sich die Terminologie in diesem Buch von der Norm.

Auch die Bezeichnungen der Parameter, die dieses Buch verwendet sind nicht genormt.

Im Dauerschwingversuch wird immer häufiger der Begriff „Materialermüdung" verwendet. Das ist die Folge der Übersetzung des englischen „fatigue". In diesem Buch wird die Entstehung eines Dauerbruches als „Einschnürung – Faltung – Anriss" entsprechend dem Dugdale'schen Rissmodell [10] nachempfunden. Das sind progressive Vorgänge, die mit Ermüdung nichts zu tun haben. Der Ausdruck „Ermüdung" wird deshalb in diesem Buch nicht verwendet, da irreführend.

Wenn man in der Dauerschwingfestigkeit arbeitet und kommuniziert, kommt reflexartig der Begriff „Lebensdauervorhersage". Nach aktuellem Kenntnisstand ist es noch niemals gelungen, die Lebensdauer vorherzusagen. Man kann auch zeigen, warum das so ist und wohl auch so bleiben wird. Möglich ist stattdessen die Vorhersage der Bruchwahrscheinlichkeit bei vorgegebener Belastungsart, Auschlagsspannung und Grenzlastspielzahl, sowie bei konstanten Randbedingungen wie Temperatur und Umgebung.

3 Belastung

Die Dauerfestigkeit wird auf Prüfmaschinen ermittelt, die man Pulsatoren nennt. Mechanische Resonanzpulsatoren bestehen aus einem Feder-Masse-System. Ein Motor erregt über einen Exzenter einen Messbügel zu Schwingungen. An dem anderen Schenkel des Bügels ist die Probe befestigt. Durch Änderung der Drehzahl bis kurz unterhalb der Resonanz dieses Systems kann man hohe Kräfte auf die Probe aufbringen. Aufgeklebte Dehnmessstreifen erlauben es, die Kräfte zu messen. Diese Kräfte pulsieren sinusförmig. Das System wird in Ruhestellung kalibriert. Über Messverstärker und Anzeigegerät werden die Effektivwerte der Kraft angezeigt und eingestellt. Ein Zähler misst die Anzahl der absolvierten Lastspiele.

Hydraulische Pulsatoren erzeugen die Kräfte in Hydraulikzylindern. Ein pulsierender Kolben verändert den Öldruck annähernd sinusförmig. Die Messung der Kräfte erfolgt über kalibrierte Dehnmessstreifen. Die Lastspiele werden von einem Zähler festgehalten.

Elektromagnetische Resonanzpulstoren erzeugen die Schwingungen in speziellen Elektronenstrahlröhren für hohe Leistungen und übertragen die Kräfte über Elektromagnete auf die Probe. Dehnmessstreifen messen die Kräfte. Die Lastspielzahl wird von elektrischen Zählern festgehalten.

Hydropulsatoren erzeugen die Kräfte auf die Proben in einem ölhydraulischen Zylinder. Die pulsierenden Kräfte werden von elektrisch gesteuerten Servoventilen aufgebracht.

Piezoelektrische Resonanzpulsatoren für VHC-Prüfungen werden von Piezoelementen angeregt. Die Schwingungen werden durch einen Resonator verstärkt und auf die Probe übertragen.

3.1 Zug-/Druckbelastung

Die grundlegende Belastung im Laborversuch ist die Zug-/Druckbelastung. Das ist die Belastung in Richtung erster Hauptspannung $\sigma 1$. Man ermittelt die Ausschlagsspannung σa, die Bruchlastspielzahl N und die Bruchwahrscheinlichkeit G. Wenn Bauteile im Betrieb andere Belastungen erfahren, so kann man diese von den Laborergebnissen ableiten. Um die Ergebnisse unterschiedlicher Probenformen oder Belastungen vergleichen zu können, muss man eventuelle Kerbspannungen, oder Dehnungsgradienten bei Torsionsversuchen bzw. Umlaufbiegeversuchen oder auch die Querdehnungsbehinderung bei großen Querschnitten berücksichtigen. Die Querdehnungsbehinderung im Inneren einer Probe bewirkt eine zweite Hauptspannung und reduziert die wirksame Schubspannung. Deshalb beobachtet man viele Randbrüche in der Nähe der Oberfläche. Will man große und kleine Proben miteinander vergleichen, muss man diese Effekte genau analysieren oder unterschiedliche Probenlängen vergleichen.

3.2 Gleichmäßige Zug-/Druckbelastung

Im Laborversuch sind gleichmäßige Belastungen mit konstanter Ausschlagslast üblich. Man prüft auf jeder Laststufe mehrere Proben. Die Laststufen kann man vorher grob festlegen. Für ein Lastverhältnis von $R = \sigma u / \sigma o = 0{,}1$ gilt näherungsweise:

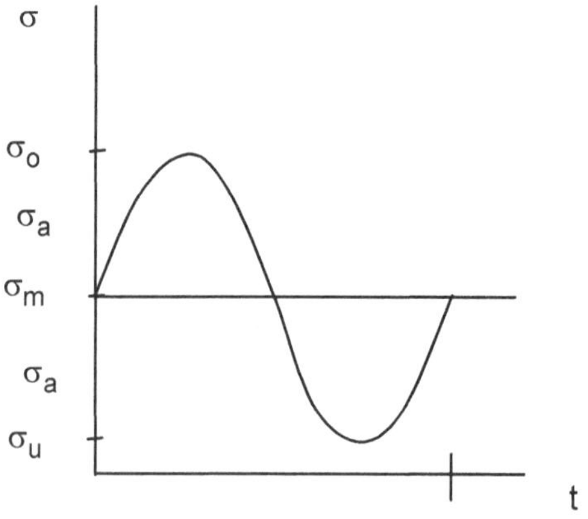

Bild 1: Zugschwellbelastung

$\sigma a = (1-R) \cdot R_m / 2$

$\underline{\sigma a}_{E,0} = 0{,}45\ R_m$

$\underline{\sigma a}_{E,\infty} \approx 0{,}5\ \underline{\sigma a}_{E,0}$ $\quad \underline{\sigma a}_{0,\infty} \approx 1/4\ \underline{\sigma a}_{E,0}$

$\underline{\sigma a}_{90,\infty} \approx 7/12\ \underline{\sigma a}_{E,0}$ $\quad \underline{\sigma a}_{90,0} \approx 13/12\ \underline{\sigma a}_{E,0}$

Bild 2: Erste Schätzwerte

Zielsetzung der Versuchsauswertung ist es, aus einem Minimum an Versuchen ein Maximum an Information zu holen. Man beginnt die Versuche im Zeitfestigkeitsgebiet. Wenn man keinerlei Kenntnis der Dauerfestigkeit hat, kann man das Wöhlerdiagramm mit Hilfe der Zugfestigkeit R_m grob abschätzen (Bild 2).

Die Versuche werden in drei Etappen geplant und durchgeführt (Bild 3):

- Ermittlung der mittleren Wöhlerlinie mit ca. 15 Proben auf 5 Spannungshorizonten im vermuteten Bereich $10^6 < N > 10^3$
- Ermittlung der Streuung mit 20 Proben auf dem Spannungshorizont, der einer mittleren Bruchlastspielzahl $N = 2 \cdot 10^5$ entspricht.
- Ermittlung der Dauerfestigkeit bei der Grenzlastspielzahl $N_D = 5 \cdot 10^6$ im Treppenstufenverfahren mit 10 Proben. Stufenabstand $d = 0{,}2 \cdot \sigma a_{E,\infty}$

Im Treppenstufenverfahren wird nach jedem Bruch die Belastung der nächsten Probe um einen Stufenabstand verringert. Nach einem Durchläufer, das sind Proben, die bei einer festgelegten Grenzlastspielzahl nicht gebrochen sind, wird die Belastung um den Stufenabstand gesteigert. Das Treppenstufenverfahren ist gut geeignet um mit wenig Versuchen eine mittlere Dauerfestigkeit zu ermitteln. Allerdings täuscht das Verfahren eine geringe Streuung vor. Um die Streuung der Dauerfestigkeit zu erfassen, kann man entweder mit hohem Aufwand auf eng gestaffelten Laststufen viele Proben prüfen, oder aber die Auswertung der Versuche auf die Erfassung der Streuung ausrichten. Um experimentell die Wahrscheinlichkeit von 1 % nachzuweisen, müssten auf jeder Laststufe 100 Proben geprüft werden. Allein das ist ein Grund nach brauchbaren Auswertungen zu suchen.

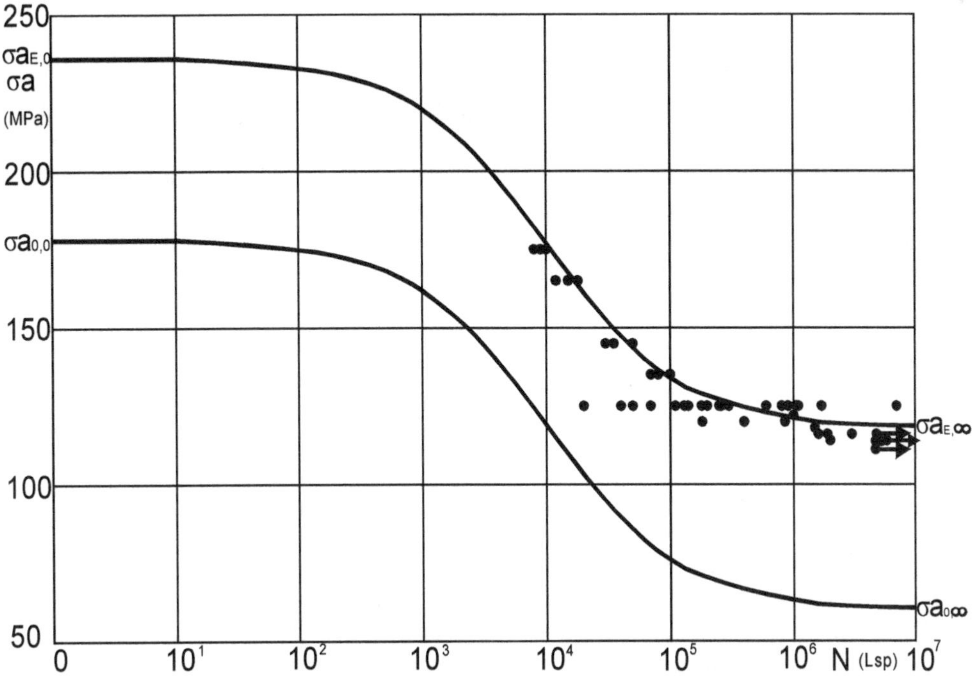

Bild 3: Versuchsergebnisse, mittlere Wöhlerlinie, Nullbruchlinie (nach der Auswertung)

Ziel der Auswertung ist die rechnerische Bestimmung einer Nullbruchlinie mit der Bruchwahrscheinlichkeit 1ppm, sowie weiterer Dauerfestigkeiten für diverse Grenzlastspielzahlen und Bruchwahrscheinlichkeiten.

3.3 Ungleichmäßige Zug-/Druckbelastung

In vielen Maschinen und Geräten werden die Bauteile ungleichförmigen Belastungen unterworfen. Beispielsweise unterscheidet man bei Flugzeugen die Belastungsblöcke Start, Flug, Landung. In Fahrzeugen werden Belastungen im Feldversuch über Sensoren aufgezeichnet. Daraus werden Belastungsprofile entwickelt, die man auf Hydropulsanlagen nachfährt. Man unterscheidet zwischen einstufiger oder mehrstufiger oder zufälliger Belastung. Auch bei der versuchstechnischen Abbildung mehrstufiger oder zufälliger Belastungen stößt man schnell an Grenzen. Man wird gezwungen Einzellasten zu Lastblöcken oder Lastkollektiven zusammenzufassen. Die diversen Verfahren zur experimentellen Zusammenfassung von Einzellasten füllen ganze Bücher. Ebenso vielfältig wie die Verfahren sind die Ergebnisse. Absolutaussagen ohne Berücksichtigung der Streuung sind weitgehend unbrauchbar. Man benötigt Relativaussagen. Deshalb erscheint es sinnvoll, auf der Basis einstufiger Versuchsergebnisse, unter Berücksichtigung der Streuung ein Auswerteverfahren zu benützen, in dem die Bruchwahrscheinlichkeit rechnerisch entwickelt wird.

3.4 Schwelllast, Wechsellast

Idealerweise würde man Versuche mit reiner Wechsellast bei $\sigma u = -\sigma o$; $R = -1$ durchführen. Manche Spannvorrichtungen sind aber nicht für Druckbelastung geeignet. Bei schlanken Proben droht ein Ausknicken bei Druck. Deshalb haben sich Prüfungen bei Schwellast mit dem Lastverhältnis $R = 0{,}1$ bewährt. Die Umrechnung der ermittelten Dauerfestigkeit bei Schwellast in die Dauerfestigkeit bei Wechsellast kann prinzipiell mit den Diagrammen nach Smith oder Haig erfolgen. Leider wurden in der Vergangenheit Smith-Diagramme ohne statistische Absicherung erstellt. Bei der Umrechnung von Schwellastversuchen in Wechsellastversuche muss man deshalb die Verfahren kennen, mit denen diese Werte ermittelt wurden. Notfalls kann man für Stähle ganz grob abschätzen: Die Dauerfestigkeit bei Schwellast beträgt etwa 80 % der Dauerfestigkeit bei Wechsellast.

3.5 Frequenz

- Die Arbeitsfrequenz der mechanischen Resonanzpulsatoren liegt bei 10–20 Hz.
- Die Arbeitsfrequenz der hydraulischen Pulsatoren liegt bei 10 Hz.
- Die Arbeitsfrequenz elektromagnetischer Resonanzpulsatoren beträgt 100–200 Hz.
- Die Arbeitsfrequenz der servohydraulischen Pulsatoren liegt bei 50 Hz.
- Die Arbeitsfrequenz der piezoelektrischen Pulsatoren liegt bei 20 kHz.

Da bei hohen Frequenzen auch Massenkräfte im System wirken, die man nicht vernachlässigen kann, geben die Hersteller der Prüfmaschinen für ihre Einspannungen Korrekturfaktoren für die gemessenen Kräfte an.

Ein Jahr hat ca. $3{,}1 \cdot 10^7$ Sekunden. Bei einer Prüffrequenz von 50 Hz kann man demnach in einem Jahr $1{,}5 \cdot 10^9$ Lastspiele prüfen. Bauteile an Fahrzeugen, Flugzeugen oder Turbinen können während ihrer Betriebsdauer 10^9 bis 10^{10} Lastspiele erfahren.

Bereits bei einer Prüffrequenz von 100 Hz werden die Proben handwarm. Bei 20 kHz werden sie so heiß, dass man sie mit Pressluft kühlen muss. Diesen Zustand nennt man in der Thermodynamik „Erzwungene Konvektion mit inneren Wärmequellen". Mit der Pressluft kann man zwar die Wärmeabfuhr verbessern und die Oberfläche kühlen, die inneren Wärmequellen kann man aber nicht beseitigen. Wie weit diese Very-High-Cycle-Prüfergebnisse mit Ergebnissen bei Raumtemperatur übereinstimmen, muss man überprüfen.

3.6 Umlaufbiegung

Beim Umlaufbiegeversuch nach DIN 50113 werden die beiden Achsen der Einspannung durch ein Moment gegeneinander gekippt und die Probe in Rotation versetzt. Das Biegemoment wird gemessen, die Lastspielzahl gezählt. Die maximale Biegespannung tritt an der Probenoberfläche auf. In modernen Untersuchungen kombiniert man die Auswertung mit mikroskopischen Analysen der Bruchfläche um den Ort des ersten Anrisses und die Biegespannung an dieser Stelle zu bestimmen. Umlaufbiegemaschinen sind im Aufbau einfach, aber nicht genormt. Um Brüche im Bereich der Einspannung zu vermeiden, müssen die Proben einen abgesetzten Prüfbereich erhalten. Im Übergang vom Einspannbereich zum Prüfbereich treten Kerbspannungen auf, die bei Viertelkreiskerben durchaus den Kerbfaktor 1,5 bewirken können. Wenn man diese Spannungskonzentration nicht berücksichtigt, sind die Ergebnisse wertlos.

Das Problem der Einspannung ist auch bei anderen Belastungen als der Umlaufbiegung vorhanden. Es reicht auch nicht, lediglich die Nennspannung – das ist die Last dividiert durch die Fläche des engsten Querschnittes – mit dem Kerbfaktor zu multiplizieren. Man muss auch den statistischen Größeneinfluss berücksichtigen, der dadurch entsteht, dass in der gekerbten Probe nur ein sehr kleiner Bereich hoch belastet wird im Gegensatz zur ungekerbten Probe. Der statistische Größeneinfluss spielt beim Vergleich großer und kleiner sowie gekerbter und ungekerbter Proben eine Rolle. Er steigt mit der Bruchwahrscheinlichkeit, bei der die Experimente ausgewertet werden. Mittlere Wöhlerlinien mit ca. 50 % Bruchwahrscheinlichkeit unterliegen einem viel größeren statistischen Größeneinfluss als Wöhlerlinie mit der Bruchwahrscheinlichkeit von 1 %. Der statistische Größeneinfluss hat in der Vergangenheit viele Prüfer zur Verzweiflung gebracht, zum Beispiel wenn die Prüfung des Zahnes eines Zahnrades nicht mit den Ergebnissen an Zug-/Druckproben aus identischem Material in Einklang zu bringen war.

Der statistische Größeneinfluss verschwindet bei der Bruchwahrscheinlichkeit Null. Die ist allerdings mit keinem Versuchsaufwand experimentell zu bestimmen. Auch hier ist man deshalb gezwungen ein geeignetes Auswerteverfahren einzusetzen.

Im Mittelpunkt dieses Buches steht deshalb die Vorstellung eines Auswerteverfahrens, das alle experimentellen Unzulänglichkeiten umgeht. Dieses Verfahren beruht auf theoretischen Erkenntnissen und praktischer Erprobung. Es vermeidet voreilige „Vereinfachungen“. Man ermittelt die Dauerfestigkeiten mit der Wahrscheinlichkeit Null bzw. 1 ppm. Das Verfahren liefert auch keine Absolutaussagen sondern Werte der Bruchwahrscheinlichkeit in diesen niederen Bereichen.

4 Bruchkinetik, Fraktografie

Um eine Theorie zur ganzheitlichen Auswertung der Dauerfestigkeit entwickeln und verstehen zu können ist es unerlässlich, die Vorgänge, die zum Bruch führen, anhand der Bruchflächen zu analysieren.

4.1 Gewaltbruch

Je nach Gefügeaufbau, Wärmebehandlung und Belastung entsteht bei Gewaltbrüchen eine große Vielfalt von Brucharten. Man unterscheidet transkristalline Brüche, bei denen der Bruch durch die Körner verläuft und interkristalline Brüche, bei denen die Trennung entlang der Korngrenzen erfolgt. Spaltbrüche gehen quer durch das Gefüge aber entlang von Gitterebenen. Wabenbrüche und Quasispaltbrüche sind transkristallin, orientieren sich aber an Ausscheidungen und Einschlüssen. In einem Gefüge gibt es entweder weiche, gut verformbare Phasen in harter Matrix oder harte schwer verformbare Phasen in weicher Matrix. In beiden Fällen kommt es bei Belastung zu Schubspannungen an den Phasengrenzen aufgrund von Spannungskonzentration. Man kann sich vorstellen, dass aus diesen heterogenen Abläufen beim Bruch eine gewisse Streuung entsteht. Duktile Werkstoffe mit fein verteilten Ausscheidungen bilden unter Zugbelastung bis zum Bruch senkrechte Waben aus. Die Waben bilden sich infolge von Kerbwirkung an induktilen Partikeln.

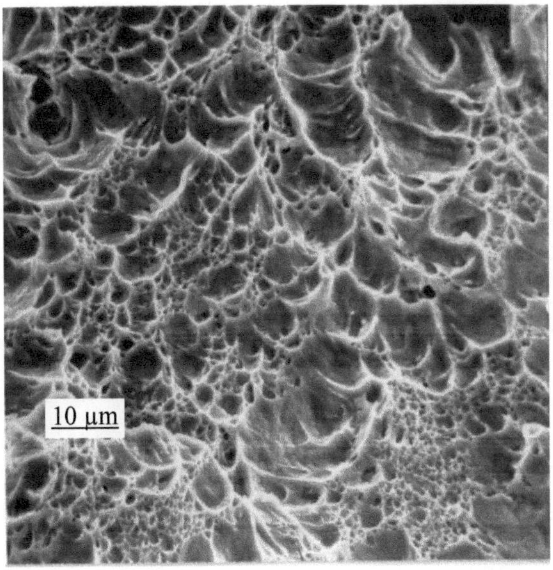

Bild 4: Wabenbruch mit Normalwaben

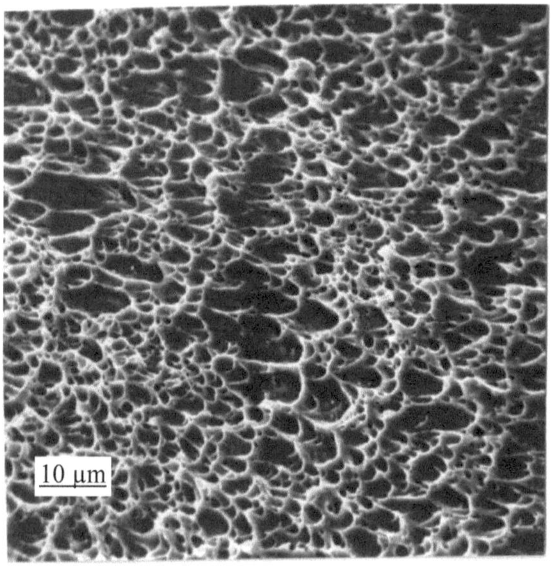

Bild 5: Wabenbruch mit Scherwaben

Unter Torsionsbelastung bilden duktile Werkstoffe mit fein verteilten Ausscheidungen seitlich verzerrte Scherwaben aus. Eine Zwischenstufe seitlich verzerrter Waben sind Reißwaben, die bei zügiger Biegebelastung entstehen.

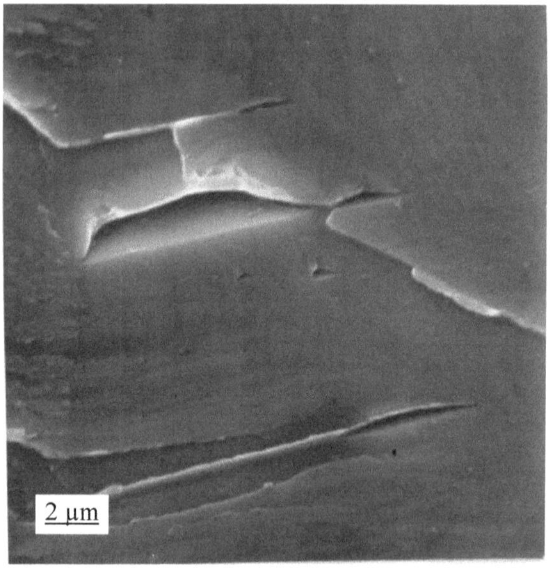

Bild 6: Spaltbruch mit „Zwillingen"

Induktile Werkstoffe ohne Partikel die Kerbwirkung erzeugen, bilden bei Zugbelastung Spaltbrüche aus. Diese sind spröd, also ohne plastische Verformung und orientieren sich an den Gitterflächen der Moleküle.

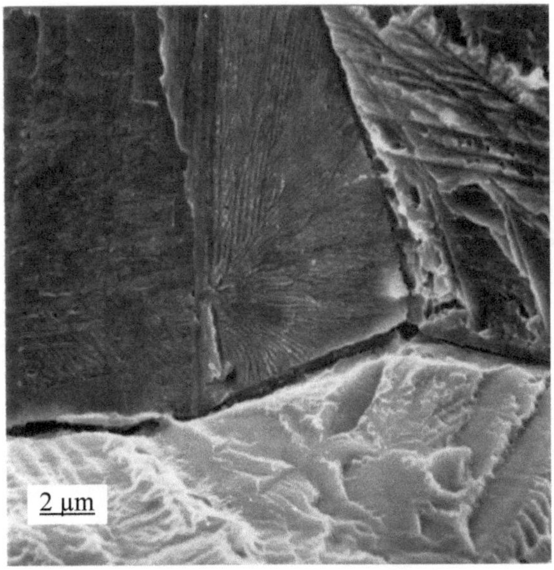

Bild 7: Spaltbruch neben Quasispaltbrüchen

Spaltbrüche können sich auch mit duktilen Bruchbereichen abwechseln. In Bild 7 ist ein Spaltbruch mit Quasispaltbruch und interkristallinem Bruch zu sehen.

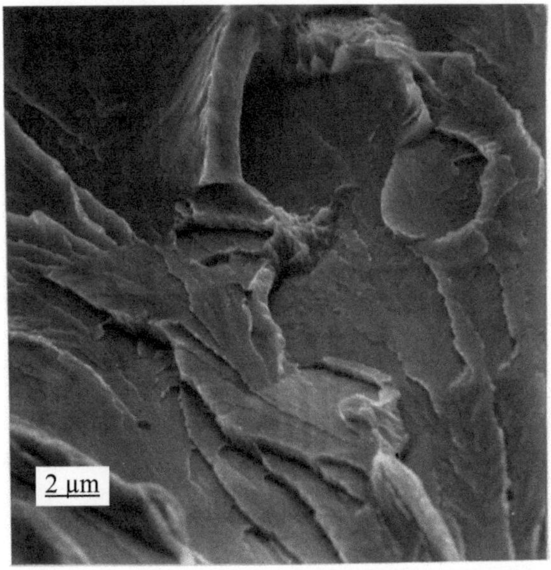

Bild 8: Spaltbruch neben Quasispaltbrüchen

Quasispaltbrüche sind verformungsarme Brüche, den Spaltbrüchen ähnlich. Sie besitzen aber plastische Verformungsanteile. Sie sind quasi eine Vorstufe des spröden Spaltbruches.

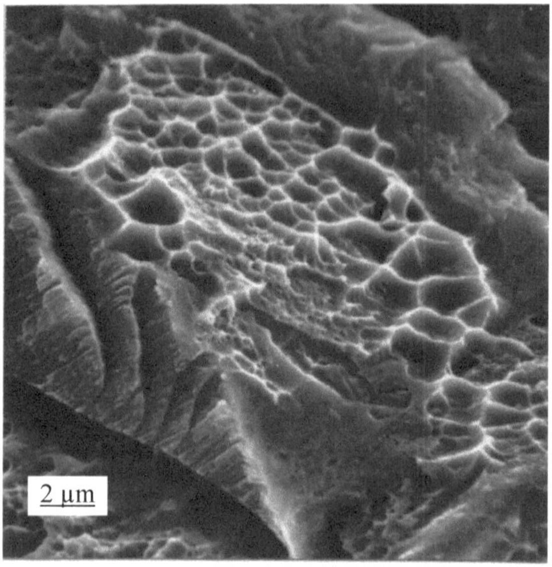

Bild 9: Quasispaltbrüche neben Wabenfeld

An großflächigen induktilen Partikeln z.B. Dendriten bilden sich bei Zugbelastung Quasispaltbrüche. Diese besitzen plastische Verformung, Sie entstehen durch Kerbwirkung.

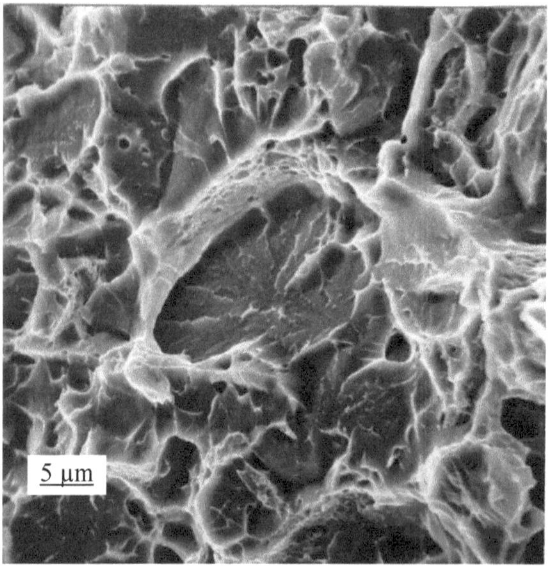

Bild 10: Quasispaltbruch

Je nach Gefügeaufbau können in einer Bruchfläche Wabenbrüche und Quasispaltbrüche nebeneinander auftreten.

Bild 11: Quasispaltbruch

Die Bruchfläche in Bild 11 zeigt interkristalline Bruchanteile neben „gefiederten" Quasispaltbrüchen mit hohem Verformungsanteil.

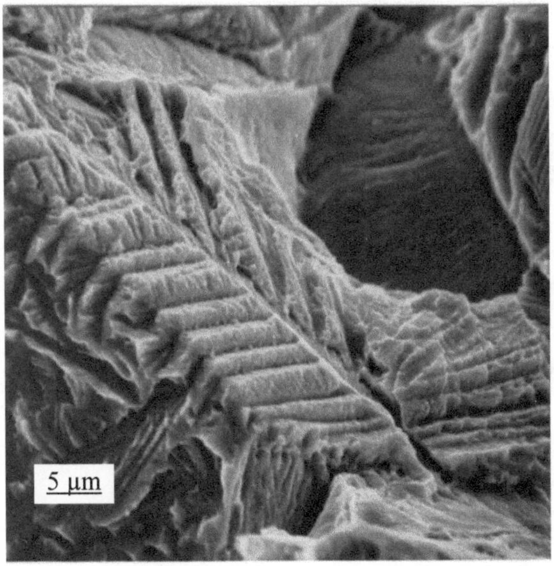

Bild 12: Quasispaltbruch

Martensitische Dentriten bilden blattförmige Quasispaltbrüche neben reinen Spaltbrüchen aus.

Bild 13: Quasispaltbruch an einer Kante

Von einer Oberfläche geht in Bild 13 ein verformungsarmer Quasispaltbruch aus, der unmittelbar in einen zähen Wabenbruch mit Reißwaben übergeht.

Bild 14: Interkristalliner Bruch

Interkristalline Brüche entstehen bei mehrachsiger Zugbelastung durch Trennung entlang der Korngrenzen. Sie sind mehr oder weniger frei von plastischer Verformung.

Mangan-Silizium-Ausscheidungen an der Oberfläche von Körnern schwächen die Korngrenzen.

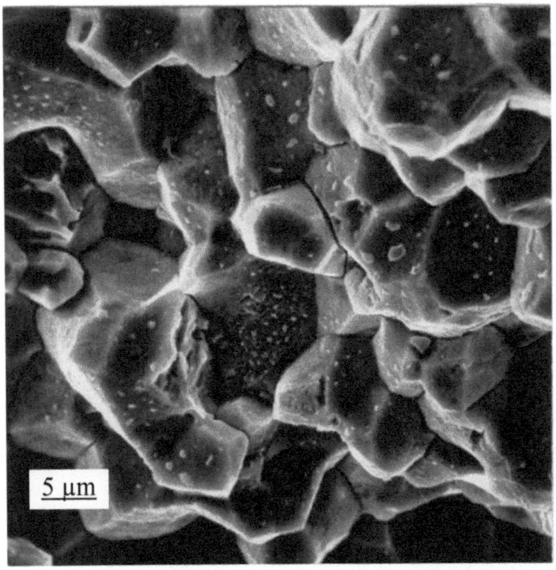

Bild 15: Interkristalliner Bruch mit Ausscheidungen an den Korngrenzen

Je nach Wärmebehandlung werden Korngrenzen mehr oder weniger verformbar.

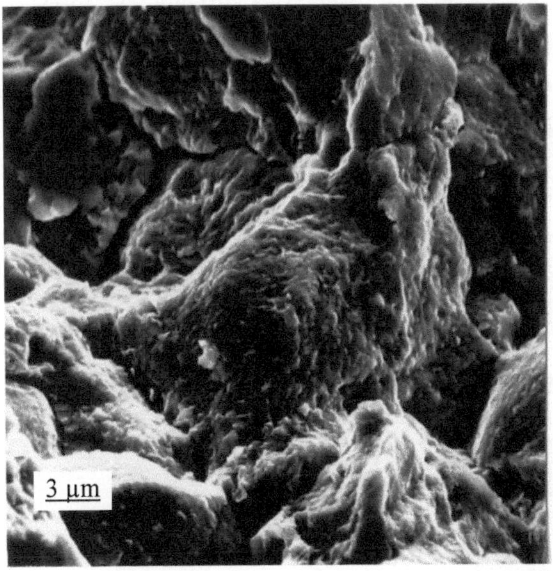

Bild 16: Interkristalliner Bruch mit plastischer Verformung an den Korngrenzen

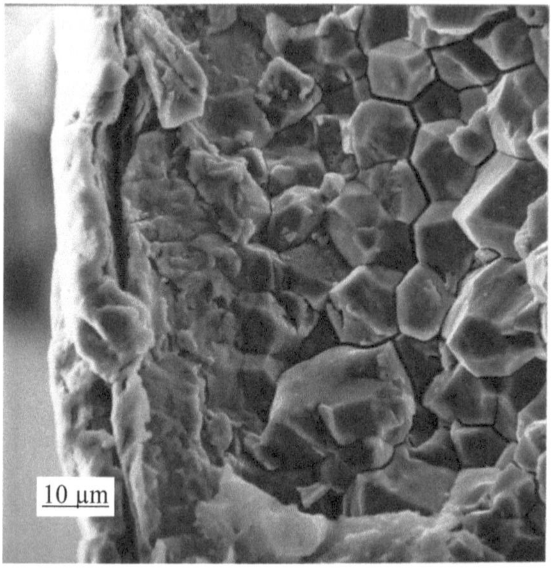

Bild 17: Interkristalliner Bruch neben einer Bohrung

Am einachsig belasteten Bohrungsrand bildet sich ein transkristalliner Bruch mit plastischer Verformung, der in einen interkristallinen Bruch im zweiachsig beanspruchten Bereich übergeht.

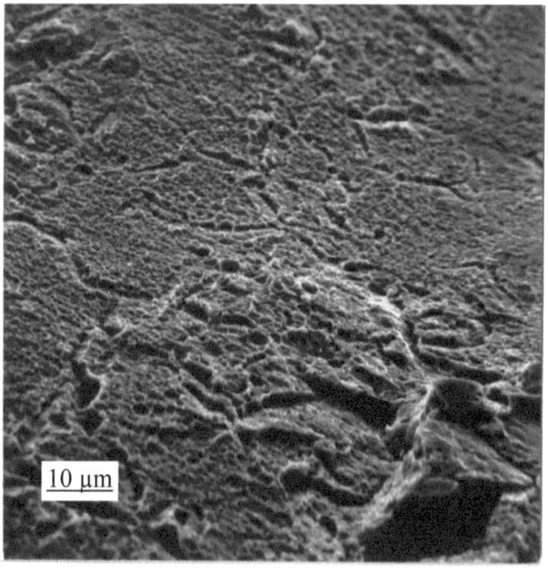

Bild 18: Transkristalliner Bruch mit Korngrenzen

Ein Werkstoff mit geschwächten Korngrenzen kann bei reiner Zuglast einen transkristallinen Wabenbruch mit sichtbaren Korngrenzen ausbilden.

4.2 Dauerbruch

Bei zähen Gewaltbrüchen wird die Streuung dadurch klein gehalten, dass der gesamte Querschnitt gleichzeitig getrennt wird. Dabei gleichen sich viele Vorgänge aus. Bei spröden Gewaltbrüchen ist die Streuung deshalb größer, weil dieser Ausgleich fehlt.

Anders verhält es sich bei Dauerbrüchen. Dort entsteht an einer, oder mehreren Stellen ein Anriss, der sich dann schrittweise ausbreitet und dabei Rastlinien hinterlässt. Ist dieser erste Anriss gebildet, dann greifen die Gesetze der Bruchmechanik. Experimente zeigen, dass die Rissausbreitung ohne erkennbare Streuung abläuft. Die Rissspitze mit ihrer plastischen Zone übernimmt sozusagen das Kommando. Die Rissentstehung orientiert sich stark am Gefüge. Die Ausbreitung einer formierten Rissfront ist weitgehend unabhängig vom Gefüge. Die Streuung der Dauerfestigkeit ist deshalb in der Rissentstehung begründet, während die Rissausbreitung ohne (große) Streuung abläuft.

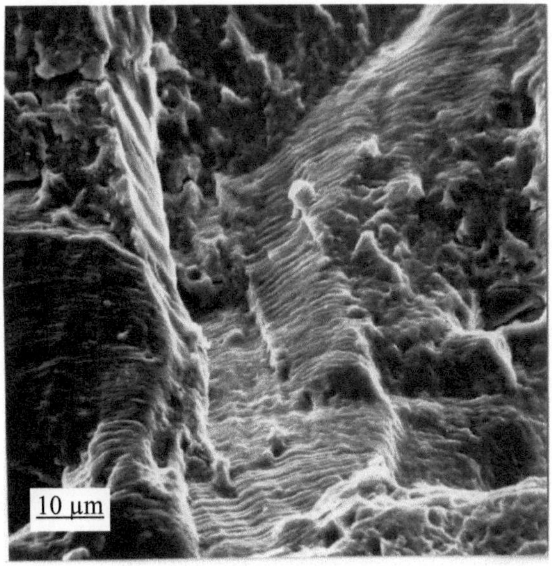

Bild 19: Duktiler Dauerbruch mit plastischer Verformung

Dauerbrüche sind an ihren Rastlinien zu erkennen. Jede Rastlinie steht für einen Lastwechsel. Man kann Rastlinien bis zu ihrem Ausgangspunkt zurückverfolgen. Immer starten sie an ungünstig gelegenen inneren Kerben. Das können induktile Partikel sein oder Korngrenzenzwickel oder Oberflächenfehler wie Kratzer oder Riefen.

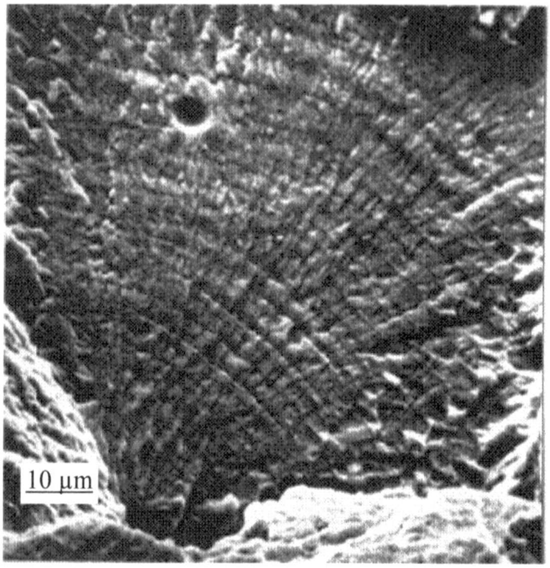

Bild 20: Spröder Dauerbruch mit nur geringer plastischer Verformung

Die Rastlinien orientieren sich nur anfangs am Gefüge. Später übernimmt die Rissspitze die Orientierung.

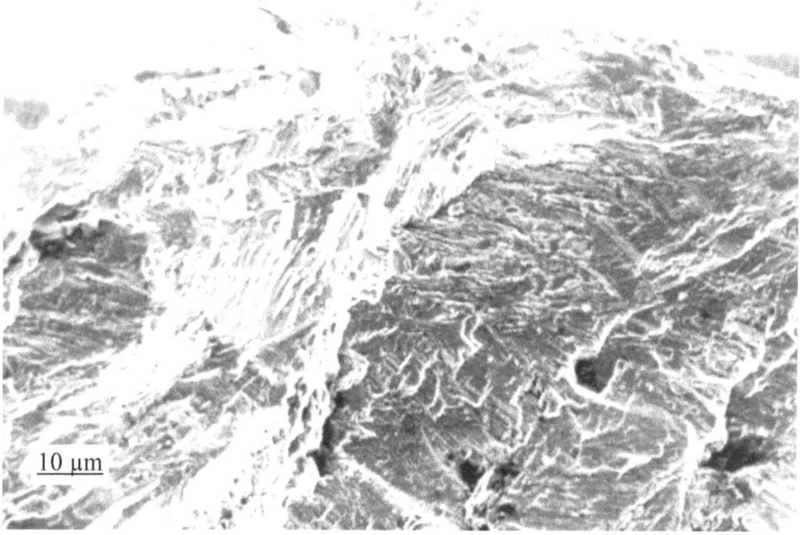

Bild 21: Ausgangspunkt eines Dauerbruches mit konzentrischen Rastlinien

Dauerbrüche beginnen an Stellen geringer Festigkeit. Große Ausscheidungen oder Einschlüsse verursachen Spannungskonzentration. Es entstehen plastische Verformungen. Sie breiten sich von dort konzentrisch aus.

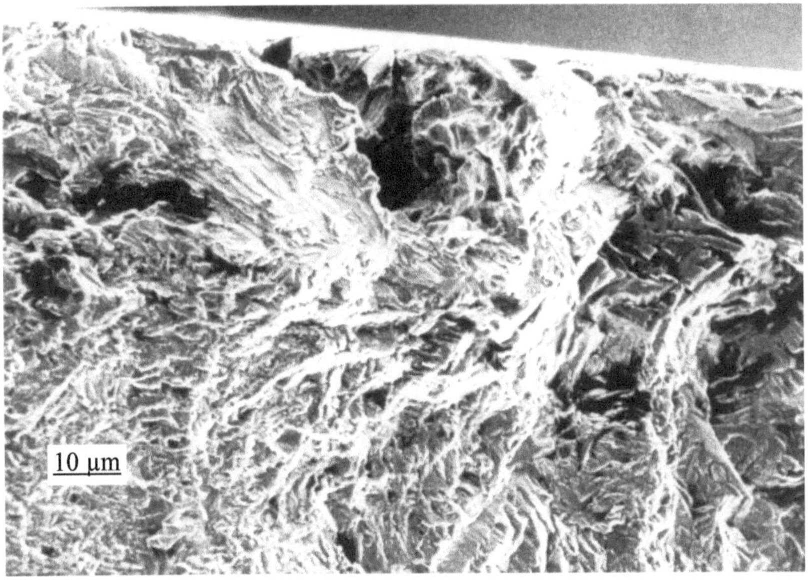

Bild 22: Ausgangspunkt eines Dauerbruches mit konzentrischen Rastlinien

Oberflächennahe Riefen verursachen Spannungskonzentration, die zum ersten Anriss führt.

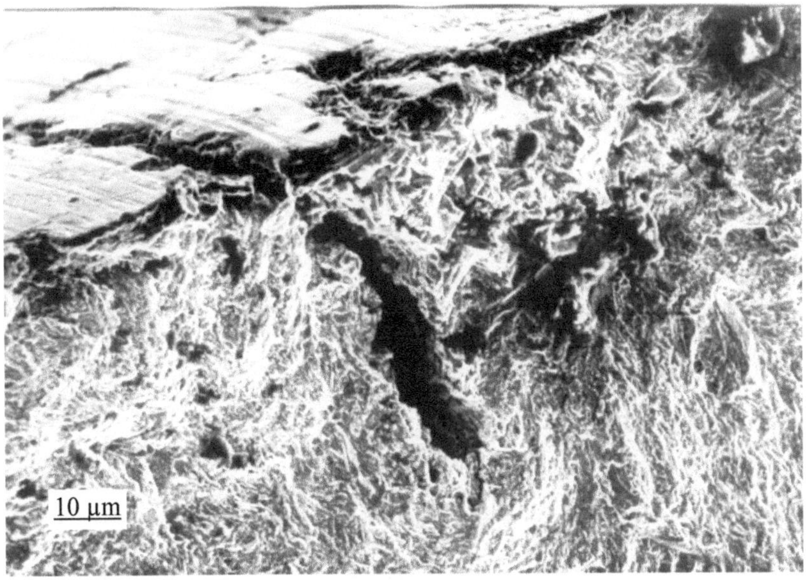

Bild 23: Ausgangspunkt eines Dauerbruches mit konzentrischen Rastlinien.

Oberflächennahe Riefen bilden den ersten Anriss aus.

Bild 24: Ausgangspunkt eines Dauerbruches mit konzentrischen Rastlinien.

Geöffnete Korngrenzen können Spannungskonzentration und in der Folge den ersten Anriss verursachen.

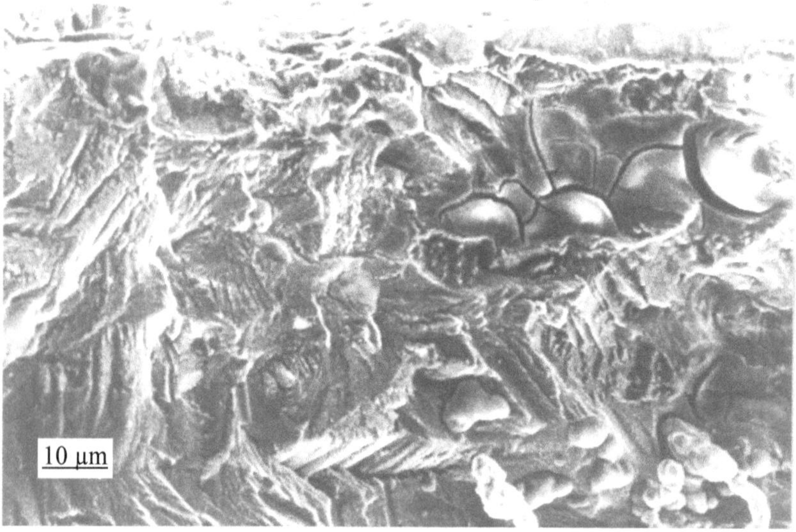

Bild 25: Ausgangspunkt eines Dauerbruches mit konzentrischen Rastlinien

Spröde Phasen z.B. Zink in einer AL-Legierung bilden den ersten Anriss.

Auch die Bruchflächen von Dauerbrüchen zeigen eine große Vielfalt, allerdings nur an den Stellen der Rissentstehung. Am mechanisch technischen Labor der TU München wurden in einer einzigen Studie 250 Bruchflächen untersucht. Die Werkstoffe der Proben waren: X2 Cr Ni 19 9 und Al Zn Mg Cu 1,5. Bei kleiner Vergrößerung wurde das Zentrum der Rastlinien gesucht. Dieses Zentrum wurde anschließend bei höherer Vergrößerung analysiert und bei tausendfacher Vergrößerung fotografiert.

Die Studie zeigte erste Anrisse, die verursacht wurden durch: Große Ausscheidungen, Nester kleiner Ausscheidungen, Einschlüsse, oberflächennahe Riefen wegen Einschlüssen unter der Oberfläche, geöffnete Korngrenzen, sowie Risse in spröden Phasen. Möglicherweise gibt es in anderen Werkstoffen auch noch andere Ursachen für erste Anrisse unter schwingender Belastung. Die vorgestellten Beispiele lassen aber schon eine Gemeinsamkeit erkennen: Erste Anrisse entstehen durch das Zusammenwirken einer spröden und einer duktilen Phase im Werkstoff. Die Nähe zur Oberfläche begünstigt den ersten Anriss, wegen fehlender Querdehnungsbehinderung. Ganz offensichtlich handelt es sich bei den ersten Anrissen um ein Problem der Kraftumlenkung oder Spannungskonzentration.

Die Studie hat auch gezeigt, dass alle Rechenmodelle, obwohl mathematisch sehr anspruchsvoll, die realen Vorgänge im Material, die zu einem Bruch führen nicht abbilden können. Dennoch kann man aus den Analysen der Bruchflächen in Kombination mit den Rechenmodellen einige grundsätzliche Zusammenhänge ableiten, die zu geeigneten Methoden der Festigkeitsvorhersage führen.

5 Bruchmechanik

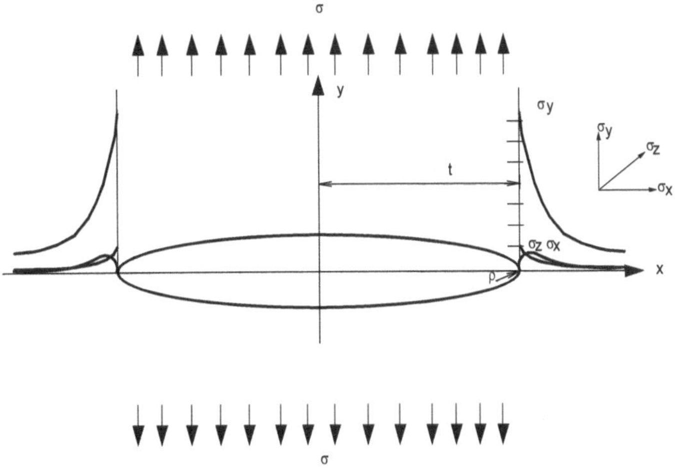

Bild 26: Spannungskonzentration an einer ellipsoidalen Hohlstelle

Die Geometrie der Stellen mit erstem Anriss kann man nicht rechnerisch abbilden. Möglich ist allerdings die Berechnung geometrisch einfacherer Modelle:

Eine Hohlstelle im Werkstoff kann keine Kraft übertragen. Die Kraftlinien werden um die Hohlstelle herum gelenkt. An den Rändern kommt es zu einer Verdichtung der Kraftlinien, bzw. zu überhöhten Randspannungen. Die Spannung σy ist in Zugrichtung, σx normal zum Rand, σz in Umfangsrichtung. Die überhöhte Randspannung bewirkt auch eine Überhöhung der Dehnung. Der Kerbgrund ist die Stelle, deren Rand in Richtung der Belastung zeigt. An dieser Stelle sind die Spannungs- und Dehnungsspitzen am größten, deshalb tritt dort zuerst „Fließen" ein.

5.1 Rissentstehung

Befindet sich in einem Volumenelement eine weiche Phase innerhalb einer harten Phase, dann kann die weiche Phase bei gleicher Dehnung nicht die gleiche Kraft übertragen wie die harte. Es kommt zu einer Kerbwirkung mit Spannungs- bzw. Dehnungsspitzen im Kerbgrund. Im Extremfall ist die weiche Phase eine Hohlstelle. Befindet sich eine harte Phase inmitten einer weichen Matrix, so muss bei erzwungener Dehnung die harte Phase im Verhältnis mehr Kraft übertragen als die weiche. Es kommt zur Dehnungskonzentration an der Phasengrenze und in den meisten Fällen zur Trennung.

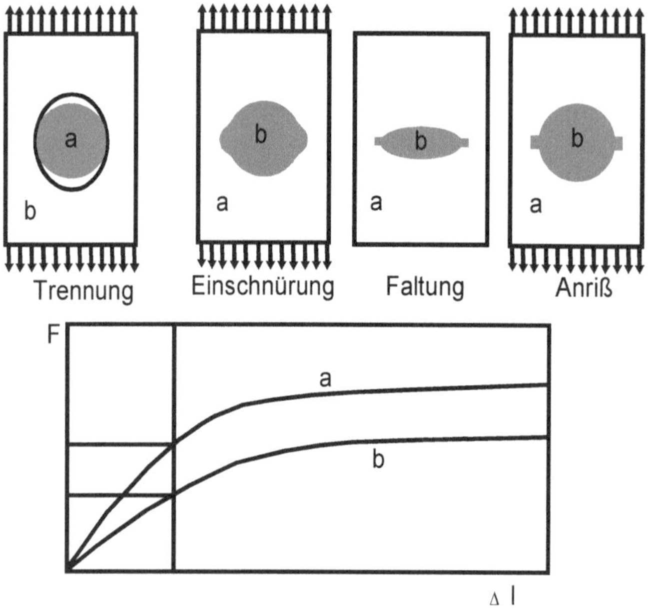

Bild 27: Rissentstehung durch Faltung

5.2 Faltung

Plastische Verformung ist zwangsläufig mit einer Einschnürung des Werkstoffes verbunden, auch wenn diese Einschnürung lang nur mikroskopisch erfolgt und makroskopisch nicht messbar ist. Bei der Entlastung eines plastisch verformten Volumenelementes wird dieses durch die elastischen Nachbarbereiche gestaucht. Es kommt zur Faltung, sei es nur in kleinsten mikroskopischen Bereichen. Bei erneuter Belastung hat sich der plastische Bereich auf Grund des Bauschinger-Effektes verfestigt. Er bildet nun aber eine viel schärfere Kerbe als zuvor. Der erste Anriss ist somit entstanden. Die Faltung reißt entweder sofort auf oder bildet zumindest eine neue plastische Zone vor diesem Anriss. Dieser Vorgang wiederholt sich unter Bildung von Rastlinien bei jedem Lastwechsel.

Diesen Vorgang mit der Bildung einer plastischen Zone vor der Rissspitze entspricht den Rissmodellen nach Irwin, Mc. Clintock [9] oder Dugdale [10].

5.3 Rissausbreitung

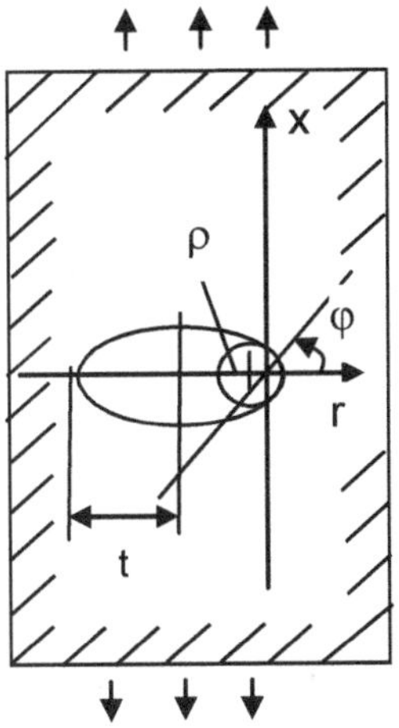

$$\begin{vmatrix}\sigma_x\\ \sigma_r\\ \sigma_\phi\\ \tau_{rx}\end{vmatrix} = \frac{K_I}{\sqrt{2\pi r}}\begin{vmatrix} f_1(\phi,r)-f_5(\phi,\rho,r)\\ f_2(\phi,r)+f_6(\phi,\rho,r)\\ f_3(\phi,r)-f_7(\phi,\rho,r)\\ f_4(\phi,r)-f_8(\phi,\rho,r)\end{vmatrix}$$

$$K_I = \sigma\sqrt{\pi\left(t-\frac{\rho}{2}\right)}$$

$$K_I = \sigma * M;\; K_I = \sigma_1 * M_1;\; K_I = \sigma_2 * (M_1 + \Delta M_1);\; \sigma_1 = \sigma_2 + \sigma_2 * \frac{\Delta M_1}{M_1};\; \sigma_1 = \sigma_2 + \Delta\sigma$$

Bild 28: Spannungsverteilung vor Kerben oder Rissen

Hans Georg Hahn beschreibt in seinem Buch „Bruchmechanik“ eine Vielzahl von Lösungen für die Spannungsverteilung vor Rissen und Kerben in Bauteilen [6]. Die Lösungen stammen von Kolosov, Muscelischwili, Irwin, Sneddon, Westergard.

All diese Lösungen können als Produkt aus äußerer Spannung und Geometriefaktor dargestellt werden. Daraus folgt: Um gleiche Verhältnisse bei der Rissentstehung zu bekommen, kann man einen um ΔM kleineren Geometriefaktor durch eine um $\Delta\sigma$ größere Belastung ausgleichen. Daraus folgt wiederum: Geometrische Unterschiede der inneren Kerben von Volumenelementen kann man durch Anheben oder Absenken der äußeren Spannung σ am Volumenelement kompensieren.

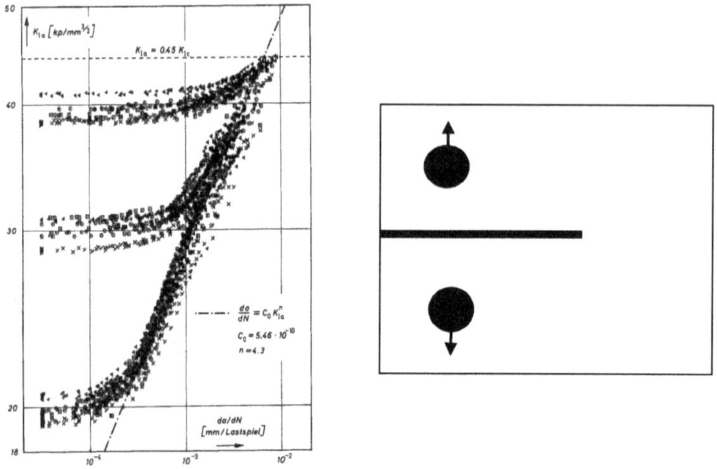

Bild 29: Rissausbreitungskurven an CT-Proben

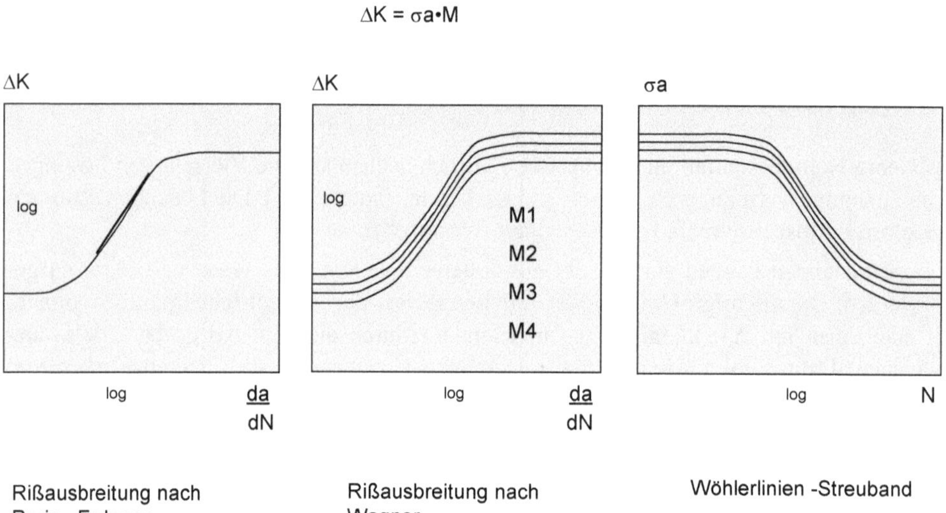

Bild 30: Von der Rissausbreitungskurve zur Wöhlerlinie

Wagner hat Rissausbreitungskurven an CT-Proben gemessen [7]. Vor den Versuchen bestimmte er die Geometrie des Anrisses am Werkstattmikroskop. Die Versuche wurden bei konstanter Ausschlagslast durchgeführt. Die Anfangsrisstiefe wurde zu Null gestellt, die Änderung der Risstiefe mit Hilfe die Rissaufweitung mitgeschrieben – Fazit: Unterschiede der Spannungsintensitätsfaktoren auf Grund unterschiedlicher Risstiefen bleiben während der gesamten Rissausbreitung erhalten. Bei gleichen Spannungsintensitäten bekäme man einheitliche Rissausbreitungskurven ohne Streuung. Die resultiert demnach nur aus unterschiedlichen Spannungsintensitäten in der Startphase.

Auf die Wöhlerlinien übertragen heißt das:

- Unterschiedliche Geometriefaktoren bei der Rissentstehung führen zu Streuungen, die man durch Korrektur der äußeren Spannung kompensieren könnte.
  Oder:
- Wöhlerlinien eines Diagrammes haben konstante Spannungsabstände.

Diese Hypothese gilt für die reine Rissausbreitung mit kleiner plastischer Zone vor der Rissspitze. Wenn die Rissausbreitung von großen plastischen Verformungen überlagert wird, gelten andere Gesetze. Das ist allerdings erst im hohen Zeitfestigkeitsgebiet der Fall. Dort wird möglicherweise die Streuung geringer, der Abstand zweier Wöhlerlinien kleiner. Die Vorgänge in diesem Bereich interessieren aber nicht, wenn man die Dauerfestigkeit prognostiziert.

6 Bruchwahrscheinlichkeit

Die allgemeine Wahrscheinlichkeit ist als Verhältnis der günstigen Fälle für ein Ereignis E zur Zahl der möglichen Fälle definiert:

$$P(E) = \frac{\text{Zahl der günstigen Fälle}}{\text{Zahl der möglichen Fälle}}$$

Auf die Bruchwahrscheinlichkeit übertragen heißt das: Die Bruchwahrscheinlichkeit G:

$$G = \frac{\text{Zahl der Brüche}}{\text{Zahl der Versuche}}$$

In der Statistik unterscheidet man zwischen Stichproben mit dem Stichprobenumfang n und Grundgesamtheiten mit dem Umfang ∞ bzw. n_{gesamt} bei begrenzten Grundgesamtheiten.

Zur Beurteilung von Stichproben verwendet man die relative Häufigkeit $h(x)$ eines Ereignisses und die relative Summenhäufigkeit $H(x)$. Für Grundgesamtheiten verwendet man die Wahrscheinlichkeitsfunktion $g(x)$ und die Verteilungsfunktion $G(x)$.

Wenn man nur begrenzte Stichproben zur Verfügung hat, aber Prognosen für eine unbegrenzte Grundgesamtheit treffen möchte, verwendet man Schätzfunktionen in Verbindung mit Vertrauensbereichen.

In einer Stichprobe mit n Messwerten ordnet man diese nach steigender Größe und gibt jedem Wert eine Ordnungszahl ν. Der kleinste Wert erhält die Ordnungszahl $\nu = 1$ der größte die Ordnungszahl $\nu = n$.

Im ersten Ansatz bekommt jeder Messwert eine relative Summenhäufigkeit $H = \nu / n$ zugeordnet. Wiederholt man diese Stichprobenprüfung, so ist nicht zu erwarten, dass gleiche Merkmale dieselbe Summenhäufigkeit H erhalten. Vielmehr werden die Summenhäufigkeiten streuen. Besitzt ein Merkmal r innerhalb seiner Grundgesamtheit die Wahrscheinlichkeit $P(r)$, so errechnet sich die Wahrscheinlichkeit $g(\nu / n)$, des ν-ten von n Werten in einer Stichprobe im Punkte P zu:

$$g(\nu / n) = \frac{n!}{(\nu - 1)!(n - \nu)!} P^{\nu - 1}(1 - P)^{n - \nu}$$

Die Verteilungsfunktion $G(\nu/n)$ ist die Wahrscheinlichkeit, dass ν von n Werten einer Stichprobe im Intervall $[0,P]$ liegen:

$$G(\nu / n) = \frac{n!}{(\nu - 1)!(n - \nu)!} \int_0^P P^{\nu - 1}(1 - P)^{n - \nu}\, dP$$

Der arithmetische Mittelwert P_E dieser Verteilungsfunktion errechnet sich aus:

$$P_E = \frac{n!}{(\nu-1)!(n-\nu)!}\int_0^P P^\nu (1-P)^{n-\nu}\,dP \quad \text{oder} \quad P_E = \frac{\nu}{n+1}$$

Die Fakultät gilt nur für ganze und positive Zahlen. Die Gammafunktion dient zur Verallgemeinerung der Fakultät für beliebige Zahlen

6.1 Schätzfunktion

Schätzfunktionen bilden für die Verteilung von Messwerten die Brücke zwischen Stichprobe und Grundgesamtheit. Wenn man eine Prognose für eine Wahrscheinlichkeit in der Grundgesamtheit erstellen möchte, aber nur eine begrenzte Stichprobe zur Verfügung hat, verwendet man als Ersatz die Schätzfunktion. Vielerlei Schätzfunktionen wurden publiziert. In Übereinstimmung mit der Deutschen Gesellschaft für Qualität (DGQ) verwenden wir für die Bruchwahrscheinlichkeit die Schätzfunktion:

$$G(\sigma a) \cong \frac{\nu}{n+1}$$

Wenn man in einer Versuchsreihe mehrere Messwerte ermittelt hat, dann kann man Mittelwert und Standardabweichung, Schiefe und Exzess dieser Stichprobe berechnen.

Für symmetrische Verteilungsfunktionen bekommt der Mittelwert die Wahrscheinlichkeit 50 % zugeordnet. Welche Bruchwahrscheinlichkeit hat der Mittelwert von Dauerfestigkeiten? Dauerfestigkeiten sind weibullverteilt. Die Weibullverteilung ist in der Regel eine schiefe Verteilung. Mittelwerte erhalten deshalb andere Wahrscheinlichkeiten zugeordnet:

$$G(\sigma a_E) = 1 - \exp\left\{-\left[\Gamma(1+\frac{1}{b}\right]^b\right\}$$

Für b = 20: $G(\sigma a_E) = 44\%$

Für b = 2: $G(\sigma a_E) = 54\%$

6.2 Vertrauensbereiche

Für statistische Auswertungen stehen entweder Stichproben oder Grundgesamtheiten – das können viele Stichproben sein – zur Verfügung. Hat man eine Grundgesamtheit und fragt: „Innerhalb welcher Grenzen kann eine Stichprobe streuen?“, dann ist das die Frage nach dem Zufallsstreubereich. Dieser wird entweder nach oben und unten abgegrenzt, oder nur einseitig.

Hat man eine Stichprobe und fragt: „Aus welcher Grundgesamtheit kann diese stammen?“, dann ist das die Frage nach dem Vertrauensbereich. Dieser wird auch zweiseitig oder einseitig abgegrenzt. Die Antwort lautet dann: Mit sehr hoher Wahrscheinlichkeit liegt die Grundgesamtheit oberhalb oder unterhalb einer Vertrauensgrenze. Bei stetigen Verteilungen mit mehreren Parametern grenzt die Vertrauensgrenze jeden Parameter einzeln ab. Natürlich geht in die Vertrauensgrenze auch der Stichprobenumfang ein. Meist nimmt man an, dass die Parameter einer Verteilung normalverteilt sind. Deshalb beinhalten die Formeln der Vertrauensbereiche das normierte Merkmal der Normalverteilung u, sowie die Irrtumswahrscheinlichkeit α und den Stichprobenumfang n. Je größer der Stichprobenumfang, desto enger wird der Vertrauensbereich. Man muss sich also schon überlegen, ob man mit wenigen Versuchen auskommt, wobei man sich rechnerisch geringe Grenzwerte der Dauerfestigkeit einhandelt, oder ob man in ein größeres Versuchsprogramm investiert.

Tabelle 1: Irrtumswahrscheinlichkeit und normiertes Merkmal der Normalverteilung

Irrtumswahrscheinlichkeit α	**normiertes Merkmal u**
0,05	1,65
0,01	2,32
0,005	2,57
0,001	3,09
0,0005	3,29
0,0001	3,71
0,00005	3,91
0,00001	4,26

7 Extremwerttheorie

7.1 Allgemein

In der Naturwissenschaft und Technik werden viele Messwerte in Form von Extremwerten ermittelt. Beispielsweise wird zur Durchmesserbestimmung einer Bohrung deren Kontur abgetastet und maximaler bzw. minimaler Durchmesser angezeigt. Alle Lage- und Formtoleranzen werden als maximale Abweichungen vom Idealwert ermittelt. Rautiefen werden als Differenzen extremer Erhebungen und Vertiefungen aufgezeichnet und ausgewertet. Die Dauerfestigkeit ist die maximale Ausschlagsspannung, die ein Bauteil bis zur Bruchlastspielzahl ertragen kann.

Wasserstände, Windgeschwindigkeiten, Niederschläge werden in Form kalendarischer Maximalwerte festgehalten. Es liegt nahe, die Streuung derartiger Messwerte mit Extremwertverteilungen zu beschreiben. Die Literatur bietet uns die Extremwertverteilungen: Typ I (Gumbel-Verteilung), Typ II (Frechet-Verteilung) sowie Typ III (Weibull-Verteilung) an.

Extremwertverteilungen sind Verteilungen extremer Messwerte. Sie beinhalten als Nebeneffekt außerdem den statistischen Größeneinfluss. Dieser ermöglicht die Vorhersage unbekannter Verteilungen mit geänderter Stichprobennahme aufgrund einer bekannten Verteilung. Damit ist beispielsweise die Vorhersage der Verteilung eines Merkmales großer Bauteile aufgrund der bekannten Verteilung des gleichen Merkmales kleiner Bauteile möglich.

7.2 Herleitung der Extremwertverteilungen

Extremwertverteilungen wurden zwischen 1930 und 1960 von mehreren Mathematikern und Ingenieuren auf unterschiedliche Weise abgeleitet (Weibull, Fisher, Tippett, Gnedenko, Frechet, Gumbel). Eine zusammenfassende Darstellung verdanken wir E.J. Gumbel [4].

Man betrachtet eine Menge streuender Messwerte r. Die Messwerte streuen mit der unbekannten Verteilungsfunktion G(r). Wenn wir mehrere Stichproben mit dem Umfang n entnehmen und jeweils der Größe nach ordnen, dann ist der kleinste Wert jeder Stichprobe wie folgt verteilt:

$$G_{1/n}(r) = 1 - [1 - G(r)]^n \tag{1}$$

$$g_{1/n}(r) = n \cdot g(r) \cdot [1 - G(r)]^{n-1} \tag{2}$$

mit der Transformation: $\lambda_1 = n \cdot G(r)$ erhalten wir:

$$g_{1/n}(\lambda_1) = (1 - \frac{\lambda_1}{n})^{n-1} \tag{3}$$

$$\lim_{n\to\infty} g_{1/n}(\lambda_1) = e^{-\lambda_1} = e^{-n \cdot G(r)} \tag{4}$$

Die kleinsten Werte in Stichproben können also mit einer Exponentialfunktion beschrieben werden. Im Exponenten der Exponentialfunktion ist der Stichprobenumfang *n* und die Initialverteilung *G(r)* enthalten.

Der größte Wert in Stichproben des Umfanges n ist wie folgt verteilt:

$$G_{n/n}(r) = G(r)^n \tag{5}$$

$$g_{n/n}(r) = n \cdot g(r) \cdot [G(r)]^{n-1} \tag{6}$$

mit der Transformation: $\lambda_n = n \cdot [1 - G(r)]$ erhalten wir:

$$g_{n/n}(\lambda_n) = (1 - \frac{\lambda_n}{n})^{n-1} \tag{7}$$

$$\lim_{n\to\infty} g_{n/n}(\lambda_n) = e^{-\lambda_n} = e^{-n \cdot [1 - G(r)]} \tag{8}$$

Die größten Werte in Stichproben können demnach ebenfalls mit einer Exponentialfunktion beschrieben werden. Im Exponenten der Exponentialfunktion ist der Stichprobenumfang *n* und die Initialverteilung *G(r)* enthalten.

Der Stichprobenumfang *n* spielt in den Extremwertverteilungen $G_{1/n}$ und $G_{n/n}$ dann eine Rolle, wenn man die Extremwerte aus unterschiedlichen Stichprobenumfängen miteinander vergleicht. Vergleicht man beispielsweise die Verteilung der Festigkeit kleiner Schweißproben mit der Verteilung der Festigkeit langer Schweißnähte, dann muss man die Länge der Probennaht mit der Länge der Bauteilnaht ins Verhältnis bringen und in der Verteilung berücksichtigen. Der Einfluss der Bauteilgröße auf die Verteilung der Festigkeiten wurde als statistischer Größeneinfluss bekannt [3], [5].

Wenn wir die Initialverteilung kennen, so können wir die Verteilung der Extremwerte nach Gleichung (4) und (8) ausrechnen. In den meisten Fällen kennen wir allerdings die Initialverteilung *G(r)* nicht. Wir wissen aber, dass Größtwerte in Stichproben immer Messwerte aus dem oberen Bereich und Kleinstwerte aus dem unteren Bereich der Initialverteilung sein werden. Der mittlere Bereich ist für die Betrachtung der Extremwerte nebensächlich.

$$G(r) = 1 - \frac{\alpha}{(r - r_0)^b} \, oder \, 1 - \frac{1}{e^{\alpha r}} \, oder \, 1 - \alpha(r_0 - r)^b$$

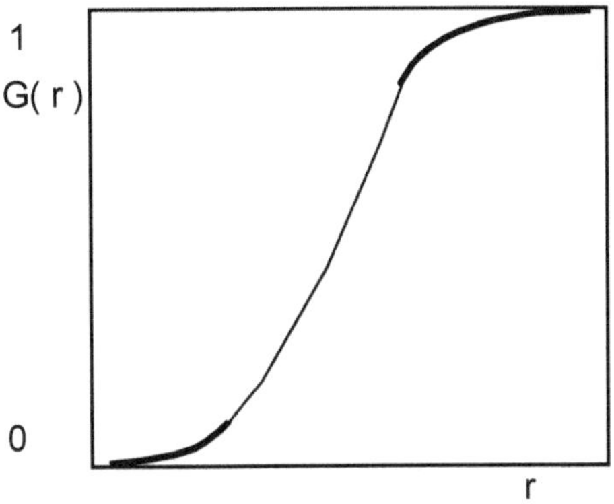

$$G(r) = \alpha(r - r_0)^b \, oder \, e^{\alpha r} \, oder \, \frac{\alpha}{(r_0 - r)^b}$$

Bild 31: Asymptoten

Wir betrachten also nicht den gesamten Verlauf der Initialverteilung sondern nur deren oberen oder unteren Bereich, der asymptotisch gegen 1 oder 0 strebt. Diese Asymptoten können nach E. J. Gumbel, M. Frechet und B. Gnedenko nur drei verschiedene Formen für Größtwerte und drei verschiedene Formen für Kleinstwerte annehmen:

Größtwerte		Kleinstwerte
$1 - e^{-\alpha r}$	exponentieller Typ	$e^{\alpha r}$
$1 - \alpha(r - r_0)^{-b}$	Cauchy/Frechet Typ	$\alpha(r_0 - r)^{-b}$
$1 - \alpha(r_0 - r)^b$	Grenzwert Typ	$\alpha(r - r_0)^b$

Daraus wurden mit den entsprechenden Verallgemeinerungen die sechs Extremwertverteilungen formuliert. Im charakteristischen Wert α ist der Stichprobenumfang der Extremwertbildung enthalten. Deshalb nennen wir ihn α_n und verweisen auf Abschnitt 7.3 „Eigenschaften der Extremwertverteilungen“.

Extremwertverteilung Typ I – Gumbel-Verteilung

Für Maxima x:

$$G(x) = exp[-exp(-\frac{x - x_0}{\alpha_n})] \qquad G(\alpha_n) = 0{,}69 \tag{9}$$

$$g(x) = \frac{1}{\alpha_n} exp(-\frac{x - x_0}{\alpha_n}) exp(-exp(-\frac{x - x_0}{\alpha_n}) \tag{10}$$

$$\mu = x_0 + 0{,}57722 \cdot \alpha_n \tag{11}$$

$$\sigma = \sqrt{\frac{\pi^2}{6}} \cdot \alpha_n = 1{,}283 \cdot \alpha_n \tag{12}$$

Für Minima x:

$$G(x) = 1 - exp[-exp(-\frac{x_0 - x}{\alpha_n})] \qquad G(\alpha_n) = 0{,}31 \tag{13}$$

$$g(x) = \frac{1}{\alpha_n} exp(-\frac{x_0 - x}{\alpha_n}) exp(-exp(-\frac{x_0 - x}{\alpha_n}) \tag{14}$$

$$\mu = x_0 + 0{,}57722 \cdot \alpha_n \tag{15}$$

$$\sigma = \sqrt{\frac{\pi^2}{6}} \cdot \alpha_n = 1{,}283 \cdot \alpha_n \tag{16}$$

Extremwertverteilung II – Frechet-Verteilung

Für Maxima x:

$$G(x) = exp[-(\frac{x - x_0}{\alpha_n})^{-b}] \qquad G(\alpha_n) = 0{,}37 \tag{17}$$

$$g(x) = \frac{x_0}{\alpha_n}(\frac{x - x_0}{\alpha_n})^{-b-1} exp[-(\frac{x - x_0}{\alpha_n})^{-b}] \tag{18}$$

$$\mu = x_0 + \alpha_n \cdot \Gamma(1\text{-}1/b) \qquad 19)$$

$$\sigma = \alpha_n \cdot \sqrt{[\Gamma(1 - \frac{2}{b}) - \Gamma^2(1 - \frac{1}{b})]} \tag{20}$$

Für Minima x:

$$G(x) = 1 - exp[-(\frac{x_0 - x}{\alpha_n})^{-b}] \qquad G(\alpha_n) = 0{,}63 \tag{21}$$

$$g(x) = \frac{b}{\alpha_n}(\frac{x_0 - x}{\alpha_n})^{-b-1} exp[-(\frac{x_0 - x}{\alpha_n})^{-b}] \tag{22}$$

$$\mu = x_0 - \alpha_n \cdot \Gamma(1\text{-}1/b) \tag{23}$$

$$\sigma = \alpha_n \cdot \sqrt{[\Gamma(1 - \frac{2}{b}) - \Gamma^2(1 - \frac{1}{b})]} \tag{24}$$

Extremwertverteilung III – Weibull-Verteilung

Für Maxima x:

$$G(x) = exp[-(\frac{x_0 - x}{\alpha_n})^b] \qquad G(\alpha_n) = 0{,}37 \qquad (25)$$

$$g(x) = \frac{b}{\alpha_n}(\frac{x_0 - x}{\alpha_n})^{b-1} exp[-(\frac{x_0 - x}{\alpha_n})^b] \qquad (26)$$

$$\mu = x_0 - \alpha_n \cdot \Gamma(1 + 1/b) \qquad (27)$$

$$\sigma = \alpha_n \cdot \sqrt{[\Gamma(1+\frac{2}{b}) - \Gamma^2(1+\frac{1}{b})]} \qquad (28)$$

Für Minima x:

$$G(x) = 1 - exp[-(\frac{x - x_0}{\alpha_n})^b] \qquad G(\alpha_n) = 0{,}63 \qquad (29)$$

$$g(x) = \frac{b}{\alpha_n}(\frac{x - x_0}{\alpha_n})^{b-1} exp[-(\frac{x - x_0}{\alpha_n})^b] \qquad (30)$$

$$\mu = x_0 + \alpha_n \cdot \Gamma(1 + 1/b) \qquad (31)$$

$$\sigma = \alpha_n \cdot \sqrt{[\Gamma(1+\frac{2}{b}) - \Gamma^2(1+\frac{1}{b})]} \qquad (32)$$

Die Gumbel-Verteilung ist nahezu symmetrisch zum Mittelwert und erstreckt sich von $-\infty$ bis $+\infty$. Sie wird in der Form für Maxima für Messwertverteilungen verwendet, bei denen immer noch eine Steigerung der maximalen Ereignisse denkbar ist. Sie wird beispielsweise zur Beschreibung der Hochwasserstände von Sturmfluten, bzw. Windstärken von Tornados, also Extremen von Extremen verwendet. Zur Beschreibung unsymmetrischer Verteilungen ist sie allerdings ungeeignet.

Die Frechet-Verteilung ist mathematisch schwierig zu handhaben. Sie kann zwar Verteilungen unterschiedlicher Schiefe beschreiben, aber nicht so flexibel wie die Weibullverteilung. Für $b \leq 1$ existieren keine zentralen Momente 1. und 2. Ordnung, für $b \leq 2$ kein zentrales Moment 2. Ordnung. Mittelwert und Standardabweichung der Verteilungsfunktion können in diesen beiden Fällen nicht berechnet werden. Gumbel schreibt, für die Frechet-Verteilung sei noch keine geeignete Anwendung gefunden.

Die Weibull-Verteilung ist mathematisch leicht zu handhaben und kann Verteilungen unterschiedlichster Schiefe beschreiben. In der Form für Minima (29) wird sie zur Zuverlässigkeitsrechnung mechanischer Bauteile verwendet. Sie ist die Grundlage der Betriebsfestigkeitsberechnung von Flugzeugkomponenten und Fahrzeugen.

Zum Vergleich die drei Extremwertverteilungen Typ I, II, III mit $\alpha_n = 4$, $b = 2$, $x_0 = 1$:

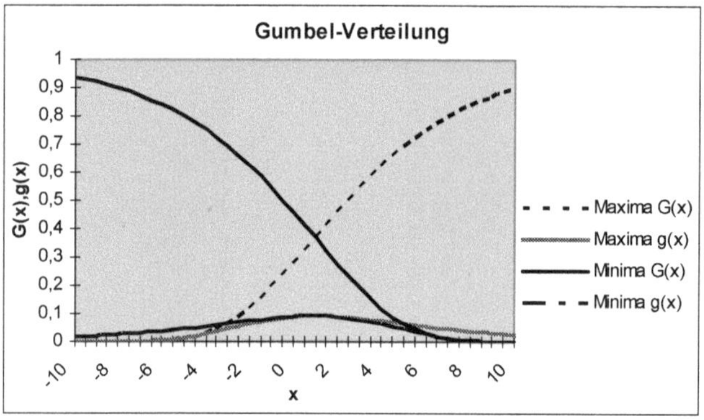

Bild 32: Gumbel-Verteilungen für Maxima und Minima

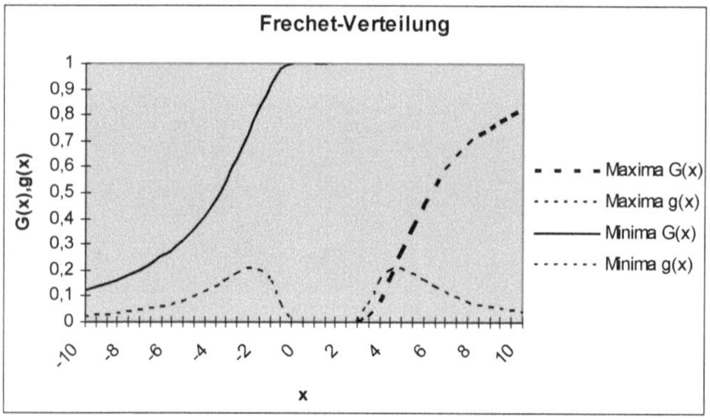

Bild 33: Frechet-Verteilungen für Maxima und Minima

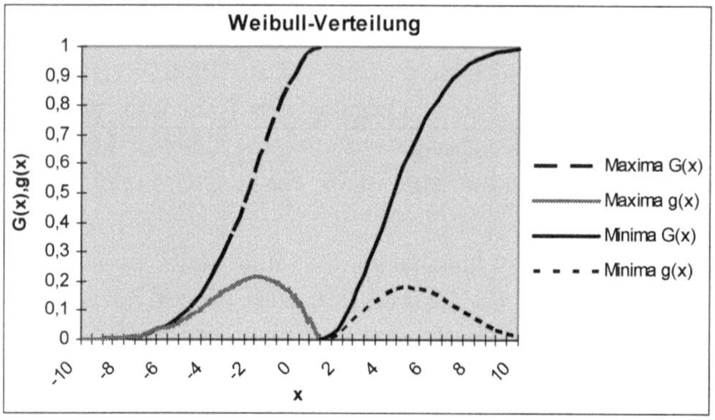

Bild 34: Weibull-Verteilungen für Maxima und Minima

7.3 Eigenschaften der Extremwertverteilung

Der charakteristische Wert α_n

Die charakteristischen Werte α_n sind die Merkmale mit der Summenhäufigkeit 1/e, $e^{(-1/e)}$ bzw. 1 – 1/e oder $1 - e^{(-1/e)}$. Je größer α_n, desto flacher verläuft die Verteilungskurve. Die charakteristischen Werte sind Konstante für einheitliche Merkmale (x). Wenn bei der Extremwertbildung unterschiedliche Stichprobenumfänge, Probengrößen, oder Bereiche etc. angesetzt werden, ändern sich die charakteristischen Werte α_n. Extremwertverteilungen kann man auf andere Messwertreihen übertragen, wenn sich nur die Größe der geprüften Bereiche unterscheiden. Die charakteristischen Werte zweier ähnlicher Verteilungen verhalten sich wie:

$$\frac{\alpha_{n1}}{\alpha_{n2}} = \left(\frac{n2}{n1}\right)^{\frac{1}{b}}$$

Die Steilheit b

Die Steilheit b beeinflusst in erster Linie die Schiefe der Weibullverteilung. Für $b < 3$ erhält man links schiefe Verteilungen, die sich um den unteren Grenzwert konzentrieren.

Es gibt einige Sonderfälle:

- $b = 1$ erhält man, wenn $\lambda_1 = n \cdot G(r)$ bzw. $\lambda_n = n \cdot [1 - G(r)]$ = konst. bzw. die Initialverteilung ist eine Gerade, bzw. die Ereignisquote ist konstant. In diesem Falle wird aus der Weibullverteilung die Exponentialverteilung, die zur Beschreibung beispielsweise der menschlichen Bevölkerung in Abhängigkeit der Zeit, oder der Zuverlässigkeit elektrischer Bauteile verwendet wird.
- $b = 2$ erhält man, wenn die Initialverteilung eine Parabel ist, oder aus einer zweidimensionalen Normalverteilung, in der beide Merkmalsachsen x und y gleichwertig und unabhängig sind. In diesem Falle wird die Weibullverteilung zur Rayleigh-Verteilung. Die Rayleigh-Verteilung eignet sich zur Beschreibung der Verteilung von Exzentrizitäten, Koaxialitäten, Rundläufen.
- $b = 3{,}6$ ergibt eine symmetrische Weibullverteilung, die der Gauss'schen Normalverteilung sehr ähnlich ist.

Der Grenzwert x_0

Der Grenzwert x_0 kennzeichnet den Wert, oberhalb oder unterhalb dessen kein Messwert auftreten kann. Häufig wird dieser Wert zu Null angenommen. Aber falsch angesetzte Grenzwerte führen unweigerlich zu falsch errechneten charakteristischen Werten α_n und Steilheiten b. Deshalb ist vor der Berechnung dieser Kennwerte der Grenzwert x_0 zweifelsfrei zu klären.

7.4 Auswertung der Weibullverteilung

Den arithmetische Mittelwert $\bar{x}$ und die Standardabweichung s einer Stichprobe kann man mit dem Taschenrechner ermitteln. Daraus errechnen sich:

Die Steilheit b aus:

$$1+\frac{s^2}{\bar{x}^2}=\frac{\Gamma(1+\frac{2}{b})}{\Gamma^2(1+\frac{1}{b})} \tag{33}$$

Der charakteristische Wert:

$$\alpha=\frac{\bar{x}}{\Gamma(1+\frac{1}{b})} \tag{34}$$

Wenn $\bar{x}$ und s bekannt sind und $x_0 = 0$ ist, kann man b aus einer vorbereiteten Tabelle entnehmen (Tabelle 2):

Tabelle 2: Kennwerte der Weibullverteilung

b	$1+\frac{s^2}{\bar{x}^2}$	$\Gamma(1+\frac{1}{b})$	$\Gamma(1+\frac{2}{b})$	$1+\frac{1}{b}$	$1+\frac{2}{b}$
0,1	184756	3628800	2,43E+18	11	21
0,2	252	120	3628800	6	11
0,3	30,27042	9,256373	2593,583	4,333333	7,666667
0,4	10,86498	3,323351	120	3,5	6
0,5	6	2	24	3	5
0,6	4,090399	1,504615	9,260113	2,666667	4,333333
0,7	3,138681	1,265822	5,029127	2,428571	3,857143
0,8	2,588892	1,133003	3,323351	2,25	3,5
0,9	2,23881	1,052178	2,478539	2,111111	3,222222
1	2	1	2	2	3
1,1	1,828491	0,964912	1,702426	1,909091	2,818182
1,2	1,700445	0,940646	1,504579	1,833333	2,666667
1,3	1,601739	0,923577	1,366273	1,769231	2,538462
1,4	1,523813	0,911424	1,265822	1,714286	2,428571
1,5	1,460951	0,902751	1,190615	1,666667	2,333333
1,6	1,409479	0,896574	1,133003	1,625	2,25
1,7	1,366604	0,892245	1,087955	1,588235	2,176471
1,8	1,330477	0,889287	1,052183	1,555556	2,111111
2	1,27324	0,886227	1	1,5	2
2,1	1,250289	0,885694	0,980793	1,47619	1,952381
2,2	1,230236	0,885625	0,964912	1,454545	1,909091
2,3	1,212598	0,885915	0,951701	1,434783	1,869565
2,4	1,196991	0,886482	0,940656	1,416667	1,833333
2,5	1,183105	0,887264	0,931384	1,4	1,8
2,6	1,170688	0,88821	0,923577	1,384615	1,769231
2,7	1,159536	0,889283	0,916989	1,37037	1,740741
2,8	1,149477	0,890451	0,911423	1,357143	1,714286
2,9	1,140369	0,89169	0,906719	1,344828	1,689655
3	1,132093	0,89298	0,902745	1,333333	1,666667
3,1	1,124549	0,894305	0,899394	1,322581	1,645161
3,2	1,117651	0,895654	0,896574	1,3125	1,625
3,3	1,111324	0,897015	0,894212	1,30303	1,606061
3,4	1,105508	0,898382	0,892245	1,294118	1,588235
3,5	1,100146	0,899747	0,890618	1,285714	1,571429
3,6	1,095192	0,901106	0,889287	1,277778	1,555556

Tabelle 2: Kennwerte der Weibullverteilung *(Fortsetzung)*

b	$1+\frac{s^2}{\bar{x}^2}$	$\Gamma(1+\frac{1}{b})$	$\Gamma(1+\frac{2}{b})$	$1+\frac{1}{b}$	$1+\frac{2}{b}$
3,7	1,090605	0,902453	0,888213	1,27027	1,540541
3,8	1,086349	0,903787	0,887363	1,263158	1,526316
3,9	1,082391	0,905104	0,886709	1,25641	1,512821
4	1,078705	0,906402	0,886227	1,25	1,5
4,1	1,075266	0,907681	0,885894	1,243902	1,487805
4,2	1,072051	0,908938	0,885694	1,238095	1,47619
4,3	1,069041	0,910172	0,885608	1,232558	1,465116
4,4	1,06622	0,911384	0,885625	1,227273	1,454545
4,5	1,06357	0,912573	0,88573	1,222222	1,444444
4,6	1,061079	0,913739	0,885915	1,217391	1,434783
4,7	1,058734	0,914881	0,886168	1,212766	1,425532
4,8	1,056523	0,916	0,886482	1,208333	1,416667
4,9	1,054437	0,917096	0,88685	1,204082	1,408163
5	1,052465	0,918169	0,887264	1,2	1,4
5,5	1,044064	0,923201	0,889857	1,181818	1,363636
6	1,037548	0,927719	0,89298	1,166667	1,333333
6,5	1,032389	0,93178	0,896333	1,153846	1,307692
7	1,028231	0,935438	0,899747	1,142857	1,285714
7,5	1,024831	0,938744	0,903122	1,133333	1,266667
8	1,022013	0,941743	0,906402	1,125	1,25
8,5	1,019652	0,944472	0,909558	1,117647	1,235294
9	1,017653	0,946965	0,912573	1,111111	1,222222
9,5	1,015945	0,94925	0,915443	1,105263	1,210526
10	1,014475	0,951351	0,918169	1,1	1,2
11	1,012086	0,95508	0,923201	1,090909	1,181818
12	1,010245	0,958286	0,927719	1,083333	1,166667
13	1,008795	0,96107	0,93178	1,076923	1,153846
14	1,007634	0,96351	0,935438	1,071429	1,142857
15	1,006688	0,965664	0,938744	1,066667	1,133333
16	1,005908	0,96758	0,941743	1,0625	1,125
17	1,005258	0,969295	0,944472	1,058824	1,117647
18	1,004709	0,970838	0,946965	1,055556	1,111111
19	1,004242	0,972235	0,94925	1,052632	1,105263
20	1,003841	0,973504	0,951351	1,05	1,1
21	1,003495	0,974663	0,953288	1,047619	1,095238

Tabelle 2: Kennwerte der Weibullverteilung *(Fortsetzung)*

b	$1+\frac{s^2}{\bar{x}^2}$	$\Gamma(1+\frac{1}{b})$	$\Gamma(1+\frac{2}{b})$	$1+\frac{1}{b}$	$1+\frac{2}{b}$
22	1,003193	0,975725	0,95508	1,045455	1,090909
23	1,002929	0,976702	0,956741	1,043478	1,086957
24	1,002696	0,977604	0,958286	1,041667	1,083333
25	1,00249	0,978438	0,959725	1,04	1,08
26	1,002307	0,979213	0,96107	1,038462	1,076923
27	1,002143	0,979934	0,962329	1,037037	1,074074
28	1,001996	0,980607	0,96351	1,035714	1,071429
29	1,001864	0,981236	0,964619	1,034483	1,068966
30	1,001745	0,981826	0,965664	1,033333	1,066667
31	1,001636	0,98238	0,966649	1,032258	1,064516
32	1,001538	0,982901	0,96758	1,03125	1,0625
33	1,001448	0,983392	0,968461	1,030303	1,060606
34	1,001365	0,983856	0,969295	1,029412	1,058824
35	1,00129	0,984295	0,970086	1,028571	1,057143
36	1,001221	0,984711	0,970838	1,027778	1,055556
37	1,001157	0,985105	0,971554	1,027027	1,054054
38	1,001098	0,985479	0,972235	1,026316	1,052632
39	1,001043	0,985835	0,972884	1,025641	1,051282
40	1,000992	0,986174	0,973504	1,025	1,05
41	1,000945	0,986497	0,974097	1,02439	1,04878
42	1,000902	0,986806	0,974663	1,02381	1,047619
43	1,000861	0,9871	0,975205	1,023256	1,046512
44	1,000823	0,987382	0,975725	1,022727	1,045455
45	1,000787	0,987652	0,976224	1,022222	1,044444
46	1,000754	0,98791	0,976702	1,021739	1,043478
47	1,000723	0,988158	0,977162	1,021277	1,042553
48	1,000693	0,988396	0,977604	1,020833	1,041667
49	1,000666	0,988624	0,978029	1,020408	1,040816
50	1,00064	0,988844	0,978438	1,02	1,04
100	1,000162	0,994326	0,988844	1,01	1,02

8 Elemente der Auswertung

8.1 Verteilungsfunktion

W. Weibull betrachtet ein Bauteil als eine Stichprobe mit n Volumenelementen. Im Element mit der geringsten Festigkeit beginnt der erste Anriss und damit der Dauerbruch. Hat man eine Menge von Bauteilen, dann lautet die Verteilungsfunktion ihrer Dauerfestigkeit bei konstanter Lastspielzahl:

$$G(\sigma a)_N = 1 - \exp\left(-\left(\frac{\sigma a - \sigma a_{0,N}}{\sigma a_{0.63,N} - \sigma a_{0,N}}\right)^b\right) \qquad (35)$$

σa ist die variable Dauerfestigkeit bei konstanter Grenzlastspielzahl N. $\sigma a_{0,\mathrm{N}}$ ist der untere Grenzwert mit der Bruchwahrscheinlichkeit Null bei dieser Grenzlastspielzahl. $\sigma a_{0.63,\mathrm{N}}$ ist der charakteristische Wert. Wenn $\sigma a = \sigma a_{0.63,\mathrm{N}}$ ist, beträgt die Wahrscheinlichkeit

$G = 1 - 1/\mathrm{e} = 0{,}63$.

8.2 Festigkeitshypothese

Die Ausschlagsspannung σa ist die Normalspannung bei Zug-Druckbelastung oder die Schubspannung bei Torsion, oder auch die erste Hauptspannung bei zweiachsiger Belastung. Bei gekerbten Bauteilen betrachtet man die maximale Spannung im Kerbgrund σa_{Hmax} ohne Korrektur durch Stützwirkungen.

8.3 Wöhlerfunktion

Paris-Erdogan gaben für den mittleren Teil einer Rissausbreitungskurve eine Funktion an, das so genannte Rissausbreitungsgesetz nach Paris-Erdogan. Prinzipiell kann man aus einem vollständigen Rissausbreitungsgesetz durch Integration eine Funktion der Wöhlerlinie errechnen. Leider sind alle Versuche dieser Integration bisher gescheitert. Man kann aber eine Grenzwertbetrachtung der Asymptoten vornehmen. Die Rissausbreitungsgeschwindigkeit Null entspricht der Dauerfestigkeit. Die Rissausbreitungsgeschwindigkeit Unendlich der statischen Festigkeit. Aus dieser Betrachtung resultiert eine Funktion für Wöhlerlinien, die erstmals von W. Weibull publiziert wurde [5]:

Die Wöhlerlinie muss für $N = ½$ gegen die statische Festigkeit und für $N = \infty$ gegen einen unteren Grenzwert streben. Nach Weibull erfüllt folgende Funktion für den Erwartungswert der Wöhlerlinien diese Kriterien:

$$N = N_C \left(\frac{\sigma a_{E,0} - \sigma a}{\sigma a - \sigma a_{E,\infty}} \right)^z \tag{36}$$

Üblicherweise zeichnet man in ein Wöhlerdiagramm eine mittlere Wöhlerlinie. Die Punkte dieser Linie sind die arithmetischen Mittelwerte der Bruchlastspielzahlen. Diese arithmetischen Mittelwerte werden in der Statistik auch Erwartungswerte genannt. Man ordnet ihnen die Wahrscheinlichkeit 50 % zu. Tatsächlich ist die Wahrscheinlichkeit des Erwartungswertes in der Weibullverteilung von der Steilheit b abhängig. Ist b größer 3, wird die Verteilung zunehmend schief. Die Wahrscheinlichkeit des Erwartungswertes liegt dann eher bei 45 %. Wöhlerlinien sind also Linien gleicher Bruchwahrscheinlichkeit. Ihr Erwartungswert liegt bei ca. 45 %.

8.4 Parallele Wöhlerlinien

Wöhlerlinien eines Diagrammes haben konstante Spannungsabstände. Diese Hypothese wurde erstmals von W. Weibull erwähnt. Allerdings hat er sie selbst nicht in seinen Aufsätzen angewendet. Die Hypothese wird gestützt durch die mathematischen Terme der Spannungsintensitätsfaktoren als Produkte aus äußerer Spannung mal Geometriefaktor. Ferner durch die Streuung der Rissausbreitungskurven bei konstanter äußerer Last und variablen Geometriefaktoren. Eine dritte Bestätigung der Hypothese von den parallelen Wöhlerlinien kommt aus dem experimentellen Nachweis des statistischen Größeneinflusses. Dieser Nachweis gelang nur unter Verwendung dieser Hypothese und zwar mit Abweichungen kleiner 2 % von der theoretischen Vorhersage, also deutlich innerhalb der Messgenauigkeit. Die Konsequenz daraus ist: Bei beliebigen Grenzlastspielzahlen ist die Differenz zwischen dem charakteristischen Wert $\sigma a_{0.63,\mathrm{N}}$ und dem unteren Grenzwert $\sigma a_{0,\mathrm{N}}$ konstant.

$$\sigma a_{0.63,\mathrm{N}} - \sigma a_{0,\mathrm{N}} = \text{konstant} \tag{37}$$

8.5 Grenzlastspielzahl

In der DIN 50100 sind für Stahl die Grenzlastspielzahl 10^7 Lastspiele, für Leichtmetall 10^8 Lastspiele vorgeschrieben. In der Praxis haben sich $2 \cdot 10^6$ Lsp. für Stahl und 10^7 Lsp. für Aluminium eingebürgert. Beide Werte sind zwar immer noch weit von den Laufdauern diverser Motoren und Turbinen entfernt, allerdings kann man sich auf verschiedenen Wegen den hohen Grenzlastspielzahlen nähern. Ein Weg ist die Hochgeschwindigkeitsprüfung mit 20 kHz. Damit sind die Nachteile einer Erwärmung der Proben verbunden. Ein zweiter Weg ist die Annäherung durch statistisch abgesicherte Extrapolation. In beiden Fällen muss man sich im Klaren sein, dass man sowieso gezwungen ist, Prognosen zu erstellen, wenn man die Analyse auf geringe Bruchwahrscheinlichkeiten ausdehnt. Es kommt nur darauf an, diese Prognosen mit geeigneten Methoden und der damit verbundenen Vorsicht zu gestalten.

9 Statistischer Größeneinfluss

Ein Bauteil wird als Stichprobe mit n Volumenelementen betrachtet. Je größer das Bauteil, desto mehr Volumenelemente, desto größer die Stichprobe. Der Stichprobenumfang spielt bei allen Statistiken eine entscheidende Rolle. Bei allen Extremwertverteilungen hat er einen Einfluss auf die Verteilungsfunktion. Diesen Einfluss nennt man den statistischen Größeneinfluss. Er kommt zum Tragen, wenn man die Dauerfestigkeit großer und kleiner Bauteile miteinander vergleicht. Bei ungekerbten Bauteilen werden alle Volumenelemente gleich belastet. Man muss nur das Volumen großer und kleiner Bauteile ins Verhältnis setzen:

$$G(\sigma_a)_N = 1-\exp\left(-\frac{V_1}{V_2}\left(\frac{\sigma a-\sigma a_{0,N}}{\sigma a_{0.63,N}-\sigma a_{0,N}}\right)^b\right) \tag{38}$$

Bei gekerbten Bauteilen, deren Volumenelemente völlig unterschiedlich belastet sind muss man das Produkt aus Volumen und Spannung integrieren.

$$G(\sigma a_n)_N = 1-exp\{-\frac{1}{V_0}\int_{z_u}^{z_o}\int_{y_u}^{y_o}\int_{x_u}^{x_o}\left(\frac{\hat{\sigma a}-\sigma a_0}{\sigma a_{0.63,V_0}-\sigma a_0}\right)^b dxdydz\ \} \tag{39}$$

Man erhält ein Dreifachintegral über eine transzendente Funktion. Die Integrationsgrenzen sind Funktionen des Integranden. Diese knifflige Rechenaufgabe kann man nur numerisch lösen. Wenn man den Intergranden aber in einer Taylorreihe entwickelt und nach dem dritten Glied abbricht, erhält man für beidseitig hyperbolisch gekerbte Flachproben eine sehr gute Näherungslösung, die weniger als 2 % von der exakten Lösung abweicht:

$$G(\sigma a_{H\max})_N = 1-\exp\left\{-\frac{4\,d\,\sigma a_{H\max}^b\,\frac{\sqrt{a\rho}}{b+2}\,\frac{\rho}{4}}{2\,a_0\,L_0\,d_0\,(\sigma a_{0.63,N,L_0}-\sigma_{0,N})^b}M\right\} \tag{40}$$

$$M = \left(1-\frac{\sigma a_{0,N}}{\sigma a_{H\max}}\right)^{b+2} - \frac{2\left(1-\frac{\sigma a_{0,N}}{\sigma a_{H\max}}\right)^{b+3}}{b+3} + \frac{2\left(1-\frac{\sigma a_{0,N}}{\sigma a_{H\max}}\right)^{b+4}}{(b+3)(b+4)} \tag{41}$$

In Bauteilen aus gewalzten Platten mit verfestigter Oberfläche haben Bohrungen, Nuten, Kanten oder Ausfräsungen diese Verfestigung nicht. Dauerbrüche entstehen an den geschnittenen Oberflächen. Für diese Fälle vereinfachen sich das Integral und die Näherungslösung:

$$G(\sigma a_{H\max})_N = 1 - \exp\left\{ -\frac{4\, d\, \sigma a_{H\max}^{b} \sqrt{a\rho} \left(1 - \frac{\sigma a_{0,N}}{\sigma a_{H\max}}\right)^{b+1}}{2\; L_0\, d_0 \left(\frac{a}{\rho} + 1\right) (\sigma a_{0.63,N,L_0} - \sigma a_{0,N})^{b}} \right\} \tag{42}$$

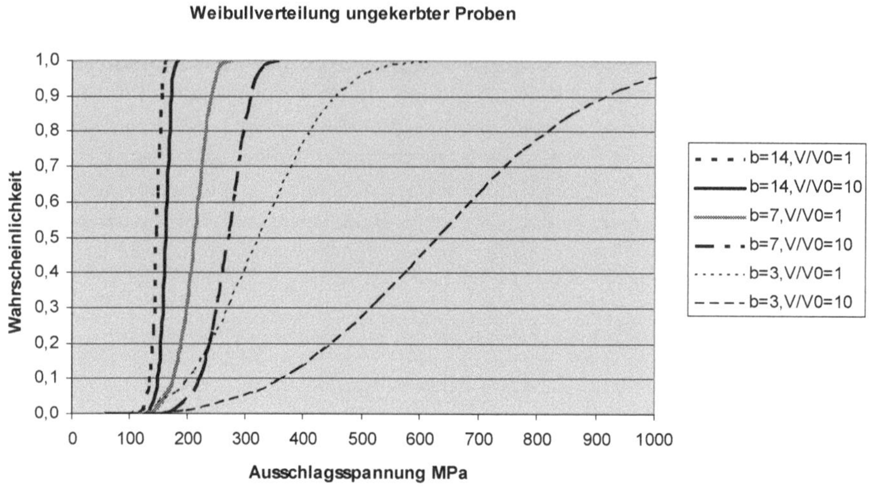

Bild 35: Statistischer Größeneinfluss ungekerbter Proben

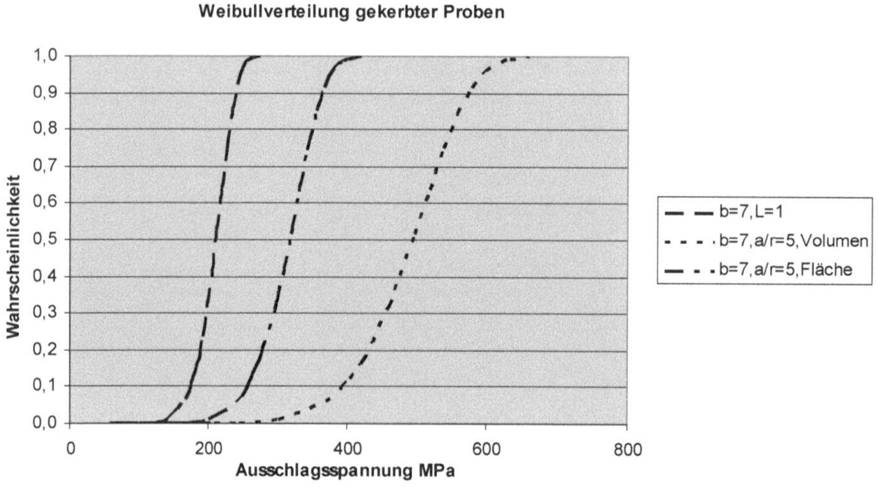

Bild 36: Statistischer Größeneinfluss gekerbter Proben

Bei der Analyse der Funktionen und der Graphen wird ein ganz wesentlicher Gesichtspunkt deutlich: Alle Verteilungskurven für große, kleine, gekerbte und ungekerbte Bauteile treffen sich im unteren Grenzwert. Das heißt: Beim unteren Grenzwert verschwindet der statistische Größeneinfluss!

Der untere Grenzwert der Verteilung der Dauerfestigkeit, das ist die Dauerfestigkeit mit der Bruchwahrscheinlichkeit Null. Leider ist dieser Grenzwert nur schwer zu bestimmen, da er in einem so genannten „Schleifenden Schnitt“ vorliegt. Berechnet man in einem Zwischenschritt den „Nullbruchwert“ bei 1 ppm Bruchwahrscheinlichkeit, so kann man aber auch die asymptotischen Grenzwerte ermitteln.

10 Mikrostützwirkung und Makrostützwirkung

Die Mikrostützwirkungstheorie nach Neuber geht davon aus, dass der Werkstoff die steilen Spannungsspitzen an Kerben ausgleicht. Aus dem Vergleich unterschiedlich gekerbter Proben wird ein Ersatz-Krümmungsradius ρ^* errechnet, mit dem die Kerbwirkung korrigiert wird. Umfangreiche Versuche am Mechanisch Technischen Laboratorium der TU München zeigten, dass diese Mikrostützwirkung [11] bei weitem nicht ausreicht, um die Unterschiede der Dauerfestigkeit ungekerbter und gekerbter Bauteile zu erklären.

Als die Mikrostützwirkungstheorie die großen Differenzen in der Dauerfestigkeit gekerbter und ungekerbter Bauteile nicht erklären konnte, entwickelte Heinz Neuber die Makrostützwirkungstheorie [11]. Sie geht von stetig gekrümmten Spannungs-Dehnungslinien aus. Kerbspannungen im Kerbgrund reduzieren sich wegen des stetig verringerten Gradienten der Spannungs-Dehnungslinie. Die Makrostützwirkungstheorie geht auch davon aus, dass im mikroskopischen Bereich die gleiche Spannungs-Dehnungslinie vorliegt, wie im makroskopischen Bereich. Das ist sicher nicht der Fall. Die Theorie wird auch nur im Bereich hoher Belastung wirksam. Für die Dauerfestigkeit sind aber niedere Belastungen interessant. Deshalb konnte auch die Makrostützwirkungstheorie nicht die Differenzen zwischen ungekerbten und gekerbten Bauteilen überbrücken.

Erst der statistische Größeneinfluss konnte die Lücke schließen und die Unterschiede der Dauerfestigkeit ungekerbter und unterschiedlich gekerbter Bauteile erklären und übertragbar machen. Für die Mikrostützwirkung bleibt bei korrekter Anwendung des statistischen Größeneinflusses kein Raum.

Wichtig ist vor allem: Mikrostützwirkung, Makrostützwirkung und statistischer Größeneinfluss spielen nur eine Rolle bei der Betrachtung mittlerer Wöhlerlinien. Diese Linien mit einer Bruchwahrscheinlichkeit von ca. 45 % sind für den Ingenieur uninteressant. Er benötigt Dauerfestigkeiten mit der Wahrscheinlichkeit von 1 ppm. Auf deren Ermittlung konzentrieren sich die nachfolgend beschriebenen Verfahren.

11 Versuchstechnik

Wenn man Laborversuche plant, muss man die Belastungsart und die Probenform auswählen. Die Belastungsart hängt von den verfügbaren Prüfmaschinen und ihren Einspannungen ab. Prüfungen im Zug-Schwellbereich mit einem Lastverhältnis $\sigma_u / \sigma_o = R = 0{,}1$ sind unproblematisch und werden deshalb gern angewendet.

Die Probenform hängt sehr von den verfügbaren Einspannungen ab. Meist muss man den Prüfbereich der Probe vom Einspannbereich absetzen, um Brüche im Einspannbereich zu vermeiden. Bei dieser Verjüngung des Querschnittes kann man entweder eine Kerbform mit bekanntem Kerbfaktor verwenden, oder eine Optimalkerbe mit Kerbfaktor 1.

11.1 Laborversuche, Probenform

Als Optimalkerbe ohne Spannungskonzentration bietet sich die hyperbolische Spiralkerbe an. Konturen dieser Optimalkerben sind im Anhang enthalten.

$$\rho = \frac{A}{\varphi}$$

$$\varphi\text{max} = \varphi 2: \quad \sin\varphi 2 + \cos\varphi 2 = 0$$

$$\varphi\text{max} = \varphi 1: \quad \sin\varphi 1 + \cos\varphi 1 = 0$$

$$\frac{b}{t} = \frac{\frac{\cos\varphi_0}{\varphi_0} - \frac{\cos\varphi_{max}}{\varphi_{max}}}{\frac{2\sin\varphi_0}{\varphi_0} - 1}$$

$$A = \frac{t}{\frac{2\sin\varphi_0}{\varphi_0} - 1}$$

$$l = 2A\frac{\cos\varphi_0}{\varphi_0}$$

$$\frac{\cos\varphi_2}{\varphi_2} + \frac{\cos\varphi_1}{\varphi_1} - 2\frac{\cos\varphi_0}{\varphi_0} = 0$$

$$x = a + t - A\left(\frac{\sin\varphi_2}{\varphi_2} + \frac{\sin\varphi_1}{\varphi_1} - 1\right)$$

$$y = A\left(\frac{\cos\varphi_1}{\varphi_1} - \frac{\cos\varphi_0}{\varphi_0}\right)$$

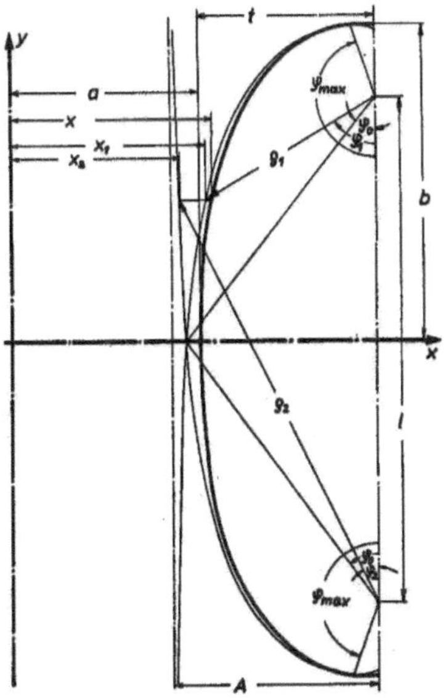

Bild 37: Hyperbolische Spiralkerbe als Optimalkerbe

- Eine Kerbe mit den Parametern $a / t = 1$ und $b / t = 5$ hat den Kerbfaktor $\alpha_K = 1{,}1$.
- Eine Kerbe mit den Parametern $a / t = 0{,}5$ und $b / t = 5$ hat den Kerbfaktor $\alpha_K = 1{,}0$.
- Eine Kerbe mit den Parametern $a / t = 0{,}33$ und $b / t = 2$ hat den Kerbfaktor $\alpha_K = 1{,}03$.

11.2 Feldversuche

Vor allem im gesetzlich geregelten Bereich ist es unerlässlich, Feldversuche am fertigen Produkt durchzuführen. Kritische Bauteile werden mit Dehnmessstreifen versehen. Die Belastungen bei bestimmten Funktionsabläufen werden aufgezeichnet. Mit diesen Aufzeichnungen kann man im Labor realitätsnahe Tests an einzelnen Bauteilen durchführen. Diese Methoden sind zu Validierung der Berechnungen notwendig und vorgeschrieben. Mehrstufige oder gar stochastische Belastungen werden dabei zu Lastkollektiven zusammengefasst. Leistungsfähige Rechner ermöglichen es weitgehend, auf diese Zusammenfassung zu verzichten und Originalbelastungen abzubilden.

Der große Nachteil der Feldversuche ist allerdings, dass sie erst spät am fertigen Bauteil vorgenommen werden. Nachfolgend wird deshalb eine Methode vorgestellt, die es ermöglicht, auf der Basis einstufiger Laborversuche eine Prognose für vorgegebene Betriebsbelastungen fertiger Bauteile zu erstellen.

12 Auswertungen

Die Auswertung von Laborversuchen hat zwei Ziele: Mit möglichst wenig Proben möglichst viel Informationen zu gewinnen und eine Basis zu schaffen für die Auslegung von Bauteilen und den späteren Betrieb. Beides gelingt nur mit einem ganzheitlichen Ansatz in dem alle Einflussgrößen enthalten sind. Zusätzlich zu den Laborergebnissen sind zu berücksichtigen:

- die Auswertung der Streuung der Dauerfestigkeit,
- mögliche Vertrauensbereiche,
- Erweiterung auf sehr geringe Bruchwahrscheinlichkeiten,
- statistischer Größeneinfluss,
- Mittelspannungseinfluss der Belastung,
- Oberflächenzustand der Bauteile,
- Erweiterung auf ungleichmäßige Betriebsbelastung,
- Länge der Rissausbreitung bei großen Bauteilen,
- Temperatureinfluss im Betrieb,
- Korrosionseinfluss im Betrieb.

Man erstellt eine mathematische Plattform, auf der im Laufe der Produktentstehung und Erprobung Änderungen und Korrekturen vorgenommen werden können. Wichtig ist nur, dass man im gleichen System bleibt.

Dazu liefert die folgende Auswertemethode die Grundlagen. Ziel ist es, die Dauerfestigkeit als dreidimensionales Geschehen mit den Parametern Belastung, Lastspielzahl und Bruchwahrscheinlichkeit darzustellen. Dafür wird die Streubandfunktion entwickelt. Diese beinhaltet sechs Konstante, die man zum Teil direkt ablesen, oder mit statistischen Methoden berechnen kann. Das Verfahren folgt deshalb einem festen Ablauf:

1. Die Funktion einer mittleren Wöhlerlinie bestimmen.
2. Die Messwerte auf eine Grenzlastspielzahl projizieren.
3. Die projizierten Messwerte statistisch auswerten.
4. Über die Vertrauensgrenzen den Nullbruchwert ermitteln.
5. Eine Tabelle diverser Grenzwerte berechnen.

Man unterscheidet zwischen den asymptotischen Grenzwerten $\sigma a_{0,0}$, $\sigma a_{0,\infty}$, die aus mathematischen Gründen in der Streubandfunktion vorkommen, aber keine technische Relevanz besitzen und dem technisch relevanten Nullbruchwert $\sigma a_{0.000001,D}$ mit der Bruchwahrscheinlichkeit 1 ppm.

12.1 Ebenes Wöhlerdiagramm

Das bekannte Wöhlerdiagramm ist eine ebene grafische Darstellung des Phänomens Dauerbruch. Streuung wird allenfalls durch Einzeichnen einer 10-%-Kurve angedeutet.

12.2 Streuung

Wer sich die Mühe macht und mehrere Proben auf mehreren Lasthorizonten zu prüfen kommt zu ähnlichen Bildern wie J. Böhm [8]:

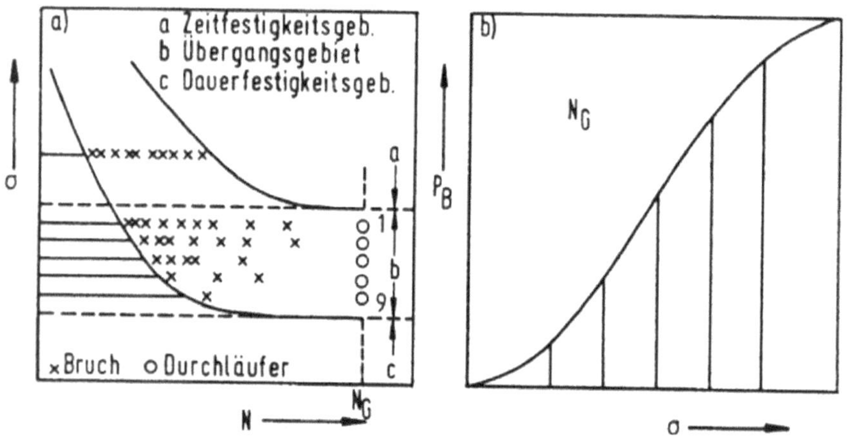

Bild 38: Streuung der Versuchsergebnisse nach Böhm

Die Streuung spielt eine wesentliche Rolle im Dauerschwingversuch. Sie kommt auch nicht aus Unzulänglichkeiten des Versuches, sondern aus dem Werkstoff bzw. aus den unterschiedlichen Bedingungen während der Rissentstehung.

12.3 Räumliches Wöhlerdiagramm

Streuung berechnet man mit den Werkzeugen der Statistik. Dazu führen wir die Wahrscheinlichkeit als dritte Variable im Wöhlerdiagramm ein. Aus dem ebenen Diagramm wird ein räumliches. Aus der Wöhlerlinie wird eine Wöhlerfläche. Diese gekrümmte Fläche hat drei Schnittkurven:

- Die Streuung der Dauerfestigkeit bei konstanter Lastspielzahl $G(\sigma a)_N$,
- die Wöhlerlinie $\sigma a(N)_G$ und
- die Streuung der Bruchlastspielzahl bei konstanter Ausschlagsspannung $G(N)_{\sigma a}$.

Da man die Prüfungen vorzugsweise bei konstanter Ausschlagsspannung durchführt, ist man versucht, die Streuung der Bruchlastspielzahl auszuwerten. Das führt aber zu keinem brauchbaren Ergebnis, weil Durchläufer eine Auswertung unmöglich machen, wenn man im niedrigen Zeitfestigkeitsgebiet auswertet.

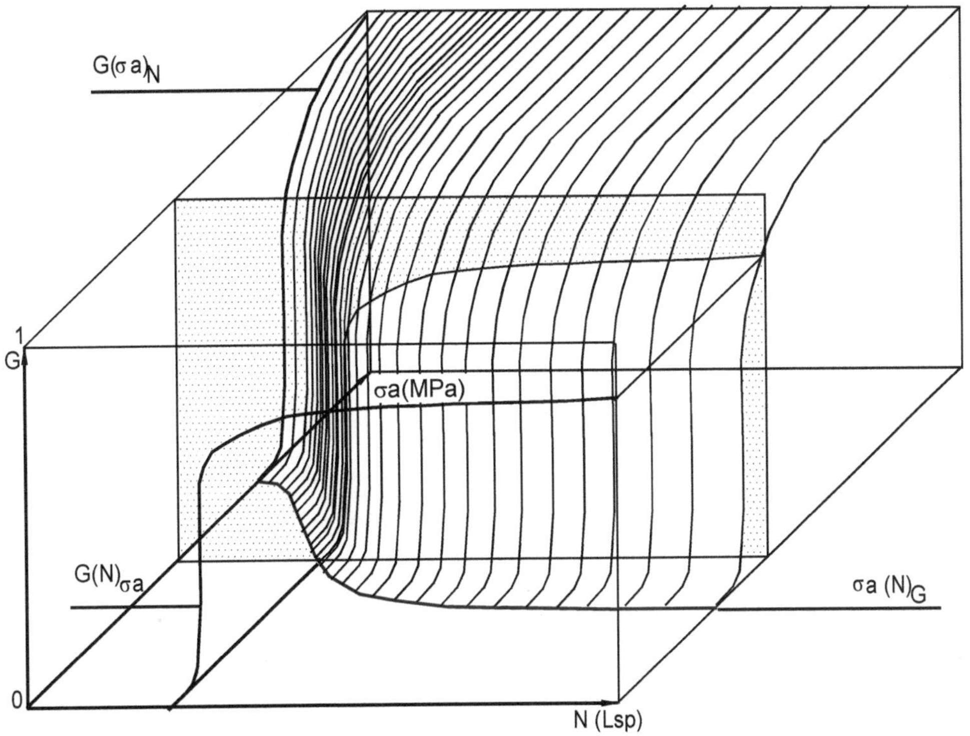

Bild 39: Dreidimensionales Wöhlerdiagramm

Deshalb muss man ganz unmissverständlich darauf hinweisen: Die Auswertung der Streuung der Bruchlastspielzahl führt zu keinem brauchbaren Ergebnis im Sinne der Übertragbarkeit von Werkstoffkennwerten. Sie gelingt allenfalls bei Auswertungen mit geringer Zahl der Messwerte im hohen Zeitfestigkeitsbereich bei mittleren Bruchwahrscheinlichkeiten um 50 %.

Das im Folgenden vorgestellte Verfahren hingegen entwickelt aus dem dreidimensionalen Wöhlerdiagramm eine dreidimensionale Streubandfunktion, die diese Schwächen vermeidet.

13 Streubandfunktion

Das dreidimensionale Wöhlerdiagramm wird durch eine Streubandfunktion SBF mit den sechs Konstanten $\sigma a_{0,0}$; $\sigma a_{0,\infty}$; Nc; z; b; $\sigma a_{0.63,\infty}$ mathematisch beschrieben.

$$G(\sigma a, N) = 1 - exp\left[-\left(\frac{\sigma a - \dfrac{\sigma a_{0,0} + \sigma a_{0,\infty} \cdot (\frac{N}{N_c})^{1/z}}{1 + (\frac{N}{N_c})^{1/z}}}{\sigma a_{0.63,\infty} - \sigma a_{0,\infty}}\right)^b\right] \tag{43}$$

Die SBF enthält drei Hypothesen:

- Die Dauerfestigkeit folgt einer dreiparametrigen Weibullverteilung.
- Die Wöhlerlinie folgt einer Wöhlerlinienfunktion.
- Wöhlerlinien eines Diagrames haben konstanten Spannungsabstand

Die Streubandfunktion hat auch zwei Umkehrfunktionen:

$$\sigma a(G, N) = ln\left(\frac{1}{1-G}\right)^{1/b} \cdot (\sigma a_{0.63,\infty} - \sigma a_{0,\infty}) + \frac{\sigma a_{0,0} + \sigma a_{0,\infty} \cdot (\frac{N}{N_c})^{1/z}}{1 + (\frac{N}{N_c})^{1/z}} \tag{44}$$

$$N(G, \sigma a) = N_c \cdot \left[\frac{\sigma a_{0,0} - \sigma a + (ln(\frac{1}{1-G}))^{1/b} \cdot (\sigma a_{0.63,\infty} - \sigma a_{0,\infty})}{\sigma a - (ln(\frac{1}{1-G}))^{1/b} \cdot (\sigma a_{0.63,\infty} - \sigma a_{0,\infty}) - \sigma a_{0,\infty}}\right]^z \tag{45}$$

Die Funktionen (44, 45) benützt man für die Betriebsfestigkeitsanalyse. Mit der Funktion (45) kann man zeigen, ab welcher Wahrscheinlichkeit die Verteilung der Bruchlastspielzahl Durchläufer aufweist und nicht mehr auswertbar ist.

Wenn man in Gleichung (45) den Nenner zu Null setzt, geht die Bruchlastspielzahl gegen unendlich. Unendliche Bruchlastspielzahlen sind in einer Verteilung nicht mehr auswertbar.

Tabelle 3: Beispiel für $N = \infty$

G	σa	ln(1 / (1 – G))
0,9	116,1	2,3026
0,8	114,3	1,6094
0,7	112,9	1,2039
0,6	111,6	0,9162
0,5	110,3	0,6931
0,4	108,9	0,5108
0,3	107,3	0,3566
0,2	105,4	0,2231
0,1	102,4	0,1053

$\sigma a_{0.63,\infty} = 112$ MPa

b=11

z=1.25

$\sigma a_{0,\infty} = 60$ MPa

Bei einer Messreihe mit oben stehenden Konstanten erhält man unendliche Bruchlastspielzahlen oberhalb 90 % Bruchwahrscheinlichkeit, wenn man bei 116 MPa prüft, oberhalb 80 % Bruchwahrscheinlichkeit, wenn man mit 114 MPa prüft.

Auswertungen der Verteilung der Bruchlastspielzahl gelingen deshalb nicht im Bereich niedriger Zeitfestigkeit, bzw. Dauerfestigkeit, allenfalls mit geringer Probenzahl im Bereich hoher Zeitfestigkeit. Dieser Bereich ist für den Ingenieur aber uninteressant.

Dabei ist es auch völlig unerheblich, mit welcher Verteilungsfunktion man auszuwerten versucht. Es gibt einige Beispiele in der Literatur unter anderem auch W. Weibull, denen dieses Missgeschick widerfuhr.

Wir merken uns: Die Verteilungsfunktion der Bruchlastspielzahlen lässt sich wegen auftretender Durchläufer nicht auswerten!

13.1 Bestimmung der Konstanten

Ziel der Auswertung ist es, den Nullbruchwert und die sechs Konstanten der Streubandfunktion zu ermitteln.

13.1.1 Stammdaten aufnehmen

Die Aufnahme der Stammdaten – Werkstoff, Probenform, Lastverhältnis, Anzahl der Messwerte und Durchläufer, Grenzlastspielzahl, Festigkeit und Auftraggeber – sollte möglichst erschöpfend erfolgen. Das ist wichtig für die Übertragbarkeit der ermittelten Werte.

Tabelle 4: Stammdaten

Auftrag	**Köhler**
Auftragsnummer	007
Bauteil	Optimalkerbe 60 mm
Werkstoff	AlZnMgCu1,5
Zugfestigkeit Rm	518 MPa
Bruchdehnung A	12%
Streckgrenze Rp0,2	418MPa
Wöhlerversuche:	45 Versuche, davon 5 Durchläufer
Lastverhältnis σu/σo	0,1
Grenzlastspielzahl N_D	50×10^6 Lsp.

13.1.2 Messwerte eintragen

Alle Messwerte, Brüche und Durchläufer werden aufgenommen, beginnend mit der höchsten Laststufe. Innerhalb der Laststufe wird nach steigender Bruchlastspielzahl sortiert. Das erleichtert die Kontrolle bei der Eingabe in die Diagramme.

Tabelle 5: Messwerte

σa	N	σa	N	σa	N	σa	N
175	8000	125	20000	125	600000	118	1500000
175	9000	125	40000	125	800000	116	1600000
175	10000	125	50000	125	900000	116	1900000
165	12000	125	70000	125	1050000	116	3000000
165	15000	125	110000	125	1100000	114	D
165	18000	125	130000	125	1700000	114	D
145	30000	125	140000	125	7000000	114	D
145	35000	125	180000	122	1000000	114	2000000
145	50000	125	200000	120	182000	112	D
135	70000	125	250000	120	400000		
135	80000	125	260000	120	850000		
135	100000	125	300000	118	D		

D steht für Durchläufer

13.1.3 Die mittlere Wöhlerlinie

Zur Ermittlung einer mittleren Wöhlerlinie kann man ein Diagramm nach Kapitel 15.2 verwenden. Vorteilhaft hinterlegt man dieses in einem Zeichenprogramm. So kann man dort die Messwerte mit ihren Koordinaten einfügen und die Wöhlerlinie als Kurvenzug durch einige Koordinatenpunkte zeichnen. Wenn man pro Laststufe den Mittelwert der Bruchlastspielzahl ausrechnet, erhält man diese Koordinaten. Der erste Schätzwert für Nc liegt auf dem Schnittpunkt dieser Wöhlerlinie mit der Laststufe bei $(\sigma a_{E.0} + \sigma a_{E,\infty})/2$.

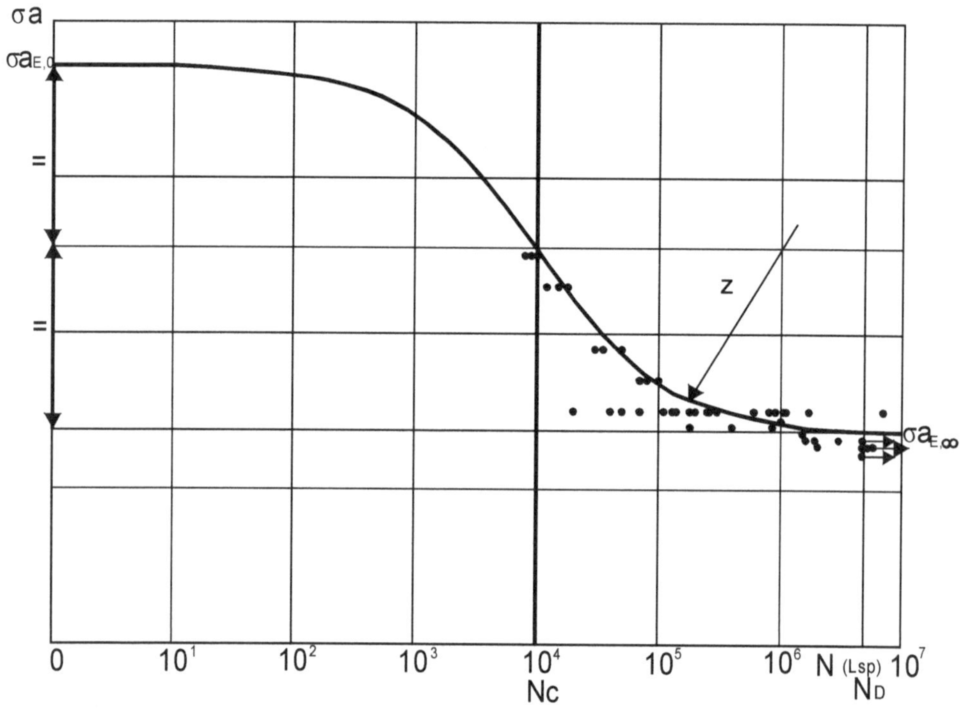

Bild 40: Die mittlere Wöhlerlinie

Die Funktion der mittleren Wöhlerlinie lautet:

$$N = N_C \left(\frac{\sigma a_{E,0} - \sigma a}{\sigma a - \sigma a_{E,\infty}} \right)^z \tag{36}$$

Die vier Konstanten werden folgendermaßen ermittelt:

$\sigma a_{E.0} = R_m (1 - R)/2$

$\sigma a_{E,\infty}$: Aus dem Treppenstufenverfahren oder einer gleichwertigen Klasseneinteilung.

Nc : $\sigma a(Nc) = (\sigma a_{E.0} + \sigma a_{E,\infty})/2$.

z : Durch Probieren (Bild 44) oder durch Ausgleichsrechnung

13.1.4 Treppenstufenverfahren

Das Treppenstufenverfahren kombiniert einen Teil der Versuchsführung mit einer zugehörigen Auswertung. Es eignet sich nur zur Bestimmung des Mittelwertes der Dauerfestigkeit bei vorgegebener Grenzlastspielzahl mit geringer Probenzahl. Das Verfahren täuscht eine kleine Streuung vor und ist deshalb irreführend. Andere statistische Verfahren mit Klasseneinteilung benötigen allerdings ein Vielfaches an Proben.

Tabelle 6: Treppenstufenverfahren

Stufe	σa (MPa)					Anzahl gebrochen	Anzahl Durchläufer	Häufigkeit der Ereignisse		
i	**xi**					**r**	**l**	**fi**	**i – fi**	**i² – fi**
3	120	850				2	0	0	0	0
2	118	1500				1	1	1	2	8
1	116	1600	1900	3000		3	0	0	0	0
0	114	o	o	2000	o	1	3	3	0	0
	112		o			0	1	1	0	0
			Summen:			**10**	**4**	**F = 5**	**A = 2**	**B = 8**

$$\sigma a_{E,D} = x_0 + d(A/F + 1/2) = 114 + 2(1/25 + 1/2) = 116 \quad (46)$$

Man vereinbart zunächst einen Stufensprung $d \approx 0{,}2 \cdot \sigma a_{E,D}$. Die Ausschlagsspannung reduziert man nach einem Bruch, oder steigert man nach einem Durchläufer (o) um jeweils eine Stufe. Für unsere Messwerte resultiert eine mittlere Dauerfestigkeit bei einer Grenzlastspielzahl $N_D = 5 \cdot 10^6$ von $\sigma a_{E,D} = 116$ MPa.

13.1.5 Ausgleichsrechnungen

Die mittlere Wöhlerlinie kann man mittels Ausgleichrechnung noch mal verbessert in die Messwerte einpassen, das ist aber für die weitere Auswertung nicht entscheidend. Die Vorbereitung zur Ausgleichsrechnung verläuft wie beim Zeichnen eines Wöhlerdiagrammes: Man logarithmiert und skaliert die Lastspielzahlen auf Millimeter. Dann bildet man pro Laststufe den Mittelwert der Bruchlastspiele in Millimeter. Die Ausschlagsspannungen werden ebenfalls auf Millimeter skaliert. Gl. 47 wird in einer Exceltabelle hinterlegt. Nun trägt man die geschätzten Werte für Nc, z, $\sigma a_{E.0}$ und $\sigma a_{E,\infty}$ ein. Man errechnet für jede mittlere Bruchlastpielzahl die theoretische Ausschlagsspannung σa_{th}. Von dieser wird die tatsächliche Ausschlagsspannung σa subtrahiert. Man bildet die Summe der Differenzen und die Summe der quadratischen Differenzen. Beide sollten ein Minimum bilden, wenn man die Schätzwerte variiert. Geringe Ungenauigkeiten spielen für die weitere Auswertung keine entscheidende Rolle. Das Verfahren bleibt dennoch stabil.

$$N = N_c\left(\frac{\sigma a_{E,0} - \sigma a}{\sigma a - \sigma a_{E,\infty}}\right)^z \quad (36)$$

$$\sigma a = \frac{\sigma a_{E,0} + \sigma a_{E,\infty}(\frac{N}{N_c})^{\frac{1}{z}}}{1+(\frac{N}{N_c})^{\frac{1}{z}}} \tag{47}$$

Tabelle 7: Ausgleichsrechnung zum Einpassen der Messwerte

z=1,25; Nc = 10000; $\sigma_{aE,0}$ = 233 MPa; $\sigma_{aE,\infty}$ = 115 MPa

σath (MPa)	N (Lsp)	N (mm)	logN	(N/Nc)^1/z	σa	σath – σa	(σath – σa)²
179,579552	8963,96186	158,1	3,9525	0,91622049	175	4,57955236	20,9722998
167,823531	14799,6008	166,81	4,17025	1,36835883	165	2,82353111	7,97232793
148,443178	37454,1547	182,94	4,5735	2,87607363	145	3,44317815	11,8554758
136,422953	82413,8115	196,64	4,916	5,40505354	135	1,42295296	2,02479512
125,761294	275740,145	217,62	5,4405	14,2036512	125	0,76129353	0,57956784
125,761294	275740,145	217,62	5,4405	14,2036512	125	0,76129353	0,57956784
125,761294	275740,145	217,62	5,4405	14,2036512	125	0,76129353	0,57956784
125,761294	275740,145	217,62	5,4405	14,2036512	125	0,76129353	0,57956784
123,912319	395594,277	223,89	5,59725	18,9583266	120	3,91231933	15,3062426
120,10506	1499684,84	247,04	6,176	55,0554098	118	2,10505998	4,43127752
119,621337	2089296,13	252,8	6,32	71,7794291	116	3,62133726	13,1140835
119,678266	1999861,87	252,04	6,301	69,3106545	114	5,67826627	32,2427079
						30,6313715	110,237481

Die Ausgleichsrechnung liefert genauere Konstanten *Nc, z,* $\sigma a_{E.0}$ und $\sigma a_{E,\infty}$.

$\sigma a_{E,0}$ =	233 MPa		
$\sigma a_{E,\infty}$ =	115 MPa	$\sigma a_{E,D}$ =	115 MPa
Nc =	10000 Lsp		
z =	1,25		

$$N = N_c(\frac{\sigma a_{E,0} - \sigma a}{\sigma a - \sigma a_{E,\infty}})^z \tag{36}$$

Die mittlere Wöhlerlinie unserer Messwerte lautet damit:

$$N = 10000(\frac{233 - \sigma a}{\sigma a - 115})^{1,25}$$

13.1.6 Projektion der Messwerte auf die Grenzlastspielzahl

Da in der Streubandfunktion die Verteilung der Ausschlagsspannung für konstante Lastspielzahlen enthalten ist, die Messwerte aber für konstante Ausschlagsspannungen vorliegen, ist es notwendig, die Messwerte auf eine frei wählbare Grenzlastspielzahl N_D zu projizieren.

Bevor man mit der Projektion beginnt, ist es nützlich, die grafische Auswertung des Wöhlerdiagrammes zu beginnen, indem man die Messwerte einträgt und die mittlere Wöhlerlinie einzeichnet, sowie Treppenstufen- und Ausgleichsrechnung durchführt.

Für die Projektion müssen die Werte *Nc, z,* N_D, $\sigma a_{E.0}$, $\sigma a_{E,\infty}$ bereitstehen. In der Projektion wird die Ordinatendifferenz des Messpunktes zur mittleren Wöhlerlinie errechnet und bei einer Grenzlastspielzahl abgetragen. Man erhält eine Reihe von Werten, die man nach steigender Größe ordnet und mit dem Schätzwert der Wahrscheinlichkeit $v/(n+1)$ versieht. Diese Wertepaare trägt man später in das Weibullnetz ein. Da man nur bei Bruch ein eindeutiges Ereignis hat, werden Durchläufer hierbei nicht berücksichtigt.

Zu beachten ist, dass die Wöhlerdiagramme bei der Grenzlastspielzahl N_D enden. Die Wöhlerfunktion und die Streubandfunktion gehen aber bis $N = \infty$. Zwischen N_D und N_∞ kann es Differenzen der Ausschlagsspannungen geben. In die Funktion muss der Wert $\sigma a_{E,\infty}$ eingegeben werden um den richtigen Wert für σa_D zu erhalten.

$$\sigma a_D = \sigma a - \frac{\sigma a_{E,0} + \sigma a_{E,\infty}\left(\frac{N}{N_C}\right)^{\frac{1}{z}}}{1+\left(\frac{N}{N_C}\right)^{\frac{1}{z}}} + \frac{\sigma a_{E,0} + \sigma a_{E,\infty}\left(\frac{N_D}{N_C}\right)^{\frac{1}{z}}}{1+\left(\frac{N_D}{N_C}\right)^{\frac{1}{z}}} \tag{48}$$

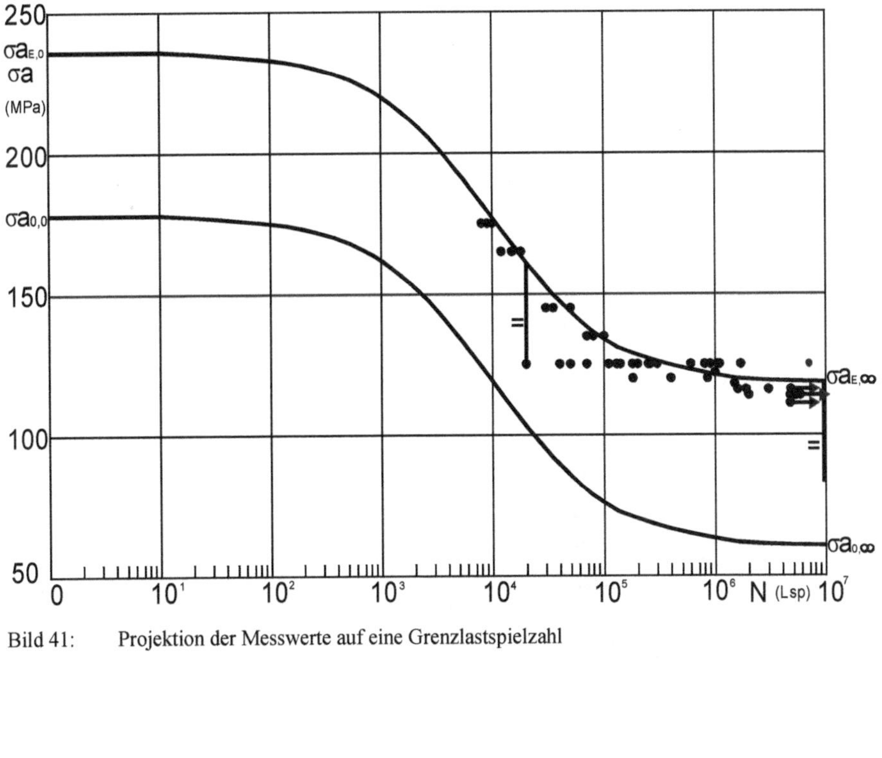

Bild 41: Projektion der Messwerte auf eine Grenzlastspielzahl

Tabelle 8: Auf die Grenzlastspielzahl $N_D = 10^9$ projizierte Messwerte σa_D

σa	N	σa_D	υ/(n+1)	υ
125	20000	82	0,02	1
125	40000	96	0,05	2
125	50000	99	0,07	3
125	70000	104	0,10	4
120	182000	109	0,12	5
165	12000	110	0,15	6
145	30000	110	0,17	7
125	110000	110	0,20	8
175	8000	111	0,22	9
125	130000	112	0,24	10
125	140000	112	0,27	11
114	2000000	112	0,29	12
145	35000	113	0,32	13
175	9000	114	0,34	14
135	70000	114	0,37	15
125	180000	114	0,39	16
120	400000	114	0,41	17
116	1600000	114	0,44	18
116	1900000	114	0,46	19
165	15000	115	0,49	20
125	200000	115	0,51	21
116	3000000	115	0,54	22
175	10000	116	0,56	23
135	80000	116	0,59	24
118	1500000	116	0,61	25
125	250000	117	0,63	26
125	260000	117	0,66	27
120	850000	117	0,68	28
125	300000	118	0,71	29
145	50000	119	0,73	30
135	100000	119	0,76	31
122	1000000	119	0,78	32
165	18000	120	0,80	33
125	600000	121	0,83	34
125	800000	122	0,85	35
125	900000	122	0,88	36
125	1050000	122	0,90	37
125	1100000	122	0,93	38
125	1700000	123	0,95	39
125	7000000	124	0,98	40

$$\sigma a_{E,D} = 115\text{MPa};\quad s = 7{,}88210404;\quad 1 + s^2 / \sigma a_{E,D}^2 = 1{,}004697736$$

13.1.7 Charakteristischer Wert und Steilheit

Zur Berechnung des charakteristischen Wertes und der Steilheit setzt man den unteren Grenzwert $\sigma a_{0,D}$ zunächst auf Null. Den charakteristischen Wert kann man direkt aus der Reihe der projizierten Messwerte bei $\nu/(n+1) = 0{,}63$ ablesen. Außerdem errechnet man für diese Reihe die Standardabweichung s und den Mittelwert $\sigma a_{E,D}$ der projizierten Ausschlagsspannungen. Mit beiden Werten geht man in die Tabelle 1 und liest die Steilheit b ab.

[redacted] (49)

$\sigma a_{0.63,D} = 117\ MPa; \quad b = 18$

13.1.8 Vertrauensbereiche

Die Menge projizierter Messwerte ist eine Stichprobe mit dem Stichprobenumfang n. Ziel ist es, die Grundgesamtheit der projizierten Messwerte zu prognostizieren und daraus die Streubandfunktion zu bilden.

Die Frage nach der möglichen Grundgesamtheit beantwortet man mit dem Vertrauensbereich. Uns interessiert in diesem Fall aber nur jeweils die untere Vertrauensgrenze. Wir setzen eine Irrtumswahrscheinlichkeit von $\alpha = 0{,}0005 = 0{,}05\ \%$ an und können formulieren: Mit einer Irrtumswahrscheinlichkeit von $\alpha = 0{,}0005$ liegt die gesuchte Grundgesamtheit oberhalb der berechneten Vertrauensgrenze.

Für die unteren Vertrauensgrenzen der Steilheit b und des charakteristischen Wertes $\sigma a_{0.63,D}$ wird die jeweilige Formel für eine Irrtumswahrscheinlichkeit $\alpha = 0{,}0005$ in der Exceltabelle hinterlegt. Man benötigt den Stichprobenumfang n, den charakteristischen Wert $\sigma a_{0.63,D}$ bei N_D und die Steilheit b.

$$\sigma a_{0.63,\mathrm{Dunten}} = \sigma a_{0.63;D} - u_{1-\alpha} \frac{1{,}052}{\sqrt{n}} \frac{\sigma a_{0.63,D}}{b} \tag{50}$$

$$b_{\mathrm{unten}} = b - u_{1-\alpha} \frac{0{,}78}{\sqrt{n}} b \tag{51}$$

$\sigma a_{0.63,D} = 112\ MPa; \quad b = 11$

Mit diesem Verfahren sind zwei Konstanten $\sigma_{a0.63,D} = \sigma_{a0.63,Dunten}$, und $b = b_{unten}$ bestimmt.

Die Steilheit b_{unten} wird für die Streubandfunktion verwendet. Es fehlen noch die Konstanten $\sigma a_{0,0}$, $\sigma a_{0.63,\infty}$ und $\sigma a_{0,\infty}$.

13.1.9 Nullbruchwert

Zielsetzung der Auswertung ist es, die Streubandfunktion zu bestimmen, von der dann die Umkehrfunktionen und die Schnittfunktionen abgeleitet werden können. Im Mittelpunkt steht dabei die Bestimmung des Nullbruchwertes $\sigma a_{0.000001,D}$ bei vorgegebener Grenzlastspielzahl.

Da es nicht möglich ist, den asymptotischen Grenzwert $\sigma a_{0,D}$ auf direktem Weg statistisch gesichert zu bestimmen, berechnet man zunächst den Nullbruchwert bei der gewählten Grenzlastspielzahl.

Die Formel zur Berechnung der Nullbruchwerte wird wiederum in der Exceltabelle hinterlegt. Man rechnet zunächst nur mit der zweiparametrigen Weibullverteilung. Diese bildet im Weibullnetz eine Gerade durch die untere Vertrauensgrenze des charakteristischen Wertes $\sigma a_{0.63,Dunten}$, sowie mit der Steigung der unteren Vertrauensgrenze der Steilheit b_{unten}. Diese Gerade wird bei der Wahrscheinlichkeit 0,002 abgebrochen. Die waagrechten Linien im Weibullnetz entsprechen den Wahrscheinlichkeiten in der Stichprobe bzw. in der Grundgesamtheit.

Die Irrtumswahrscheinlichkeit 0,0005 mal der Wahrscheinlichkeit 0,002 ergibt die Wahrscheinlichkeit 1ppm. Die Ausschlagsspannung bei diesem Wert ist der gesuchte Nullbruchwert.

$$ln\,\sigma a_{0.002\times 0.0005,D} = ln\,\sigma a_{0.000001,D} = \frac{1}{b_{unten}}\,ln\,ln\left(\frac{1}{1-G_{unten}}\right) + ln\,\sigma a_{0.63,D_{unten}} \qquad (52)$$

$$G_{unten} = 0{,}002$$

$$\sigma a_{0.000001,D} = 60\ MPa$$

Zur Erklärung: Wenn man 2000 mal Stichproben mit jeweils 499 Messwerten auswerten würde, dann entspräche der kleinste gemessene Wert dem Nullbruchwert.

Der Nullbruchwert $\sigma a_{0.000001,D}$ ist der technisch relevante Wert zur Auslegung von Bauteilen. Mit ihm kann man aber auch die asymptotischen Grenzwerte $\sigma a_{0,0}$, $\sigma a_{0.63,\infty}$ und $\sigma a_{0,\infty}$ bestimmen.

Benötigt man nur den Nullbruchwert für die Auslegung, dann kann man die Auswertung hier beenden. Wenn man aber für weitere Anwendungen die Streubandfunktion benötigt, dann fährt man mit der Auswertung fort.

Der Nullbruchwert $\sigma a_{0.000001,D}$ wurde zunächst für die zweiparametrige Weibullverteilung mit dem unteren Grenzwert $\sigma a_{0,D} = 0$ bestimmt. Nun führen wir die Bedingung ein, dass dieser Nullbruchwert Bestandteil der dreiparametrigen Verteilung sein soll, die in der Streubandfunktion enthalten ist. Mit anderen Worten: Die Streubandfunktion soll durch den Nullbruchwert gehen. Diese zusätzliche Bedingung legt dann die Streubandfunktion fest.

13.1.10 Asymptotische Grenzwerte und Dauerfestigkeiten

Zur übersichtlichen Kontrolle, dass keine Eingabefehler passiert sind, werden die Dauerfestigkeiten für mehrere Grenzlastspielzahlen (∞, 10^9, 10^8, 10^7, 10^6) und für mehrere Bruchwahrscheinlichkeiten (0,1 ppm, 10 ppm, 100 ppm, 1000 ppm, 10000 ppm) in Tabellen zusammengestellt. Zusätzlich zu den Nullbruchwerten sind in der Tabelle die zugehörigen charakteristischen Werte, außerdem die statische Festigkeit mit der Wahrscheinlichkeit 0: $\sigma a_{0,0}$ enthalten. Die asymptotischen Grenzwerte $\sigma a_{0,0}$ und $\sigma a_{0,\infty}$ benötigt man für die Streubandfunktion.

Man beginnt mit dem Nullbruchwert der Grenzlastspielzahl N_D. Wenn die dreiparametrige Verteilung durch den Punkt $\sigma a_{0.000001,D}$ gehen soll, dann errechnet sich der asymptotische Grenzwert $\sigma a_{0,D}$ nach der Formel:

$$\sigma a_{0,D} = \frac{exp(1/b \cdot ln\, ln(\frac{1}{1-G})) \cdot \sigma a_{0.63,D} - \sigma a_{0.000001,D}}{exp(1/b \cdot ln\, ln(\frac{1}{1-G})) - 1}; \quad G = 0{,}000001 \tag{53}$$

Die asymptotischen Grenzwerte $\sigma a_{0,\infty}$ und $\sigma a_{0,0}$ errechnen sich dann wie folgt:

$$\sigma a_{0.\infty} = \frac{\sigma a_{0,D} \left(1 + (\frac{N_D}{N_c})^{\frac{1}{z}} \right) - \sigma a_{0,0}}{\left(\frac{N_D}{N_c} \right)^{\frac{1}{z}}} \tag{54}$$

$$\sigma a_{0,0} = \sigma a_{E,0} - \sigma a_{E,D} + \sigma a_{0,D} \tag{55}$$

Den Grenzwert $\sigma a_{0,D}$ kann man auf diverse Grenzlastspielzahlen N_D umrechnen:

$$\sigma a_{0,D} = \frac{\sigma a_{0,0} + \sigma a_{0,\infty} \cdot (\frac{N_D}{N_c})^{\frac{1}{z}}}{1 + (\frac{N_D}{N_c})^{\frac{1}{z}}} \tag{54}$$

Die asymptotischen Grenzwerte für die Bruchwahrscheinlichkeit Null bei diversen Grenzlastspielzahlen $\sigma a_{0,D}$ variiert man auch noch für mehrere Bruchwahrscheinlichkeiten, z.B.:

$$\sigma a_{0.0001,D} = exp\{\frac{1}{b_{unten}} ln\, ln \left(\frac{1}{1-G_{unten}} \right)\} \cdot (\sigma a_{0.63,D} - \sigma a_{0,D}) + \sigma a_{0,D}$$

$$G_{unten} = 0{,}0001 \tag{56}$$

Die Nullbruchlinie erhält damit die Funktion:

$$N(\sigma a)_{G=0} = N_c (\frac{\sigma a_{0,0} - \sigma a}{\sigma a - \sigma a_{0,\infty}})^z \tag{57}$$

Die errechneten Konstanten fasst man abschließend in Tabellen zusammen:

Tabelle 9: Konstante der Streubandfunktion

ND =	10^9	Lsp
G=	0,000001	
b=	11	
1/z=	0,8	
$\sigma a_{0.000001,D}$ =	60	MPa
$\sigma a_{0.63,D}$ =	112	MPa
$\sigma a_{0.000001,0}$ =	178	MPa
Term	0,28	
$\sigma a_{0,D}$ =	37	MPa
$\sigma a_{0,\infty}$ =	37	MPa
$\sigma a_{0,0}$ =	155	MPa

Tabelle 10: Variation der Grenzlastspielzahlen

N	(N/Nc)1/z	$\sigma a_{0,D}$ (MPa)
1000000000	10000	37
100000000	1585	37
10000000	251	37
1000000	40	40

Tabelle 11: Asymptotische Grenzwerte und Variation der Dauerfestigkeiten

	N_D =	∞	10^9	10^8	10^7	10^6
	$\sigma a_{0.63,D}$ =	**112**	**112**	**112**	**112**	**115**
G = 0	$\sigma a_{G,D}$=	37	37	37	37	40
G = 0,000001	$\sigma a_{G,D}$=	59,78	59,78	59,78	59,78	62,78
G = 0,00001	$\sigma a_{G,D}$=	65,09	65,09	65,09	65,09	68,09
G = 0,0001	$\sigma a_{G,D}$=	71,63	71,63	71,63	71,63	74,63
G = 0,001	$\sigma a_{G,D}$=	79,70	79,70	79,70	79,70	82,70
G = 0,1	$\sigma a_{G,D}$=	102,20	102,20	102,20	102,20	105,20

Mit diesen Ergebnissen kann jeder Anwender die Grenzwerte wählen, die für seine Produkte am besten geeignet sind. Wer eine Million gleichartiger Produkte verkauft, ist mit dem Nullbruchwert bei 1 ppm gut bedient. Wer lediglich Tausend gleichartiger Produkte vertreibt, benötigt die Dauerfestigkeit bei $G = 0,001$ usw. Allerdings verschwindet der statistische Größeneinfluss nur bei der Wahrscheinlichkeit 1ppm oder kleiner. Wenn man Dauerfestigkeiten mit höherer Wahrscheinlichkeit zur Auslegung verwenden will, muss man den statistischen Größeneinfluss zwischen großen und kleinen, gekerbten und ungekerbten Bauteilen berücksichtigen.

Man kann also mit dem vorgestellten statistischen Verfahren diverse Grenzwerte der Dauerfestigkeit ermitteln. Die Streubandfunktion, die aus den Ergebnissen von Laborproben gewonnen wurde, dient als Basis für die unterschiedlichsten Anwendungen.

Zu den vorgestellten statistischen Methoden gibt es kaum Alternativen, denn:

- Es ist unmöglich eine Million Versuche durchzuführen.
- Diese statistische Prognose steht schon in der Entwicklungsphase zur Verfügung.
- Die Streubandfunktion kann an alle Anwendungen angepasst werden.

Die Streubandfunktion mit ihren Konstanten lautet dann für die Messwerte in Tabelle 5:

[redacted] (58)

Diskussion der Ergebnisse

Zur Bestimmung dieser SBF wurden 45 Versuche bei einem Lastverhältnis 0,1 und einer Grenzlastspielzahl $5 \cdot 10^6$ Lsp. ausgewertet. 40 Messwerte wurden auf die Grenzlastspielzahl $N_D = 10^9$ Lsp. projiziert. Dort wurden sie mit einer dreiparametrigen Weibullverteilung ausgewertet. Über die Vertrauensgrenzen wurde der Nullbruchwert errechnet und in die Weibullverteilung eingesetzt. Mit dieser Abgrenzung kann man die Verteilung der möglichen Grundgesamtheit der Dauerfestigkeit bei $N_D = 10^9$ Lsp. angeben. Verknüpft mit der Wöhlerlinienfunktion, die in einer Ausgleichrechnung an die Messwerte angepasst wurde, erhält man die Streubandfunktion. Sie ist die Basisfunktion für die Dauerfestigkeit des geprüften Werkstoffes. Sie ermöglicht die Angabe der Bruchwahrscheinlichkeit in jedem Punkt des Wöhlerdiagrames. Die SBF kann man an Laborproben oder an fertigen Bauteilen ermitteln, wenn man deren Belastung mit Dehnmessstreifen ermittelt hat.

Man kann sie an abweichende Einsatzbedingungen anpassen:

- mehrstufige oder zufällige Belastung
- Mittelspannung
- Oberfläche
- Bauteilgröße
- Umwelt

13.1.11 Grafische Auswertung der Wöhlerlinie

Alle Auswertungen kann man rechnerisch durchführen. Zu diesem Zweck bereitet man Exceltabellen vor, in die nur noch die individuellen Zahlenwerte der Versuchsreihe eingegeben werden. Anschließend hilft eine grafische Darstellung bei der Überprüfung der Ergebnisse. Dabei ist zu beachten, dass der Ausschnitt der grafischen Darstellung so gewählt wird, dass man keine falschen Eindrücke vermittelt.

Zum Abschluss und zur visuellen Überprüfung des Verfahrens wird die Funktion der mittleren Wöhlerlinie in das Zeichenprogramm eingezeichnet. Diese mittlere Wöhlerlinie wird auch auf den errechneten Nullbruchwert kopiert (verschoben). Wir verwenden ein Wöhlerdiagramm von $N = 0$ bis $N = 10^7$ Lsp. Dessen Konstruktion ist im Anhang beschrieben.

Tabelle 12: Skalierung im Wöhlerdiagramm

Skalierung:	$y = 200mm/250\ MPa = 0{,}8\ mm\ /MPa$
	$x = 280\ mm/\log 10^7 \cdot \log N$
	$x = 40mm \cdot \log N$

13.1.12 Grafische Auswertung im Weibullnetz

Zur visuellen Überprüfung der Verteilungen werden die zweiparametrige und die dreiparametrige Kurve in das Weibullnetz eingezeichnet. Die zweiparametrige ist eine Gerade. Die dreiparametrige hat im unteren Bereich eine leichte Krümmung nach rechts, da sie für $G=0$ gegen den asymptotischen Grenzwert strebt. Wir verwenden ein Weibullnetz, das von 1 ppm bis 900 000 ppm und von 0,1 MPa bis 100 000 MPa reicht. Die Konstruktion dieses Netzes ist im Anhang beschrieben.

Tabelle 13: Skalierung im Weibullnetz

Skalierung:	$y = 260\ mm = \ln\ln(1/(1-0{,}000001)) - \ln\ln(1/(1-0{,}9))$
	$y = (\ln\ln(1/(1-G) + 13{,}82)) \cdot 18$
	$x = 180\ mm = \ln(100000) - \ln(0{,}1)$
	$x = (\ln \sigma a + 2{,}3) \cdot 13$

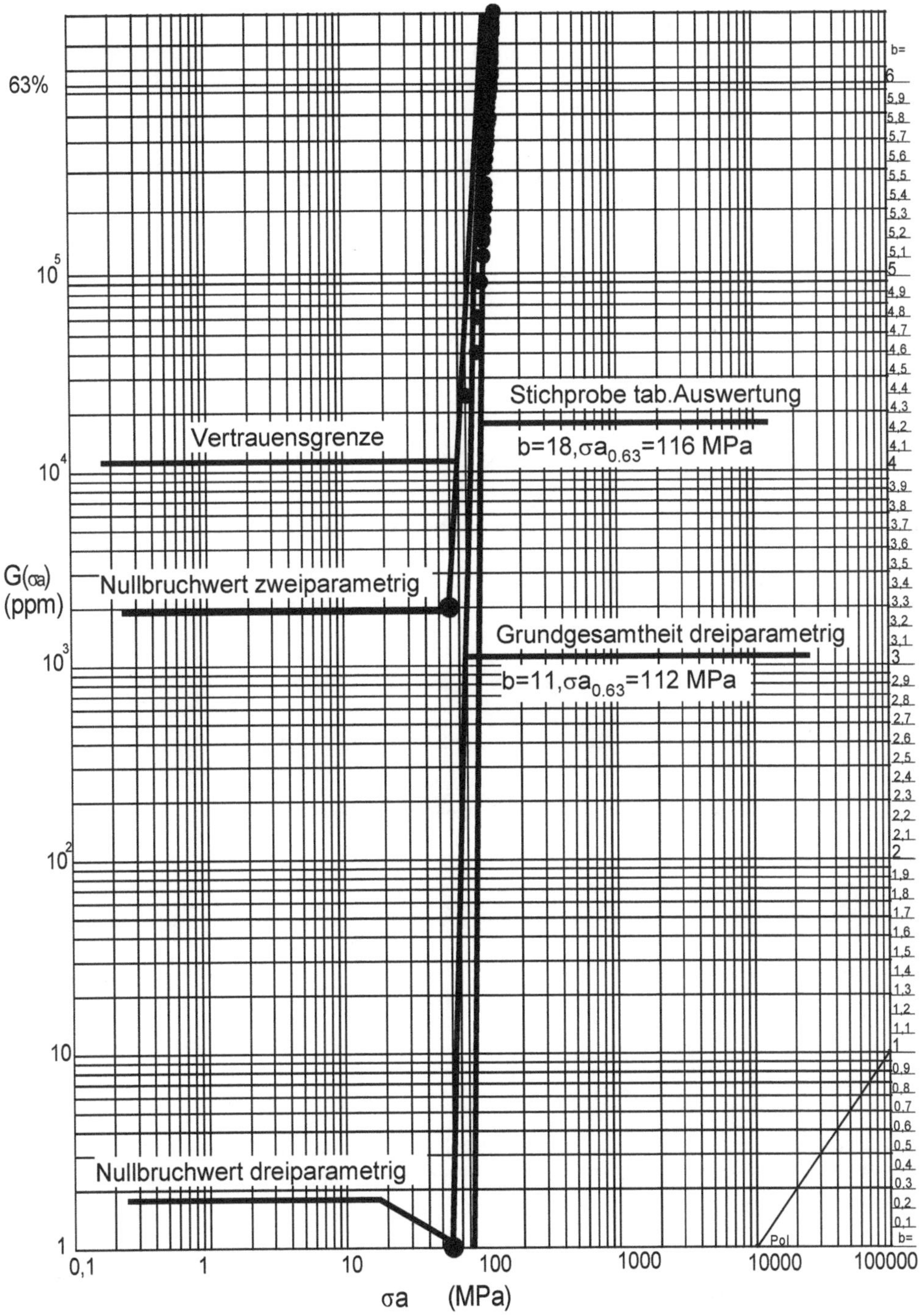

Bild 42: Auf die Grenzlastspielzahl $N_D = 10^9$ Lsp. projizierte Messwerte im Weibullnetz. Auswertung mit unterer Vertrauensgrenze $\alpha = 0{,}0005$. Die projizierten Messwerte werden mit der Schätzfunktion $\nu/(n+1)$ eingetragen.

In der bislang üblichen ebenen Darstellung des Wöhlerdiagrammes kann man die mittlere Wöhlerlinie, die Nullbruchlinie und eventuell auch die 90-%-Linie eintragen. Wobei letztere nur zur Demonstration der Abstände dient. Technisch betrachtet ist sie sinnlos.

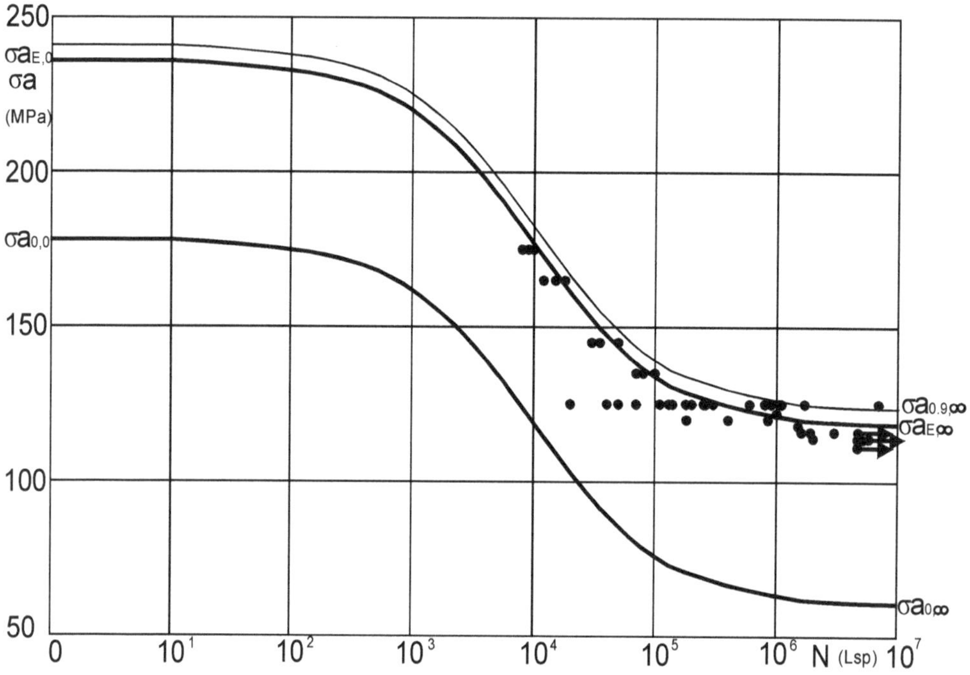

Bild 43: Ergebnis: Mittlere Wöhlerlinie, 90-%-Wöhlerlinierlinie, Nullbruchlinie

$$N(\sigma a_E) = 10000(\frac{233 - \sigma a}{\sigma a - 115})^{1,25}$$

$$N(\sigma a)_{G=0.000001} = 10000(\frac{178 - \sigma a}{\sigma a - 60})^{1,25} \qquad (57)$$

$$N(\sigma a)_{G=0,9} = 10000(\frac{240 - \sigma a}{\sigma a - 122})^{1,25}$$

Zur Erleichterung für den Start der Ausgleichrechnung und um die Auswirkung unterschiedlicher Exponenten z auf den Verlauf der Wöhlerlinien zu erkennen, kann man für unterschiedliche Exponenten z mittlere Wöhlerlinien zeichnen; z.B.:

$$N(\sigma a_E) = 10000(\frac{233 - \sigma a}{\sigma a - 115})^{1,25} \qquad (57)$$

Tabelle 14: Werte einer Wöhlerlinie

		z = 1,25	
σa (MPa)	***N* (Lsp)**	***N* (mm)**	**$(\sigma a_{E,0} - \sigma a) / (\sigma a - \sigma a_{E,\infty})$**
235	26	56,59	0,009
230	258	96,45	0,054
225	582	110,60	0,103
220	987	119,78	0,157
210	2061	132,56	0,283
200	3574	142,12	0,439
180	8805	157,79	0,903
160	20987	172,88	1,810
150	34410	181,47	2,688
140	63068	191,99	4,364
130	152285	207,31	8,833
120	1600608	248,17	58,000
119	3847976	263,41	117,000
118,5	9200996	278,55	235,000

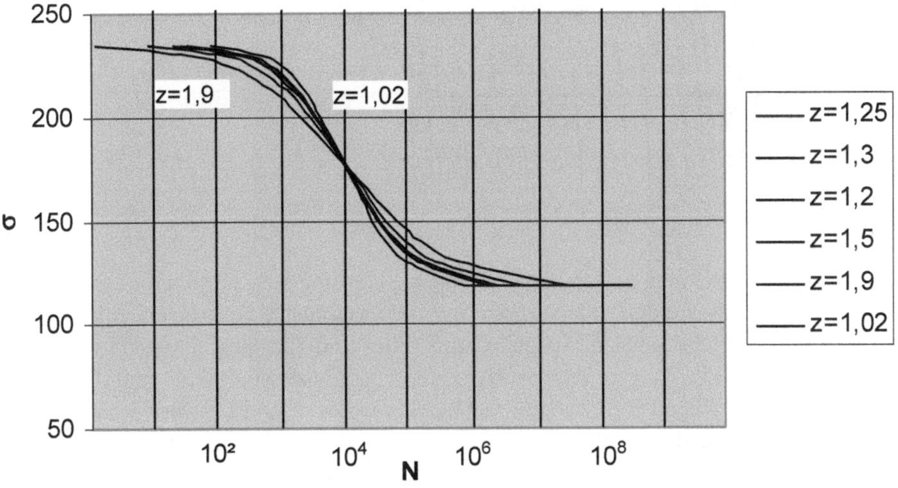

Bild 44: Mittlere Wöhlerlinie für diverse Exponenten z; je größer z desto größer ist die Krümmung

13.1.13 Betriebsfestigkeitsanalyse

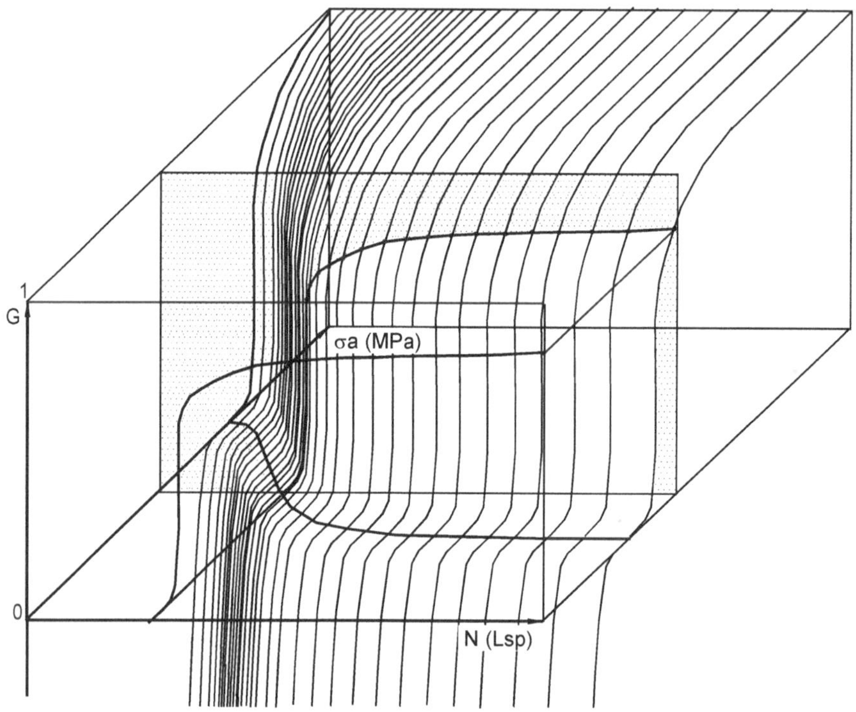

Bild 45: Verlängertes räumliches Wöhlerdiagramm

Manche Geräte oder Maschinen laufen mit einstufiger Belastung z.B. Turbinen oder Generatoren. Andere wiederum werden mit mehrstufigen Belastungsblöcken beaufschlagt, z.B. unterscheidet man bei Flugzeugen die Blöcke Start, Flug und Landung. Fahrzeuge werden im Betrieb zufälligen Belastungen unterworfen, die von Geschwindigkeit und Fahrbahn abhängen. Um diese zufälligen Belastungen rechnerisch erfassen und auswerten zu können, gibt es diverse Filter, mit denen man Einzelbelastungen zu Blöcken zusammenfasst. Auf diese Filtermethoden zur Bildung von Lastkollektiven soll im Rahmen dieses Buches nicht eingegangen werden. Es wird ein eigenes Verfahren vorgestellt. Man unterscheidet: Ein Lastspiel reicht von der Unterlast über die Oberlast bis zur Unterlast. Eine Lastsequenz ist eine Folge von Lastspielen. Ein Lastkollektiv sind zu Blöcken zusammengefasste Lastsequenzen.

Nach Palmgren-Miner bricht ein Bauteil, wenn die Summe der Schädigungsanteile gleich eins ist. Die absolute Anwendung dieser Regel führt zu der Aussage: „Dieses Bauteil bricht, wenn die Belastung die Wöhlerlinie erreicht". Man ersetzt einfach Schädigungsanteile durch Lastspiele, ohne Berücksichtigung der Bruchwahrscheinlichkeit. Diese absolute Aussage funktioniert nicht. Aber nicht die Palmgren-Miner-Regel ist falsch, sonder ihre absolute Anwendung. Gefragt ist also eine statistische Anwendung in der Form: Welche Lastanteile steigern die Bruchwahrscheinlichkeit?

Eine derartige Auswertung ist auch eine konsequente Anwendung des Wöhlerdiagrammes: Wir zeichnen gewohnheitsmäßig mittlere Wöhlerlinien mit 50 % Wahrscheinlichkeit, auch Wöhlerlinien mit 10 % oder 90 % Wahrscheinlichkeit. Wöhlerlinien sind also Linien gleicher Bruchwahrscheinlichkeit. Umgekehrt gehört zu jeder Bruchwahrscheinlichkeit eine Wöhlerlinie. Wöhlerlinien zeigen das Ereignis „Bruch". Vorher gibt es aber eine lange Phase mit Schädigungen, die an der Oberfläche der Bauteile noch nicht zu erkennen sind.

Um den Grad der Schädigung von Anfang der Belastung an zu erfassen und weiter zu entwickeln, ist es notwendig das räumliche Wöhlerdiagramm in den Bereich negativer Bruchwahrscheinlichkeit zu verlängern. Das gelingt, indem man die Steilheit *b* als ungerade Zahl in die Streubandfunktion einführt, zum Beispiel b = 13 statt b = 12.

Negative Bruchwahrscheinlichkeiten bedeuten dann „Anteil an Schädigungen", positive Bruchwahrscheinlichkeiten bedeuten „Anteil an Brüchen". Das Überschreiten der Nullbruchlinie bedeutet: „1 ppm Anteil an 100 % Schädigungen" oder „1 ppm Anteil an Brüchen".

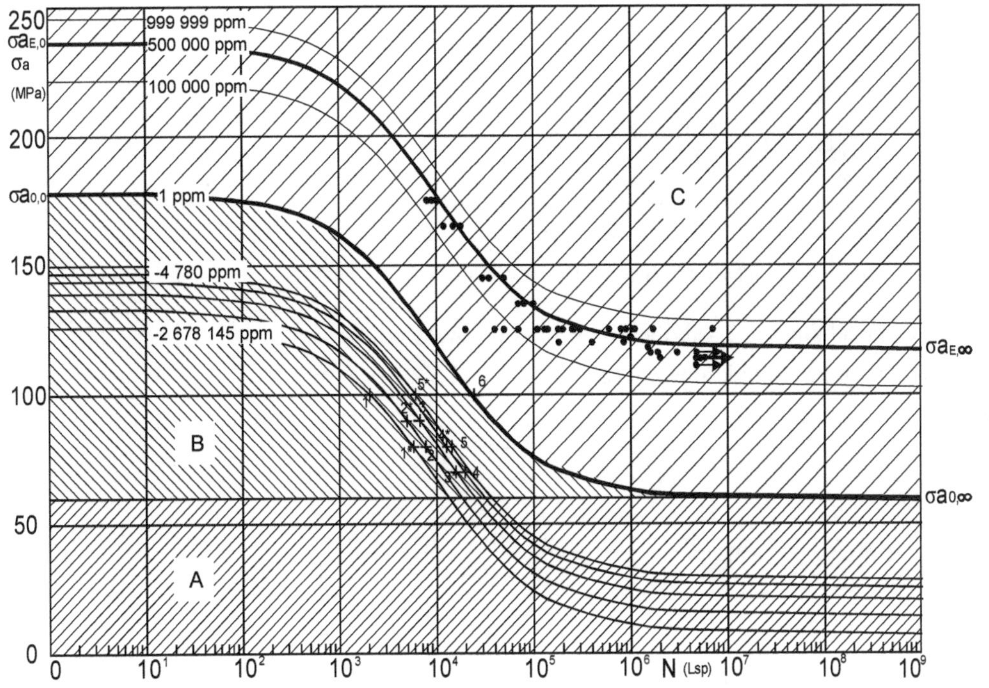

Bild 46: Wöhlerdiagramm zur Betriebsfestigkeitsanalyse

Das ebene Wöhlerdiagramm teilt sich damit in drei Bereiche auf. Treten Belastungen ausschließlich im Bereich A auf, kommt es zu keinen Schädigungen. Treten einzelne Belastungen im Bereich B auf, kommt es zu Schädigungen, aber noch nicht zu Brüchen. Erst nach Überschreiten der Nullbruchlinie gibt es mit zunehmender Wahrscheinlichkeit Brüche.

An einem Lastkollektiv mit sechs Sequenzen (Bild 47) wird das Vorgehen demonstriert. Die Auswertung erfolgt rechnerisch mit der Streubandfunktion. Die Konstanten aus dem einstufigen Laborversuch werden übernommen.

Zur Auswertung eines Lastkollektivs wird eine aktive Exceltabelle mit allen Lastsequenzen aufgemacht. Die Belastung muss in diskreter Form als Folge von Ausschlagsspannungen vorliegen. Diese Ausschlagsspannungen beziehen sich auf eine vorher definierte Mittelspannung. Eine statistische Klassifizierung ist nicht notwendig. Es sollte aber auf die richtige Abfolge der Belastungen geachtet werden. Es ist nicht unwichtig, ob zuerst hohe Belastungen einen Anriss verursachen und nachfolgende niedrige Belastungen diesen voran treiben, oder umgekehrt.

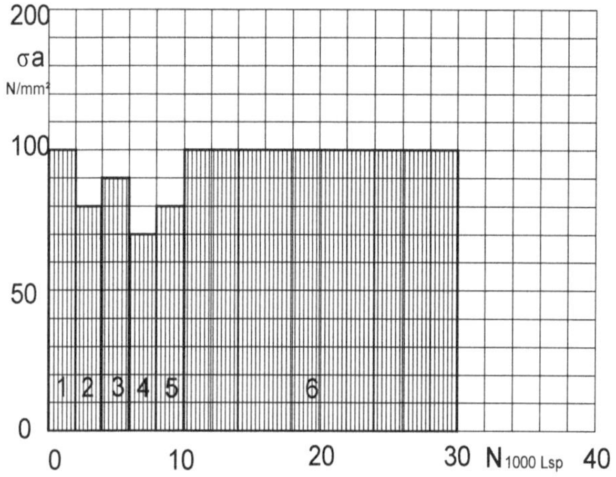

Bild 47: Lastkollektiv mit sechs Sequenzen der Betriebsbelastung

Nach Bereitstellung des Lastkollektivs erfolgt die Auswertung:

Man hinterlegt zwei Funktionen: *G(σa, N)* (43) und *N(G, σa)* (45).

$$G(\sigma a, N) = 1 - exp[-(\frac{\sigma a - \dfrac{\sigma a_{0,0} + \sigma a_{0,\infty} \cdot (\dfrac{N}{N_c})^{1/z}}{1 + (\dfrac{N}{N_c})^{1/z}}}{\sigma a_{0.63,\infty} - \sigma a_{0,\infty}})^b] \tag{43}$$

$$\sigma a(G, N) = ln(\frac{1}{1-G})^{1/b} \cdot (\sigma a_{0.63,\infty} - \sigma a_{0,\infty}) + \frac{\sigma a_{0,0} + \sigma a_{0,\infty} \cdot (\dfrac{N}{N_c})^{1/z}}{1 + (\dfrac{N}{N_c})^{1/z}} \tag{44}$$

$$N(G, \sigma a) = N_c \cdot \left[\frac{\sigma a_{0,0} - \sigma a + (ln(\dfrac{1}{1-G}))^{1/b} \cdot (\sigma a_{0.63,\infty} - \sigma a_{0,\infty})}{\sigma a - (ln(\dfrac{1}{1-G}))^{1/b} \cdot (\sigma a_{0.63,\infty} - \sigma a_{0,\infty}) - \sigma a_{0,\infty}} \right]^z \tag{45}$$

Man berechnet die Wahrscheinlichkeit $G1(\sigma a1,N1)$ der ersten Sequenz. Beim Übergang zur zweiten Sequenz bleibt die Bruchwahrscheinlichkeit erhalten. Es wird die fiktive Lastspielzahl $N^*(G1,\sigma a2)$ berechnet (45), die bei der Last $\sigma a2$ zur selben Bruchwahrscheinlichkeit geführt hätte. Zu dieser Lastspielzahl wird $N2$ addiert und die Wahrscheinlichkeit $G2(\sigma a2,N^*+N2)$ errechnet.

Einmal erreichte Bruchwahrscheinlichkeiten können durch nachfolgende Belastungen nicht mehr reduziert werden: Wenn die Bruchwahrscheinlichkeit G einen Wert G_x mit einem Grenzwert $\sigma a(G_{x,\infty})$ (44) erreicht hat, kann diese Wahrscheinlichkeit durch eine niedrigere Lastsequenz $\sigma a_y < \sigma a(G_{x,\infty})$ nicht mehr verändert werden. In diesem Fall wird G_x beibehalten und die Lastsequenz σa_y unwirksam. Zu diesem Zweck führt man zwei Abfragen ein:

- „Wenn $\sigma a_{x+1} < \sigma a(G_{x,\infty})$, dann $G_{x+1} = G_x$, sonst $G_{x+1} = G(\sigma a_{x+1})$.“
  sowie:
- „Wenn $\sigma a_{x+1} < \sigma a(G_{x,\infty})$, dann $N^*_x = N_x$, sonst $N^*_x = N(G_x, \sigma a_{x+1})$“.

Für Lastblöcke ist der Algorithmus in Bild 48 dargestellt. Die Bruchwahrscheinlichkeit entwickelt sich von $G1 = G1^*$ nach $G2 = G2^*$ und $G3 = G3^*$ bis $G6$.

Das Verfahren berechnet nicht das absolute Ereignis „Bruch“, sondern entwickelt die Bruchwahrscheinlichkeit. Nach Überschreiten der Nullbruchlinie ist mit einem zunehmenden Anteil an Brüchen zu rechnen.

Tabelle 15: Lastsequenzen, fortschreitende Bruchwahrscheinlichkeit, Term 1 und Term 2 zur Aufteilung der Funktionen wegen der besseren Übersicht

Sequenz	σa	ΔN	N	Term1	Term2	G(σa)	ppm
1	100	2000	2000	1,275945932	–1,302408819	–2,678145992	–2678145,992
1*	80		5549	133,26414	–1,024310384	–2,678145992	
2	80	2000	7549	1,798558702	–0,269966763	–0,309920912	–309920,912
2*	90		4870	136,1640901	–0,887770963	–0,309920912	
3	90	2000	6870	1,740610552	–0,035275768	–0,035905339	–35905,3388
3*	70		16054	108,3668152	–0,73782337	–0,035905339	
4	70	2000	18054	2,60418344	–0,0159492	–0,016077068	–16077,06771
4*	80		11736	115,6957057	–0,686455878	–0,016077068	
5	80	2000	13736	2,289093085	–0,004769477	–0,004780869	–4780,868799
5*	100		5871	131,9856535	–0,615108722	–0,004780869	
6	100	20000	25871	3,139212505	0,00000	0	0

Zeile 1, Term 1: $1+(\frac{N}{N_c})^{\frac{1}{z}}$ Zeile 1, Term 2: $\left(\frac{\sigma a-\frac{\sigma a_{0,0}+\sigma a_{0,\infty}*(\frac{N}{N_c})^{1/z}}{1+(\frac{N}{N_c})^{1/z}}}{\sigma a_{0.63,\infty}-\sigma a_{0,\infty}}\right)^b$

Zeile 1*, Term 1: $\sigma a-(\ln(\frac{1}{1-G}))^{1/b}\cdot(\sigma a_{0.63,\infty}-\sigma a_{0,\infty})$ Zeile 1*, Term 2: $\ln(\frac{1}{1-G})^{1/b}$

Nach 2000 Lastspielen bei 100 MPa wird eine Bruchwahrscheinlichkeit von –2678146 ppm erreicht. Dieselbe Bruchwahrscheinlichkeit hätte man auch mit 5549 Lastspielen bei 80 MPa erhalten.

In der Zeile 1*, 2* usw. stehen immer die fiktiven Lastspielzahlen, die bei der angegebenen Ausschlagsspannung zur selben Bruchwahrscheinlichkeit geführt hätten. Die tatsächlich absolvierten Lastspiele stehen in der Spalte ΔN.

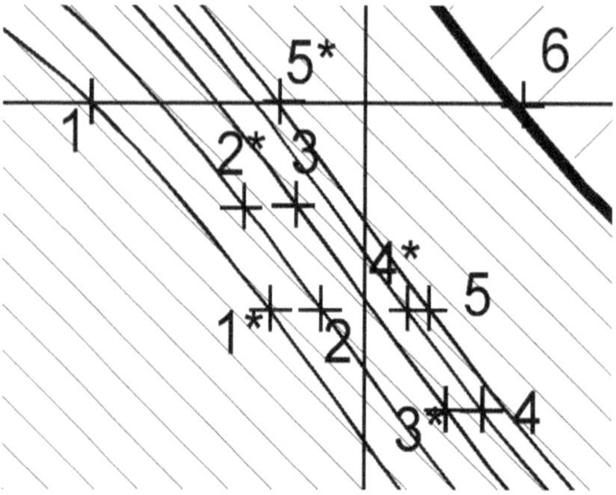

Bild 48: Algorithmus der Betriebslasten

Für ungleichmäßige zufällige Belastungen ist das vorgestellte Verfahren ebenfalls anwendbar. Auch da bewirken die Ausschlagsspannungen über den Mechanismus „Einschnürung, Faltung, Anriss“ die Rissentstehung und Rissausbreitung. Zur Demonstration wurde eine Belastung in einer Exceltabelle hinterlegt, die sich aus einer Folge von jeweils acht Lastspielen zusammensetzt, die man beliebig oft hintereinander hängen kann.

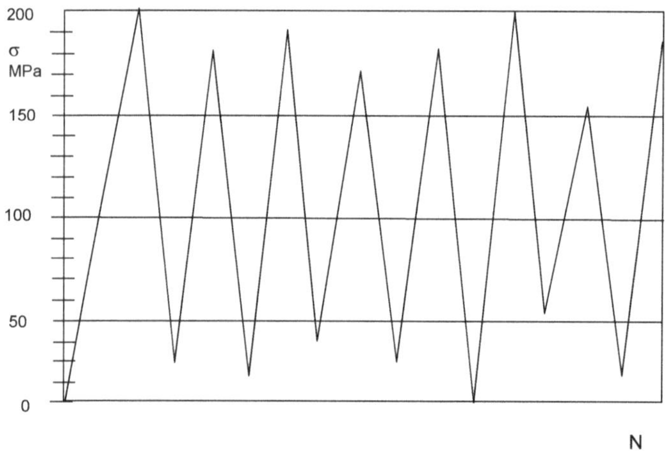

Bild 49: Ausschnitt zufälliger Lastspiele

Die Ausschlagsspannung resultiert aus der halben Differenz zwischen einem Lastberg und dem vorausgehenden Tal $\sigma a = \frac{1}{2} \cdot (\sigma o - \sigma u)$. Die Mittelspannung sollte bei jeder Auswertung angegeben werden. Sie resultiert aus der Summe aller Spannungsspitzen $\sigma i = \sigma o$ *bzw.* σu dividiert durch die Lastspiele $\sigma m = \sum \sigma i / N$.

Zunächst wurden 32753 einzelne Lastspiele ausgewertet. Mit zunehmender Lastspielzahl bewegt man sich aber im Wöhlerdiagramm nach rechts, während die Linien gleicher Bruchwahrscheinlichkeit nach oben wandern. Das Verfahren kommt in Bereiche, in denen sich über sehr viele Lastspiele keine Änderungen ergeben, dann sind Abkürzungen angebracht.

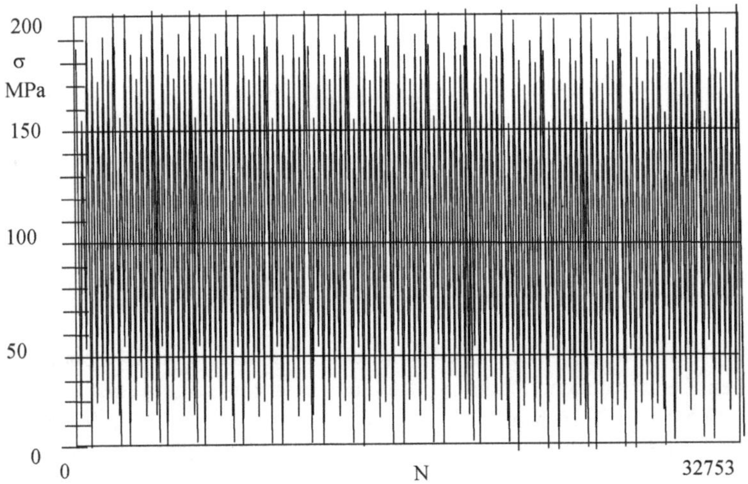

Bild 50: Einzellasten von 0 bis 32753 Lastspiele

Tabelle 16: Entwicklung der Bruchwahrscheinlichkeit unter Einzellasten vom Lastspiel 1 bis zum Lastspiel 32753

Lastspiel	**σa**	**ΔN**	**N**	**Term1**	**Term2**	**G(σa)**	**ppm**	**σa(G,∞)**	**$(N_\infty/N_c)^{1/z}$**
1	100	1	1	1,000631	–98,474	–5,84396E+42	–5,8E+48	–18,91	10000
1*	80		1362	158,925	–1,51779	–5,84396E+42			
2	80	1	1363	1,203051	–98,3396	–5,10891E+42	–5,1E+48	–18,90	10000
2*	90		511	168,9152	–1,5176	–5,10891E+42			
3	90	1	512	1,092739	–98,1416	–4,19152E+42	–4,2E+48	–18,89	10000
3*	70		2583	148,9007	–1,51732	–4,19152E+42			
4	70	1	2584	1,338677	–98,0464	–3,8107E+42	–3,8E+48	–18,88	10000
4*	80		1365	158,8937	–1,51719	–3,8107E+42			
5	80	1	1366	1,203431	–97,9126	–3,33365E+42	–3,3E+48	–18,87	10000
5*	100		2	178,884	–1,517	–3,33365E+42			
6	100	1	3	1,001407	–97,2163	–1,66144E+42	–1,7E+48	–18,82	10000
6*	50		6734	128,8328	–1,51602	–1,66144E+42			
7	50	1	6735	1,728914	–97,1695	–1,58555E+42	–1,6E+48	–18,82	10000
7*	85		903	163,8293	–1,51595	–1,58555E+42			
8	85	1	904	1,146241	–97,0107	–1,35275E+42	–1,4E+48	–18,81	10000
8*	100		3	178,8176	–1,51572	–1,35275E+42			
32753	**100**	**1**	**17084**	**2,53484**	**–2,41E–10**	**–2,4148E–10**	**–0,000241**	**53,07**	**10000**

Nach 32753 Lastspielen nähert sich die Bruchwahrscheinlichkeit bis auf –0,000241 ppm der Nullbruchlinie. Zur selben Bruchwahrscheinlichkeit hätte auch eine einstufige Belastung mit 17084 Lastspielen bei 100 MPa geführt. Man kann die weitere Auswertung dadurch abkürzen, dass man die Einzellasten durch Lastblöcke mit 17084 Lastspielen bei 100 MPa ersetzt.

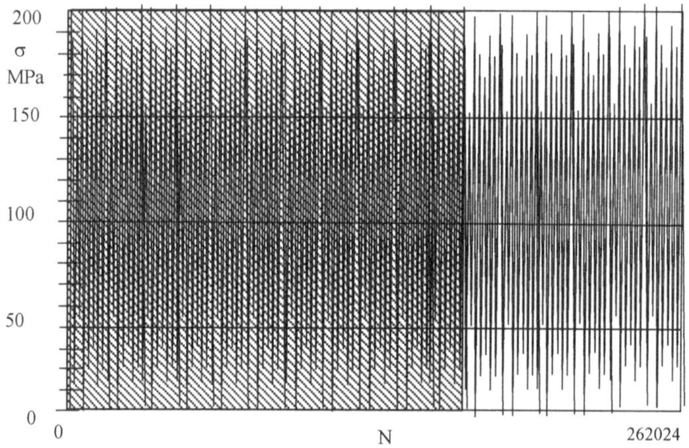

Bild 51: Ein Lastblock mit 100 MPa und 136672 Lastspielen ersetzt die Einzellasten.

Tabelle 17: Entwicklung der Bruchwahrscheinlichkeit unter Einzellasten vom Lastspiel 32753 bis zum Lastspiel 8 × 32753 Lsp. = 262024 Lsp. Mit acht Lastsequenzen bis jeweils zur Lastspielzahl 32753 erreicht man die gleiche Bruchwahrscheinlichkeit wie mit einem Lastblock von 100 MPa und 136672 Lastspielen

Lastspiele	**σa**	**ΔN**	**N**	**Term1**	**Term2**	**G(σa)**	**ppm**	**σa(G,∞)**	**$(N_\infty/N_c)^{1/z}$**
Sequenz	100		17083			–2,4149E–10			
32753	100	1	17084	2,53487	–2,4127E–10	–2,41267E–10	–0,0002	53,07	10000
1	100		17084	106,9452	–0,13356163	–2,41267E–10			
65506	100	17084	34168	3,672364	6,46065E–10	6,46065E–10	0,0006	67,61	10000
2	100		34168	92,40419	0,146073207	6,46065E–10			
98259	100	17084	51252	4,696312	8,94855E–07	8,94855E–07	0,8949	74,67	10000
3	100		51252	85,33903	0,281941722	8,94855E–07			
131012	100	17084	68336	5,652856	1,5043E–05	1,50429E–05	15,0429	78,96	10000
4	100		68336	81,0513	0,364397991	1,50429E–05			
163765	100	17084	85420	6,562213	7,26773E–05	7,26746E–05	72,6746	81,88	10000
5	100		85420	78,13413	0,420497596	7,26746E–05			
196518	100	17084	102504	7,435653	0,000202067	0,000202047	202,0468	84,01	10000
6	100		102504	76,00397	0,461462051	0,000202047			
229271	100	17084	119588	8,280314	0,000416802	0,000416715	416,7155	85,64	10000
7	100		119588	74,37144	0,492856991	0,000416715			
262024	100	17084	136672	9,101093	0,000717156	0,000716899	716,8988	86,94	10000
8	100		136672	73,07535	0,517781692	0,000716899			

Wenn in der zufälligen Belastung Sequenzen wiederkehren und man den Charakter der Einzellasten erhalten, aber das Verfahren abkürzen möchte, so kann man auch die letzte Sequenz vom Lastspiel 32746 bis 32753 zusammenfassen und mehrfach wiederholen:

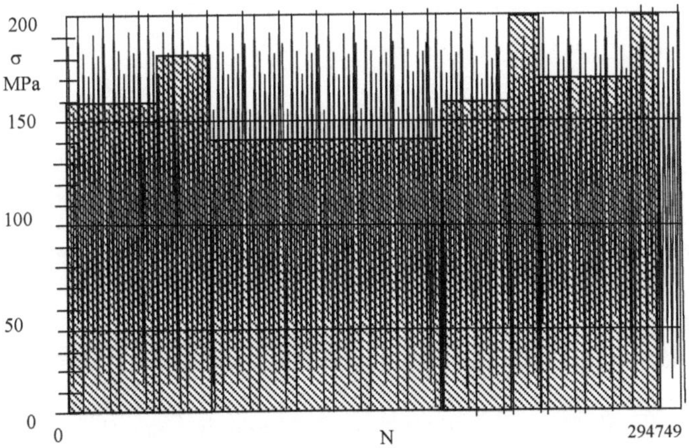

Bild 52: Einzellasten ersetzt durch ein Kollektiv mit gleicher Bruchwahrscheinlichkeit

Tabelle 18: Entwicklung der Bruchwahrscheinlichkeit unter Einzellasten vom Lastspiel 32753 bis zum Lastspiel 294749 (32753+32746; 65499+32747; 98246+32748; 130994+32749; 163743+32750; 196493+32751; 229244+32752; 261996+32753=294749 Einzellasten). Die Lastsequenz mit 50 MPa liefert keinen Beitrag zur Bruchwahrscheinlichkeit, ihre Lastspielzahl wurde deshalb zu 0 gesetzt

Lastspiele	**σa**	**ΔN**	**N**	**Term1**	**Term2**	**G(σa)**	**ppm**	**σa(G,∞)**	**$(N_\infty/N_c)^{1/z}$**
32753	100		17084			–2,4148E–10	**–0,0002**	53,06	
	80		46445	86,94576	–0,13357232	–2,4148E–10			
65499	80	46432	92877	6,947407	1,45492E–14	1,45439E–14	0,0000	62,89	10000
	90		45945	87,1268	0,055253806	1,45439E–14			
98246	90	27107	73052	5,90801	1,1365E–08	1,1365E–08	0,0114	69,87	10000
	70		44964419	60,14215	0,189574128	1,1365E–08			
130994	70	94314	45058733	838,574	1,1368E–08	1,1368E–08	0,0114	69,87	10000
	80		194279	70,14191	0,189578701	1,1368E–08			
163743	80	46435	240714	13,74094	5,30396E–08	5,30396E–08	0,0530	71,35	10000
	100		42000	88,66025	0,218072053	5,30396E–08			
196493	100	17081	59081	5,141502	4,14938E–06	4,14937E–06	4,1494	76,87	10000
	50		59081	33,14499	0,324134835	4,14937E–06			
229244	50	0	59081	5,141502	–0,00705602	4,14937E–06	4,1494	76,87	10000
	85		261415	68,14499	0,324134835	4,14937E–06			
261996	85	35009	296424	16,04981	6,61741E–06	6,61738E–06	6,6174	77,60	10000
	100		62084	82,41442	0,338184291	6,61738E–06			
294749	100	17083	79167	6,23403	4,44772E–05	4,44762E–05	**44,4762**	80,92	10000

Mit acht Lastsequenzen von insgesamt 294749 Lastspielen erreicht man die gleiche Bruchwahrscheinlichkeit wie mit den Lastblöcken 46432 Lsp bei 80 MPa + 27107 Lsp bei 90 MPa + 94314 Lsp bei 70 MPa + 46435 Lsp bei 80 MPa + 17081 Lsp bei 100 Mpa + 0 Lsp bei 50 MPa + 35009 Lsp bei 85 MPa + 17083 Lsp bei 100 MPa = 283461 Lastspiele.

13.1.14 Bruchwahrscheinlichkeit und Ausfallrate

Wenn man für seine Produkte, die mit einer gewissen Stückzahl pro Jahr vertrieben werden, die repräsentative Belastung kennt, kann man dem Belastungskollektiv eine Zeit T zuordnen. Das kann eine Laufzeit sein, oder Betriebsstunden oder Kalenderjahre. Die Bruchwahrscheinlichkeit nach dem ersten, zweiten dritten etc. Lastkollektiv ist bekannt. Sie bezeichnet die Ausfälle pro Stückzahl betriebener Produkte. Daraus kann man eine Prognose erstellen für die zu erwartenden Ausfälle in folgenden Jahren.

Beispiel: Ein Unternehmen produziert und vertreibt 1 000 000 gleiche Produkte pro Jahr. Das ist jeweils ein Jahreslos. Los 1 gilt für das erste Jahr der Auslieferung, Los 2 für das zweite etc. Ein ausgewähltes Lastkollektiv gilt für eine repräsentative Belastung in einem Jahr. Die Ausfallrate pro Jahr ist nicht konstant, sondern steigt progressiv: G1 im ersten Jahr, G2 im zweiten Jahr etc. Jedes Los erhält damit steigende Ausfallzahlen. Die Quersumme aller Lose ist die zu erwartende Zahl der Ausfälle insgesamt pro Jahr.

Tabelle 19: Auswertung der Lastkollektive

Sequenz	**σa**	**ΔN**	N	**Term1**	**Term2**	G(σa)	**ppm**
Lastspiele	100		17084			–2,4148E–10	**–0,0002**
2	80		46445	86,94576	–0,13357232	–2,4148E–10	
65499	80	46432	92877	6,947407	1,45492E–14	1,45439E–14	0,0000
2	90		45945	87,1268	0,055253806	1,45439E–14	
98246	90	27107	73052	5,90801	1,1365E–08	1,1365E–08	0,0114
2	70		44964419	60,14215	0,189574128	1,1365E–08	
130994	70	94314	45058733	838,574	1,1368E–08	1,1368E–08	0,0114
2	80		194279	70,14191	0,189578701	1,1368E–08	
163743	80	46435	240714	13,74094	5,30396E–08	5,30396E–08	0,0530
2	100		42000	88,66025	0,218072053	5,30396E–08	
196493	100	17081	59081	5,141502	4,14938E–06	4,14937E–06	4,1494
2	50		59081	33,14499	0,324134835	4,14937E–06	
229244	50	0	59081	5,141502	–0,00705602	4,14937E–06	4,1494
2	85		261415	68,14499	0,324134835	4,14937E–06	
261996	85	35009	296424	16,04981	6,61741E–06	6,61738E–06	6,6174
2	100		62084	82,41442	0,338184291	6,61738E–06	
294749	100	17083	79167	6,23403	4,44772E–05	4,44762E–05	**44,4762**
3	80		79167	59,08878	0,402138939	4,44762E–05	
327495	80	46432	125599	8,571632	5,96875E–11	4,44762E–05	44,4762
3	90		225513	69,08878	0,402138939	4,44762E–05	
360242	90	27107	252620	14,24261	6,49906E–05	6,49885E–05	64,9885
3	70		252620	48,35521	0,416245985	6,49885E–05	
392990	70	94314	346934	18,06857	9,76856E–14	6,49885E–05	64,9885

Tabelle 19: Auswertung der Lastkollektive (Fortsetzung)

Sequenz	σa	ΔN	N	Term1	Term2	G(σa)	ppm
3	80		346934	58,35521	0,416245985	6,49885E–05	
425739	80	46435	393369	19,87295	5,43815E–07	6,49885E–05	64,9885
3	100		83905	78,35521	0,416245985	6,49885E–05	
458489	100	17081	100986	7,359315	0,000187211	0,000187193	187,1934
3	50		100986	26,16998	0,458269561	0,000187193	
491240	50	17082	118068	8,206211	–0,00025411	0,000187193	187,1934
3	85		3190403	61,16998	0,458269561	0,000187193	
523992	85	35009	3225412	102,594	0,000188083	0,000188065	188,0654
3	100		101077	76,15991	0,458463239	0,000188065	
556745	100	17083	118160	8,210705	0,000395517	0,000395439	**395,4388**
4	80		118160	54,49327	0,490513963	0,000395439	
589491	80	46432	164592	10,4	2,39821E–09	0,000395439	395,4388
4	90		572579	64,49327	0,490513963	0,000395439	
622238	90	27107	599686	27,44472	0,000423188	0,000423098	423,0981
4	70		599686	44,33599	0,493538664	0,000423098	
654986	70	94314	694000	30,72264	6,07303E–11	0,000423098	423,0981
4	80		694000	54,33599	0,493538664	0,000423098	
687735	80	46435	740435	32,30325	2,90242E–06	0,000423098	423,0981
4	100		120009	74,33599	0,493538664	0,000423098	
720485	100	17081	137090	9,120886	0,000725513	0,00072525	725,2503
4	50		137090	23,04698	0,518327355	0,00072525	
753236	50	17082	154172	9,920791	–7,7541E–05	0,00072525	725,2503
4	85		154172	58,04698	0,518327355	0,00072525	
785988	85	35009	189181	11,50754	8,93505E–07	0,00072525	725,2503
4	100		137090	73,04698	0,518327355	0,00072525	
818741	100	17083	154173	9,920837	0,001105509	0,001104898	**1104,8978**
5	80		154173	51,99496	0,538558545	0,001104898	
851487	80	46432	200605	12,01216	1,47354E–08	0,001104898	1104,8978
5	90		1623077	61,99496	0,538558545	0,001104898	
884234	90	27107	1650184	60,43277	0,001116774	0,001116151	1116,1511
5	70		1650184	41,96913	0,539055183	0,001116151	
916982	70	94314	1744498	63,13502	1,33729E–09	0,001116151	1116,1511
5	80		1744498	51,96913	0,539055183	0,001116151	
949731	80	46435	1790933	64,45466	9,38838E–06	0,001116151	1116,1511
5	100		154635	71,96913	0,539055183	0,001116151	
982481	100	17081	171716	10,72409	0,001564643	0,00156342	1563,4197

Tabelle 19: Auswertung der Lastkollektive (Fortsetzung)

Sequenz	σa	ΔN	N	Term1	Term2	G(σa)	ppm
5	50		171716	21,09652	0,555836221	0,00156342	
1015232	50	17082	188798	11,49055	–3,3087E–05	0,00156342	1563,4197
5	85		188798	56,09652	0,555836221	0,00156342	
1047984	85	35009	223807	13,01985	2,12487E–06	0,00156342	1563,4197
5	100		171716	71,09652	0,555836221	0,00156342	
1080737	100	17083	188799	11,49059	0,002066425	0,002064292	**2064,2918**
6	80		188799	50,3563	0,570071154	0,002064292	
1113483	80	46432	235231	13,50823	4,58491E–08	0,002064292	2064,2918
6	90		14224471	60,3563	0,570071154	0,002064292	
1146230	90	27107	14251578	334,4958	0,00206684	0,002064706	2064,7055
6	70		14251578	40,35576	0,570081551	0,002064706	
1178978	70	94314	14345892	336,2602	8,95027E–09	0,002064706	2064,7055
6	80		14345892	50,35576	0,570081551	0,002064706	
1211727	80	46435	14392327	337,1281	2,23989E–05	0,002064706	2064,7055
6	100		188813	70,35576	0,570081551	0,002064706	
1244477	100	17081	205894	12,24383	0,002611001	0,002607595	2607,5949
6	50		205894	19,71918	0,582323438	0,002607595	
1277228	50	17082	222976	12,98411	–1,7044E–05	0,002607595	2607,5949
6	85		222976	54,71918	0,582323438	0,002607595	
1309980	85	35009	257985	14,46713	3,93637E–06	0,002607595	2607,5949
6	100		205894	69,71918	0,582323438	0,002607595	
1342733	100	17083	222977	12,98415	0,003187455	0,003182381	**3182,3806**
7	80		222977	49,16502	0,592980444	0,003182381	
1375479	80	46432	269409	14,94213	1,02151E–07	0,003182381	3182,3806
7	90		269409	59,16502	0,592980444	0,003182381	
1408226	90	27107	296516	16,05352	0,000103865	0,003182381	3182,3806
7	70		296516	39,16502	0,592980444	0,003182381	
1440974	70	94314	390830	19,77543	5,31613E–13	0,003182381	3182,3806
7	80		390830	49,16502	0,592980444	0,003182381	
1473723	80	46435	437265	21,53976	7,77818E–07	0,003182381	3182,3806
7	100		222977	69,16502	0,592980444	0,003182381	
1506473	100	17081	240058	13,71313	0,00378735	0,003780187	3780,1871
7	50		240058	18,67782	0,602349671	0,003780187	
1539224	50	17082	257140	14,43183	–9,9247E–06	0,003780187	3780,1871
7	85		257140	53,67782	0,602349671	0,003780187	

Tabelle 19: Auswertung der Lastkollektive (Fortsetzung)

Sequenz	σa	ΔN	N	Term1	Term2	G(σa)	ppm
1571976	85	35009	292149	15,87589	6,28885E–06	0,003780187	3780,1871
7	100		240058	68,67782	0,602349671	0,003780187	
1604729	100	17083	257141	14,43187	0,004403524	0,004393843	**4393,8425**
8	80		257141	48,24564	0,610660785	0,004393843	
1637475	80	46432	303573	16,33946	1,87155E–07	0,004393843	4393,8425
8	90		303573	58,24564	0,610660785	0,004393843	
1670222	90	27107	330680	17,42578	0,000137519	0,004393843	4393,8425
8	70		330680	38,24564	0,610660785	0,004393843	
1702970	70	94314	424994	21,07733	1,41864E–12	0,004393843	4393,8425
8	80		424994	48,24564	0,610660785	0,004393843	
1735719	80	46435	471429	22,81387	9,80922E–07	0,004393843	4393,8425
8	100		257141	68,24564	0,610660785	0,004393843	
1768469	100	17081	274222	15,14104	0,005029814	0,005017185	5017,1854
8	50		274222	17,85943	0,618087802	0,005017185	
1801220	50	17082	291304	15,84146	–6,3189E–06	0,005017185	5017,1854
8	85		291304	52,85943	0,618087802	0,005017185	
1833972	85	35009	326313	17,25201	9,0996E–06	0,005017185	5017,1854
8	100		274222	67,85943	0,618087802	0,005017185	
1866725	100	17083	291305	15,8415	0,005661462	0,005645467	**5645,4666**
9	80		291305	47,51191	0,624770888	0,005645467	
1899471	80	46432	337737	17,70562	3,01142E–07	0,005645467	5645,4666
9	90		337737	57,51191	0,624770888	0,005645467	
1932218	90	27107	364844	18,76992	0,000173037	0,005645467	5645,4666
9	70		364844	37,51191	0,624770888	0,005645467	
1964966	70	94314	459158	22,35843	3,12062E–12	0,005645467	5645,4666
9	80		459158	47,51191	0,624770888	0,005645467	
1997715	80	46435	505593	24,06963	1,19887E–06	0,005645467	5645,4666
9	100		291305	67,51191	0,624770888	0,005645467	
2030465	100	17081	308386	16,53371	0,006294365	0,006274597	6274,5966
9	50		308386	17,19742	0,630818931	0,006274597	
2063216	50	17082	325468	17,21833	–4,3042E–06	0,006274597	6274,5966
9	85		325468	52,19742	0,630818931	0,006274597	
2095968	85	35009	360477	18,59955	1,22777E–05	0,006274597	6274,5966
9	100		308386	67,19742	0,630818931	0,006274597	
2128721	100	17083	325469	17,21837	0,006925501	0,006901575	**6901,5747**
10	80		325469	46,91122	0,636322647	0,006901575	

Tabelle 19: Auswertung der Lastkollektive (Fortsetzung)

Sequenz	σa	ΔN	N	Term1	Term2	G(σa)	ppm
2161467	80	46432	371901	19,04436	4,42374E–07	0,006901575	6901,5747
10	90		371901	56,91122	0,636322647	0,006901575	
2194214	90	27107	399008	20,08908	0,000209636	0,006901575	6901,5747
10	70		399008	36,91122	0,636322647	0,006901575	
2226962	70	94314	493322	23,6206	5,97326E–12	0,006901575	6901,5747
10	80		493322	46,91122	0,636322647	0,006901575	
2259711	80	46435	539757	25,30851	1,42874E–06	0,006901575	6901,5747
10	100		325469	66,91122	0,636322647	0,006901575	
2292461	100	17081	342550	17,8958	0,00755221	0,007523763	7523,7633
10	50		342550	16,6496	0,641353752	0,007523763	
2325212	50	17082	359632	18,56654	–3,0901E–06	0,007523763	7523,7633
10	85		359632	51,6496	0,641353752	0,007523763	
2357964	85	35009	394641	19,92175	1,57378E–05	0,007523763	7523,7633
10	100		342550	66,6496	0,641353752	0,007523763	
2390717	100	17083	359633	18,56658	0,008172661	0,008139356	**8139,3561**

Tabelle 20: Die Tabelle enthält die Anzahl der Ausfälle für jedes Los in jedem Jahr. Die Lieferrate beträgt L = 1000000 Stück pro Jahr. Das Lastkollektiv aus Bild 52 entspricht der Belastung für jeweils ein Jahr

Zeit T	G(σa,N) ppm	Los1 g	Los2 g	Los3 g	Los4 g	Los5 g	Los6 g	Los7 g	Los8 g	Los9 g	Los10 g	Summe der Ausfälle
1	0	0										0
2	44	44	0									44
3	395	351	44	0								395
4	1104	708	351	44	0							1103
5	2064	957	708	351	44	0						2060
6	3182	1112	957	708	351	44	0					3172
7	4393	1202	1112	957	708	351	44	0				4374
8	5645	1239	1202	1112	957	708	351	44	0			5613
9	6901	1240	1239	1202	1112	957	708	351	44	0		6853
10	8139	1219	1240	1239	1202	1112	957	708	351	44	0	8072

Die Lieferlose reduzieren sich jedes Jahr um die Ausfälle. Der Restbestand B ist in jedem Jahr:

$$B = L \cdot (1 - G) \tag{59}$$

Die Ausfälle eines Jahres sind:

$$A = B \cdot G \tag{60}$$

Die jährliche Ausfallrate errechnet sich aus der jeweiligen Differenz zweier Ausfallmengen:

$$\lambda 2 = (G2 \cdot B2 - G1 \cdot B1) \tag{61}$$

Die Ausfallraten sind nicht konstant wie bei elektronischen Bauelementen, sondern hängen vom Verlauf der Wöhlerlinien und der Steilheit *b* ab. Zunächst nehmen die Ausfallraten zu, um mit zunehmender Bruchwahrscheinlichkeit wieder abzunehmen. Je mehr man sich dem waagrechten Verlauf der Wöhlerlinien nähert, desto mehr Lastspiele sind notwendig, um die Bruchwahrscheinlichkeit zu steigern.

Wenn man für ein einzelnes Bauteil, seine prognostizierte Belastung und Lastspielzahl die Bruchwahrscheinlichkeit *G* errechnet hat, dann ist seine Funktionswahrscheinlichkeit *F*:

$$F = 1 - G$$

Für ein System, das aus mehreren Bauteilen besteht, erhält man die Funktionswahrscheinlichkeit Fges :

1. Ohne Redundanz:

$$Fges = F \cdot F2 \cdot F3 \cdot \ldots Fi$$

2. Mit Redundanzen:

$$Gges = G1 \cdot G2 \cdot G3 \cdot \ldots Gi$$

Beispiel: Ein System besteht aus 600 Bauteilen. Die Bauteile sind auf eine Bruchwahrscheinlichkeit von G = 10 % = 0,01 ausgelegt. Ihre jeweilige Funktionswahrscheinlichkeit ist dann F = 0,99. Das System hat die Funktionswahrscheinlichkeit: Fges = $0{,}99^{600}$ = 0,0024 = 0,24 %. ■

Beispiel: Ein System besteht aus 600 Bauteilen. Die Bauteile sind auf eine Bruchwahrscheinlichkeit von G = 1 ppm = 0,000001 ausgelegt. Ihre jeweilige Funktionswahrscheinlichkeit ist dann F = 0,999999. Das System hat die Funktionswahrscheinlichkeit: Fges = $0{,}999999^{600}$ = 0,9994 = 99,94 %. ■

13.1.15 Die Funktionen für die Auswertung

Im folgenden Abschnitt sind die Streubandfunktion, ihre Umkehrfunktionen und Schnittfunktionen nochmals nach der Reihenfolge der mathematischen Herleitung zusammengestellt:

Streubandfunktion

$$G(\sigma a, N) = 1 - \exp[-(\frac{\sigma a - \dfrac{\sigma a_{0,0} + \sigma a_{0,\infty} \cdot (\frac{N}{N_c})^{1/z}}{1 + (\frac{N}{N_c})^{1/z}}}{\sigma a_{0.63,\infty} - \sigma a_{0,\infty}})^b] \quad (43)$$

Umkehrfunktionen

$$\sigma a(G, N) = \ln(\frac{1}{1-G})^{1/b} \cdot (\sigma a_{0.63,\infty} - \sigma a_{0,\infty}) + \frac{\sigma a_{0,0} + \sigma a_{0,\infty} \cdot (\frac{N}{N_c})^{1/z}}{1 + (\frac{N}{N_c})^{1/z}} \quad (44)$$

$$N(G, \sigma a) = N_c \cdot \left[\frac{\sigma a_{0,0} - \sigma a + (\ln(\frac{1}{1-G}))^{1/b} \cdot (\sigma a_{0.63,\infty} - \sigma a_{0,\infty})}{\sigma a - (\ln(\frac{1}{1-G}))^{1/b} \cdot (\sigma a_{0.63,\infty} - \sigma a_{0,\infty}) - \sigma a_{0,\infty}} \right]^z \quad (45)$$

konstanter Spannungsabstand

$$\sigma a_{0,0} - \sigma a_{0,\infty} = \sigma a_{E,0} - \sigma a_{E,\infty} \quad (37)$$

Schnittfunktionen

G = konstant

- Nullbruchlinie für G = 0:

$$N(\sigma a)_{G=0} = N_c (\frac{\sigma a_{0,0} - \sigma a}{\sigma a - \sigma a_{0,\infty}})^z \quad (57)$$

- mittlere Wöhlerlinie für G = E:

$$N(\sigma a)_{G=E} = N_c (\frac{\sigma a_{E,0} - \sigma a}{\sigma a - \sigma a_{E,\infty}})^z \quad (46)$$

$$\sigma a(N)_{G=E} = \frac{\sigma a_{E,0} + \sigma a_{E,\infty} (\frac{N}{N_c})^{\frac{1}{z}}}{1 + (\frac{N}{N_c})^{\frac{1}{z}}} \tag{47}$$

N = konstant

- Verteilung von σa für N = N_D

$$G(\sigma a)_{N_D} = 1 - \exp\left[-\left(\frac{\sigma a - \sigma a_{0,D}}{\sigma a_{0.63,D} - \sigma a_{0,D}} \right)^b \right] \tag{58}$$

- Dauerfestigkeit σa für N = N_D

$$\sigma a(G)_{N_D} = (\ln(\frac{1}{1-G}))^{\frac{1}{b}} \cdot (\sigma a_{0.63,D} - \sigma a_{0,D}) + \sigma a_{0,D} \tag{59}$$

- asymptotischer Grenzwert

$$\sigma a_{0,D} = \frac{(\ln(\frac{1}{1-G}))^{\frac{1}{b}} \cdot \sigma a_{0.63,D} - \sigma a(G)_D}{(\ln(\frac{1}{1-G}))^{\frac{1}{b}} - 1} \tag{60}$$

- Projektion

$$\sigma a_D = \sigma a - \frac{\sigma a_{E,0} + \sigma a_{E,\infty} (\frac{N}{N_c})^{\frac{1}{z}}}{1 + (\frac{N}{N_c})^{\frac{1}{z}}} + \frac{\sigma a_{E,0} + \sigma a_{E,\infty} (\frac{N_D}{N_c})^{\frac{1}{z}}}{1 + (\frac{N_D}{N_c})^{\frac{1}{z}}} \tag{48}$$

σa = konstant

$$N(G)_{\sigma a_P} = N_c \cdot \left[\frac{\sigma a_{0,0} - \sigma a_P + (\ln(\frac{1}{1-G}))^{1/b} \cdot (\sigma a_{0.63,\infty} - \sigma a_{0,\infty})}{\sigma a_P - (\ln(\frac{1}{1-G}))^{1/b} \cdot (\sigma a_{0.63,\infty} - \sigma a_{0,\infty}) - \sigma a_{0,\infty}} \right]^z \tag{45}$$

$$G(N)_{\sigma a_P} = 1 - \exp[-(\frac{\sigma a_P - \frac{\sigma a_{0,0} + \sigma a_{0,\infty} \cdot (\frac{N}{N_c})^{1/z}}{1 + (\frac{N}{N_c})^{1/z}}}{\sigma a_{0.63,\infty} - \sigma a_{0,\infty}})^b] \tag{43}$$

- Ausfallsteilheit b

$$G = 1 - \exp(-\frac{\sigma a}{\sigma a_{0.63,D}})^b; \quad 1 + \frac{s^2}{\sigma {a_{E,D}}^2} = \frac{\Gamma(1+\frac{2}{b})}{\Gamma^2(1+\frac{1}{b})}; \quad \frac{\sigma a_{E,D}}{\sigma a_{0.63,D}} = \Gamma(1+\frac{1}{b}) \tag{49}$$

Vertrauensgrenzen

- Die einseitigen unteren Vertrauensgrenzen mit der Irrtumswahrscheinlichkeit $\alpha = 0{,}0005$:

$$\sigma a_{0.63,Dunten} = \sigma a_{0.63;D} - u_{1-\alpha} \frac{1{,}052}{\sqrt{n}} \frac{\sigma a_{0.63,D}}{b} \tag{50}$$

$$b_{unten} = b - u_{1-\alpha} \frac{0{,}78}{\sqrt{n}} b \tag{51}$$

- Nullbruchwert $\sigma a_{0.000001,D}$:
  Für die zweiparametrige Weibullverteilung entsteht aus (59):

$$\ln \sigma a_{0.002\times0.0005,D} = \frac{1}{b_{unten}} \ln \ln \left(\frac{1}{1-G_{unten}} \right) + \ln \sigma a_{0.63,D_{unten}} \tag{52}$$
$$G_{unten} = 0{,}002$$

Tabelle 1: Irrtumswahrscheinlichkeit und normiertes Merkmal der Normalverteilung

Irrtumswahrscheinlichkeit α	**normiertes Merkmal u**
0,05	1,65
0,01	2,32
0,005	2,57
0,001	3,09
0,0005	3,29
0,0001	3,71
0,00005	3,91
0,00001	4,26

14 Erweiterungen und Anpassung der Konstanten

Laborversuche unter einstufiger Belastung sollten mit geeigneten Proben unter bestens beherrschbaren Bedingungen durchgeführt werden. Die Übertragung auf andere Betriebsbedingungen kann rechnerisch erfolgen. Eine Bestätigung solcher Prognosen bleibt dann einer Validierung im Feldversuch vorbehalten.

14.1 Rissausbreitungsphase

Grosse Bauteile benötigen unter Umständen eine längere Rissausbreitungsphase bis zum Versagen der Funktion als kleine Proben. Es kommt auf die Definition des Versagens an. Versagt ein Bauteil bereits wenn es einen kleinen Riss hat, oder erst nach einem Bruch?

Vergleicht man die Rissausbreitung bis zum Endbruch an kleinen Proben und an großen Bauteilen, so genügt eine einfache Abschätzung:

Bauteilbreite: b

Risslänge: a

Spannungsintensitätsfaktor: $K_{Ic} = \sigma \cdot \sqrt{a} \cdot M$

Geometriefaktor für einseitigen Riss: $M = 1,99 - 0,41 \cdot \frac{a}{b} + 18,7 \cdot \frac{a^2}{b^2} - 38,48 \cdot \frac{a^3}{b^3} + 53,85 \cdot \frac{a^4}{b^4}$

Bei identischem Werkstoff und gleicher Belastung gilt: $a1/a2 = M2^2/M1^2$.

Beispiel

Ist ein Bauteil 2 zehnmal breiter als Bauteil 1und hat das Bauteil 1 beim Endbruch eine relative Risslänge $a1/b1$ von 0,5 dann ist der Riss beim Endbruch viermal länger.

Bei gleichem Material und gleicher Ausschlagsspannung ist die Bruchlastspielzahl um den Faktor 4 größer. Diese Korrektur kann man am Kennwert Nc vornehmen.

a/b	M	M^2		a1/b1=0,5	
			b2/b1	a1/a2	N2/N1
0,9	24,05	578,26			
0,8	15,99	255,53			
0,7	10,60	112,29			
0,6	7,14	51,03			
0,5	5,02	25,16	1,00	1,00	1,00
0,41666	3,91	15,25	1,98	0,61	1,65
0,4	3,73	13,94	2,26	0,55	1,80
0,3	2,95	8,69	4,83	0,35	2,90
0,25	2,67	7,10	7,08	0,28	3,54
0,2	2,43	5,93	**10,61**	**0,24**	**4,25**
0,1666	2,30	5,31	14,22	0,21	4,74
0,1	2,10	4,42	28,44	0,18	5,69
0,05	2,01	4,05	28,41	0,98	1,02
0,0018	1,99	3,96			
0,001	1,99	3,96			

Bild 53: Einseitiger Riss, Verhältnis der Rissausbreitungsphase

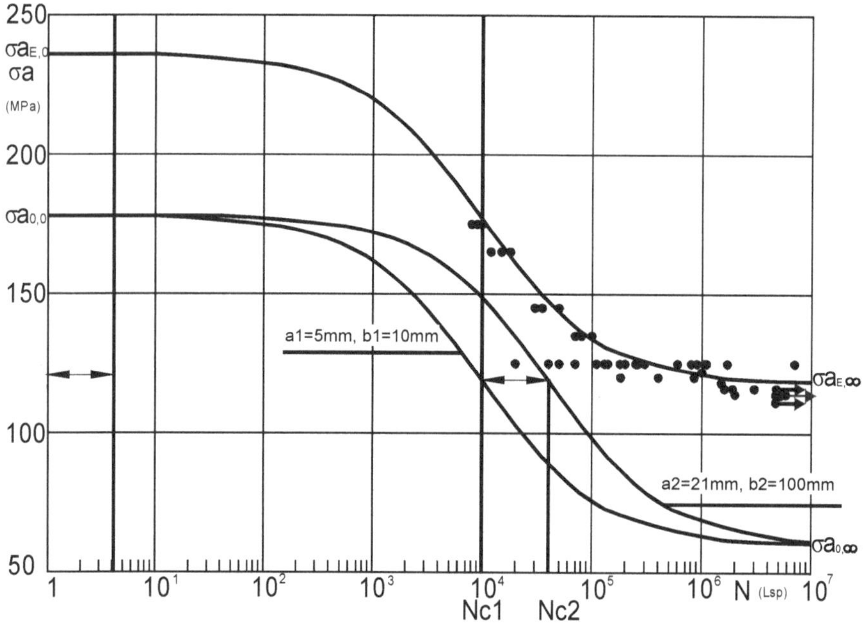

Bild 54: Verschiebung der Nullbruchlinie bei geänderter Rissausbreitungsphase

14.2 Mittelspannung

Mit zunehmender Mittelspannung σ_m nimmt die Dauerfestigkeit ab. Die grafische Darstellung erfolgt in Smith-Diagrammen. Diese werden üblicherweise ohne Berücksichtigung der Streuung ermittelt, sind deshalb sehr fragwürdig. Es bietet sich stattdessen an, den Einfluss der Mittelspannung mit einem geschätzten Faktor zu berücksichtigen. Zum Beispiel: Die Dauerfestigkeit $\sigma a(R=0{,}1) \approx 0{,}8 \cdot \sigma_W$.

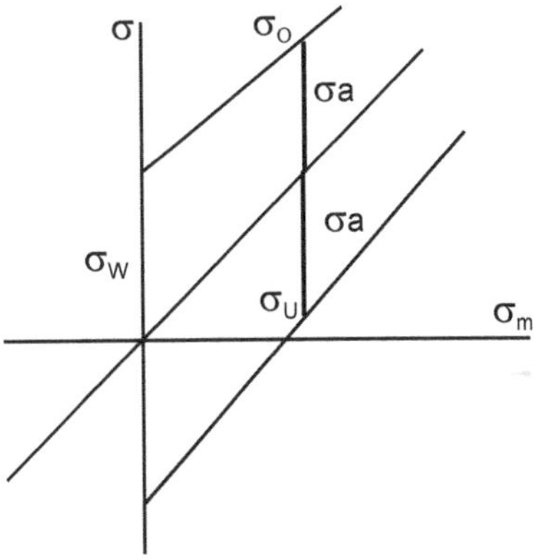

Bild 55: Smith Diagramm: σ_W = Wechselfestigkeit, σa = Ausschlagsspannung der Dauerfestigkeit, σ_m = Mittelspannung, Lastverhältnis $R = \sigma_U / \sigma_O$.

14.3 Oberfläche

Polierte Proben haben eine höhere Dauerfestigkeit als unpolierte Proben. Der Grund liegt in der Mikro-Kerbwirkung der rauen Oberfläche. Es bietet sich deshalb an, die errechneten Spannungen in rauen Bauteilen mit einem fiktiven Kerbfaktor zu multiplizieren. Die Größe dieses Kerbfaktors muss man im Versuch ermitteln oder schätzen.

14.4 Temperatur

Bei Raumtemperatur geprüfte Proben besitzen eine größere Dauerfestigkeit als bei hoher Temperatur geprüfte. Man kann entweder die ermittelte Dauerfestigkeit mit einem entsprechenden Faktor multiplizieren, oder die errechnete Spannung im Bauteil. Die Größe des Faktors muss man im Versuch ermitteln.

14.5 Korrosion

Korrosion beschleunigt die Rissausbreitung und reduziert den Spannungsintensitätsfaktor, der zum Endbruch führt (K_{Ic} statt K_I). Man hat deshalb eine kürzere Rissausbreitungsphase. Das kann man durch Korrektur des Nc-Wertes berücksichtigen. Die Größe dieser Korrektur muss man im Versuch ermitteln.

15 Anhang

15.1 Parameter der hyperbolischen Spiralkerbe

$$\rho = \frac{A}{\varphi}$$

$$\varphi max = \varphi 2: \quad \sin\varphi 2 + \cos\varphi 2 = 0$$

$$\varphi max = \varphi 1: \quad \sin\varphi 1 + \cos\varphi 1 = 0$$

$$\frac{b}{t} = \frac{\frac{\cos\varphi_0}{\varphi_0} - \frac{\cos\varphi_{max}}{\varphi_{max}}}{\frac{2\sin\varphi_0}{\varphi_0} - 1}$$

$$A = \frac{t}{\frac{2\sin\varphi_0}{\varphi_0} - 1}$$

$$l = 2A\frac{\cos\varphi_0}{\varphi_0}$$

$$\frac{\cos\varphi_2}{\varphi_2} + \frac{\cos\varphi_1}{\varphi_1} - 2\frac{\cos\varphi_0}{\varphi_0} = 0$$

$$x = a + t - A\left(\frac{\sin\varphi_2}{\varphi_2} + \frac{\sin\varphi_1}{\varphi_1} - 1\right)$$

$$y = A\left(\frac{\cos\varphi_1}{\varphi_1} - \frac{\cos\varphi_0}{\varphi_0}\right)$$

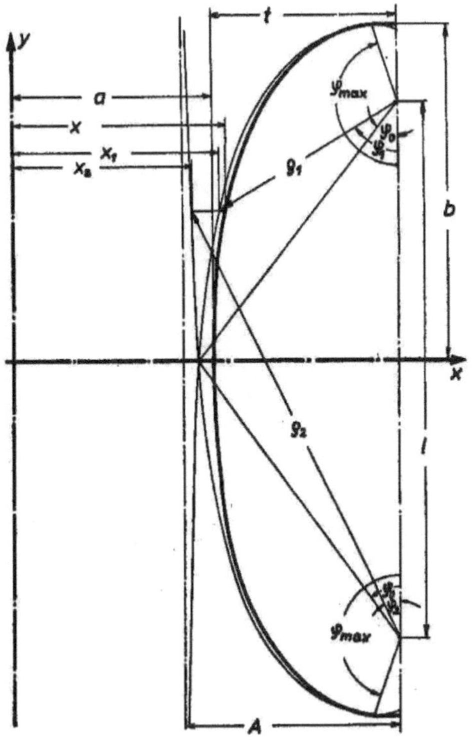

Tabelle A1: Koordinaten einer hyperbolischen Spiralkerbe mit Kerbfaktor 1,03

a/t = 0,33 a = 0,25 t = 0,75 b/t = 2

φ_{max} = 2,792

$\frac{\cos \varphi_{max}}{\varphi_{max}}$ = –0,33644

φ_0 = 33,2°= 0,579679

A = 0,842831

l= 2,432882

sin φ1/φ1	cos φ1/φ1	Y	X	cos φ2/φ2	sin φ2/φ2
0,944929	1,443279	0	0,25	1,443279	0,944929
0,950866	1,561927	0,1	0,250925	1,324631	0,937895
0,955978	1,680574	0,2	0,253587	1,205984	0,929624
0,960398	1,799222	0,3	0,258133	1,087336	0,91981
0,964192	1,91787	0,4	0,264814	0,968688	0,90809
0,967501	2,036518	0,5	0,273903	0,85004	0,893997
0,970405	2,155165	0,6	0,285791	0,731393	0,876988
0,97295	2,273813	0,7	0,301095	0,612745	0,856285
0,9752	2,392461	0,8	0,320543	0,494097	0,83096
0,97717	2,511109	0,9	0,345202	0,375449	0,799733
0,97893	2,629756	1	0,376503	0,256802	0,760835
0,98051	2,748404	1,1	0,416479	0,138154	0,711824
0,98194	2,867052	1,2	0,468456	0,019506	0,648725
0,98319	2,9857	1,3	0,538351	–0,09914	0,564546
0,98365	3,104347	1,4	0,641451	–0,21779	0,44176
0,984644	3,139942	1,43	0,685473	–0,25338	0,388535
0,984857	3,163671	1,45	0,719271	–0,27711	0,348221
0,98507	3,187401	1,47	0,764495	–0,30084	0,294351
0,98539	3,222995	1,5	0,908632	–0,33644	0,123016
	3,222995	1,5	1	–0,33644	

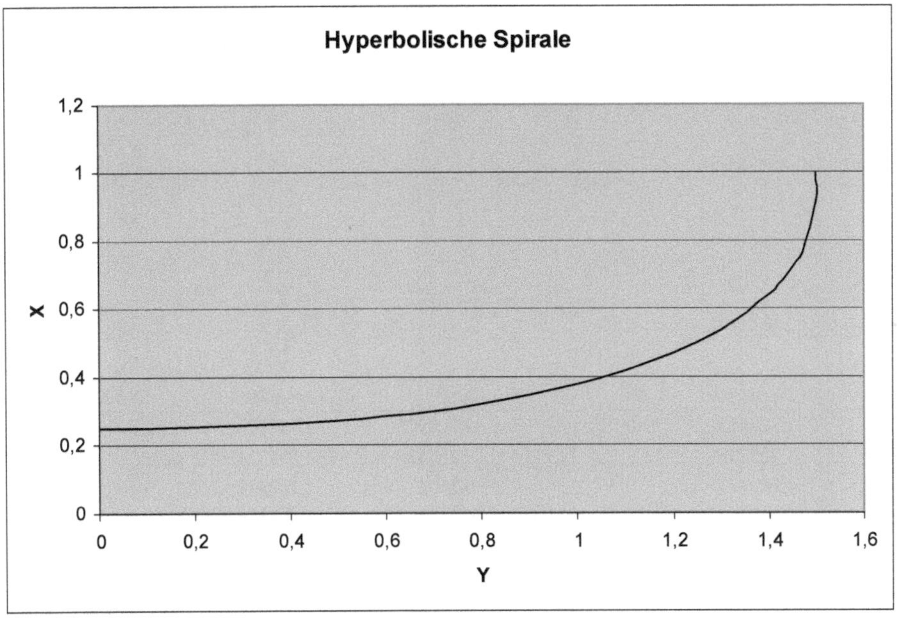

Bild A1: Kontur der hyperbolischen Spiralkerbe mit Kerbfaktor 1,03

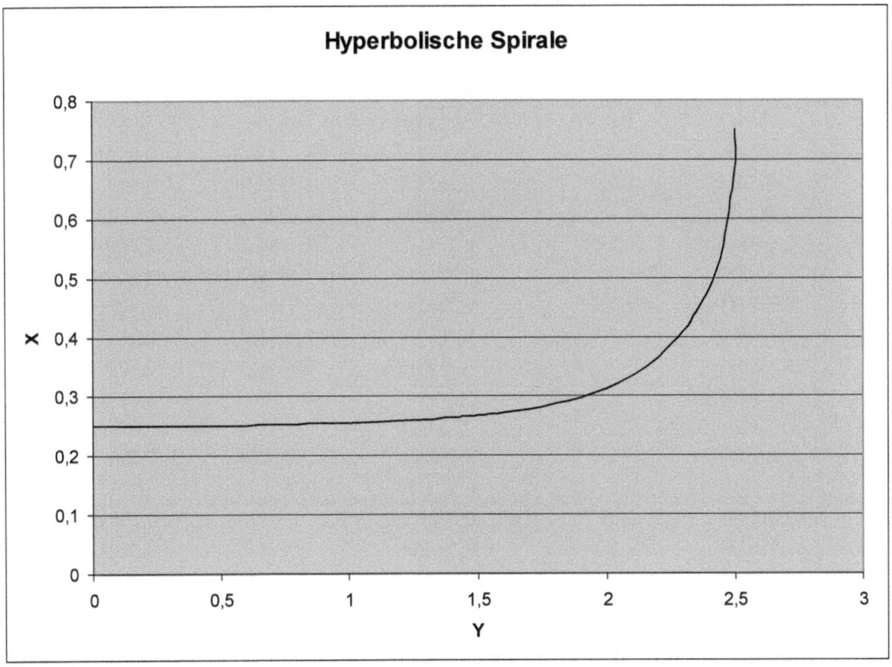

Bild A2: Kontur der hyperbolischen Spiralkerbe mit dem Kerbfaktor 1,0

Tabelle A2: Koordinaten der hyperbolischen Spiralkerbe mit Kerbfaktor 1,0

a/t = 0,5 a = 0,25 t = 0,5 b/t = 5

$\varphi_{max} = 2{,}792$

$$\frac{\cos \varphi_{max}}{\varphi_{max}} = -0{,}3365$$

$\varphi_0 = 12{,}21° = 0{,}212997$

A = 0,50766

l= 4,659111

sin φ1/φ1	**cos φ1/φ1**	**Y**	**X**	**cos φ2/φ2**	**sin φ2/φ2**
0,99246	4,588813	0	0,249996	4,588813	0,99246
0,9923	4,785795	0,1	0,250427	4,391831	0,99177
0,99351	4,982777	0,2	0,250204	4,194849	0,991
0,994	5,17976	0,3	0,250463	3,997866	0,99
0,994397	5,376742	0,4	0,250667	3,800884	0,9892
0,9948	5,573724	0,5	0,251021	3,603902	0,9881
0,9951	5,770706	0,6	0,251539	3,40692	0,98678
0,99541	5,967689	0,7	0,252148	3,209937	0,98527
0,9957	6,164671	0,8	0,252899	3,012955	0,9835
0,99597	6,361653	0,9	0,253864	2,815973	0,98133
0,9962	6,558635	1	0,255082	2,618991	0,9787
0,9964	6,755618	1,1	0,256504	2,422008	0,9757
0,9966	6,9526	1,2	0,258316	2,225026	0,97193
0,9968	7,149582	1,3	0,260565	2,028044	0,9673
0,9969	7,346564	1,4	0,263484	1,831062	0,96145
0,99698	7,405659	1,43	0,264484	1,771967	0,9594
0,997	7,445055	1,45	0,265185	1,732571	0,958
0,9971	7,484452	1,47	0,265895	1,693174	0,9565
0,997	7,543546	1,5	0,26718	1,63408	0,95407
0,9972	7,740529	1,6	0,271896	1,437097	0,94458
0,99738	7,937511	1,7	0,27814	1,240115	0,9321
0,99751	8,134493	1,8	0,2864	1,043133	0,9157
0,99761	8,331475	1,9	0,297619	0,846151	0,8935
0,99771	8,528458	2	0,313001	0,649168	0,8631
0,9978	8,72544	2,1	0,334328	0,452186	0,821
0,99789	8,922422	2,2	0,365148	0,255204	0,7602
0,99799	9,119404	2,3	0,410279	0,058222	0,6712
0,998	9,217895	2,35	0,44216	–0,04027	0,60839
0,9981	9,316387	2,4	0,482209	–0,13876	0,5294
0,99813	9,414878	2,45	0,540017	–0,23725	0,4155
0,99818	9,513369	2,5	0,683913	–0,33574	0,132
	9,513369	2,5	0,75	–0,33574	

Tabelle A3: Koordinaten der hyperbolischen Spiralkerbe mit Kerbfaktor 1,1

a/t = 1 a = 0,25 t = 0,25 b/t = 5

φmax = 2,792

$$\frac{\cos \varphi_{max}}{\varphi_{max}} = -0{,}3365$$

φ_0 = 12,21°= 0,213

A = 0,25383

l= 2,329555

sin φ1/φ1	cos φ1/φ1	Y	X	cos φ2/φ2	sin φ2/φ2
0,99246	4,58881	0	0,249998	4,58881	0,99246
0,99351	4,982774	0,1	0,250102	4,194846	0,991
0,99439	5,376739	0,2	0,250361	3,800881	0,9891
0,9951	5,770703	0,3	0,25079	3,406917	0,9867
0,9957	6,164668	0,4	0,25145	3,012952	0,9835
0,9962	6,558632	0,5	0,252516	2,618988	0,9788
0,9966	6,952597	0,6	0,25414	2,225023	0,972
0,99694	7,346561	0,7	0,256729	1,831059	0,96146
0,997	7,740526	0,8	0,260999	1,437094	0,94458
0,9975	8,13449	0,9	0,268208	1,04313	0,91568
0,9977	8,528455	1	0,281503	0,649165	0,8631
0,9979	8,922419	1,1	0,307622	0,255201	0,76
0,998	9,316384	1,2	0,36613	–0,13876	0,5294
0,998	9,513366	1,25	0,469287	–0,33575	0,123
	9,513366	1,25	0,5	–0,33575	

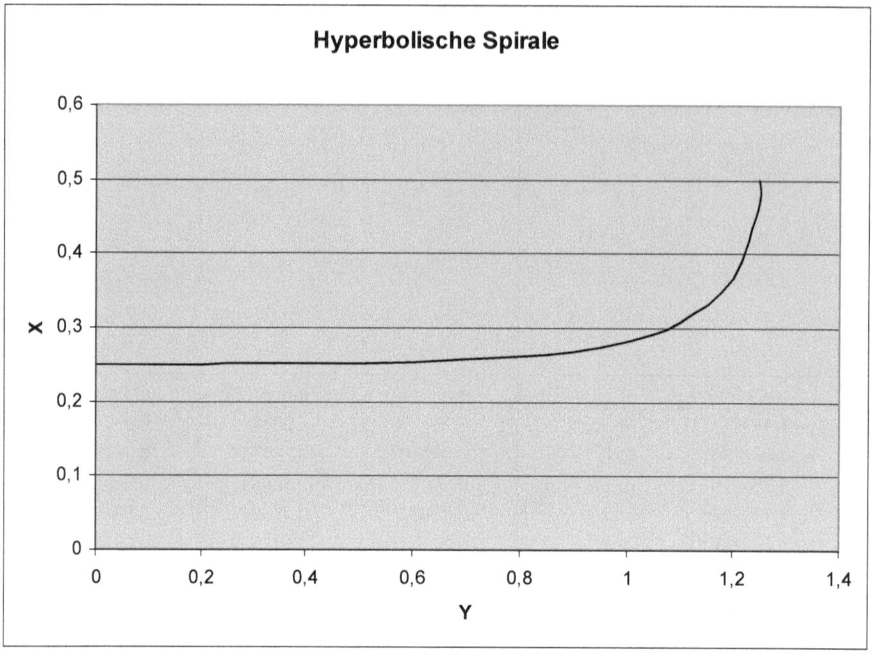

Bild A3: Kontur der hyperbolischen Spiralkerbe mit dem Kerbfaktor 1,1

15.2 Zeichnen des Wöhlerdiagrammes

Die Skalierung für die x-Achse des Wöhlerdiagrammes von 0 bis 107 Lastspiele lautet: x = 40 logN(mm). Mit dieser Skalierung kann man sowohl das leere Diagramm erstellen, als auch die Messpunkte einzeichnen. Die y-Achse wird nach Bedarf skaliert, so dass man auch die größte Ausschlagsspannung eintragen kann.

Skalierung:	y = 200mm/800 MPa = 0,25 mm/MPa
	x = 280 mm/log 10^{7} logN
	y = 40mm · logN

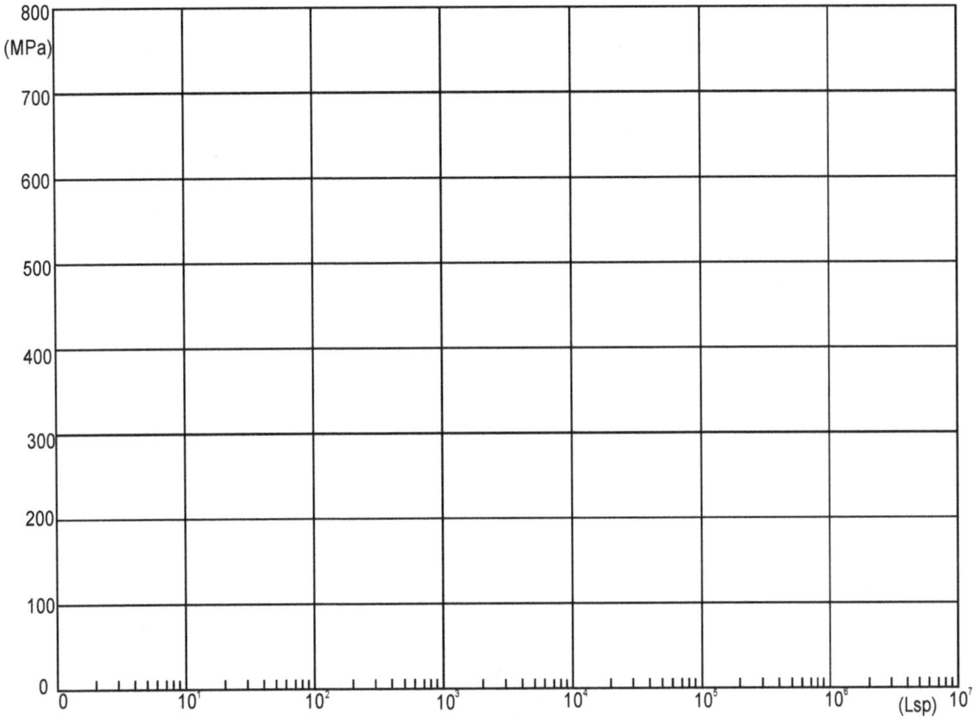

Bild A4: Leeres Wöhlerdiagramm

15.3 Zeichnen des Weibullnetzes

Im Weibullnetz erscheinen zweiparametrige Weibullverteilungen als Gerade. Zu diesem Zweck werden die beiden Achsen wie folgt logarithmisch unterteilt:

- Die Ordinate wird $y = lnln(1/(1-G))$.
- Die Abszisse wird $x = \ln(\sigma a / \sigma a_{0.63,D})$. In der Literatur wird oft $x = \ln(t/T)$ angegeben.

Käufliche Weibullnetze beginnen bei einer Wahrscheinlichkeit von 0,1 % und enden bei 99,9 %. Sie besitzen eine Achse zur grafischen Auswertung der Steilheit b. Die tabellarische Bestimmung von *b* ist allerdings wesentlich genauer. Wir erstellen einen Ausschnitt des Netzes von 1 ppm bis 900 000 ppm (90 %), der für unsere Prognosen geeignet ist.

Das Weibullnetz geht von der zweiparametrigen Weibullverteilung aus:

$$G(\sigma a) = 1 - exp(-\frac{\sigma a}{\sigma a_{0.63}})^b$$

umgeformt: $ln\,ln\frac{1}{1-G} = b \cdot (ln(\sigma a) - ln(\sigma a_{0.63})$

gerade: $y - Achse : ln\,ln\frac{1}{1-G}$ *x-Achse*: $ln(\sigma a) + konst.$ Steigung: *b*

Beide Achsen beginnen die Zählung bei $-\infty$. Man muss deshalb bei beiden Achsen den Startpunkt des dargestellten Ausschnittes berechnen und von dort aus weiterzählen.

Die Y-Achse beginnt bei G = 1 ppm oder G = 0,000001, also bei y = –13,82. Um das Diagramm im Nullpunkt zu beginnen, müssen alle y-Werte mit +13,82 verschoben werden. Um ein Diagramm von ca. 260 mm zu erhalten, skaliert man diesen Wert mit dem Faktor 18. Damit lauten alle Werte auf der Ordinate: $y = (lnln(1/(1-G)) + 13{,}82) \cdot 18$.

Die X-Achse besteht aus sechs Dekaden. Sie beginnt bei ln 0,1 also beim Faktor –2,3. Um das Diagramm im Nullpunkt zu beginnen, müssen alle x-Werte um +2,3 verschoben werden. Um ein Diagramm der Breite ca. 180 mm zu erhalten, multipliziert man mit dem Faktor 13. Damit lauten alle Werte auf der Abszisse: $x = (\ln \sigma a + 2{,}3) \cdot 13$.

Den Zusammenhang zwischen der Steilheit *b* und der Wahrscheinlichkeit *G* erhält aus einer Geraden durch den Pol mit der Steigung der Verteilung. Den Pol der Steilheit setzt man auf die vorletzte Dekade (10000 MPa). Die Gerade der Steilheit schneidet die letzte Dekade (100 000 MPa) bei der gesuchten Wahrscheinlichkeit *G*. Aus der Gleichung der Geraden folgt dann:

$$Z = b \cdot 2{,}3 - 13{,}82$$

$$G(\sigma a) = 1 - \exp(-\exp(Z))$$

Wenn man die Steilheit *b* in den Term *Z* einsetzt, kann man die zugehörige Wahrscheinlichkeit $G(\sigma a)$ ausrechnen, am besten in einer Tabellenkalkulation. Die Steilheit einer zweiparametrigen Weibullverteilung erhält man grafisch, indem man ihre Steigung bis zum Pol parallel verschiebt und die Steilheit *b* abliest.

Tabelle A4: Koordinaten eines Weibullnetzes von 1 ppm bis 900 000 ppm

G ($\sigma a / \sigma a_{0.63}$)	Ordinate [mm]	Abszisse [mm]	$\sigma a / \sigma a_{0.63}$	b	G ($\sigma a / \sigma a_{0.63}$)
0,000001	0,08	0,06	0,01	1	0,000010
0,000002	12,56	9,07	0,02	1,1	0,000013
0,000003	19,86	14,34	0,03	1,2	0,000016
0,000004	25,03	18,08	0,04	1,3	0,000020
0,000005	29,05	20,99	0,05	1,4	0,000025
0,000006	32,33	23,36	0,06	1,5	0,000032
0,000007	35,11	25,36	0,07	1,6	0,000040
0,000008	37,51	27,10	0,08	1,7	0,000050
0,000009	39,63	28,63	0,09	1,8	0,000063
0,00001	41,53	30,00	0,1	1,9	0,000079
0,00002	54,00	39,01	0,2	2	0,000100
0,00003	61,30	44,28	0,3	2,1	0,000126
0,00004	66,48	48,02	0,4	2,2	0,000158
0,00005	70,50	50,92	0,5	2,3	0,000200
0,00006	73,78	53,29	0,6	2,4	0,000251
0,00007	76,55	55,29	0,7	2,5	0,000316
0,00008	78,96	57,03	0,8	2,6	0,000398
0,00009	81,08	58,56	0,9	2,7	0,000501
0,0001	82,97	59,93	1	2,8	0,000631
0,0002	95,45	68,94	2	2,9	0,000794
0,0003	102,75	74,21	3	3	0,001000
0,0004	107,93	77,95	4	3,1	0,001258
0,0005	111,95	80,85	5	3,2	0,001584
0,0006	115,23	83,22	6	3,3	0,001993
0,0007	118,01	85,23	7	3,4	0,002509
0,0008	120,41	86,96	8	3,5	0,003157
0,0009	122,53	88,49	9	3,6	0,003973
0,001	124,43	89,86	10	3,7	0,004999
0,002	136,92	98,87	20	3,8	0,006290
0,003	144,22	104,15	30	3,9	0,007912
0,004	149,41	107,89	40	4	0,009950
0,005	153,44	110,79	50	4,1	0,012510
0,006	156,73	113,16	60	4,2	0,015724
0,007	159,51	115,16	70	4,3	0,019755
0,008	161,92	116,90	80	4,4	0,024806
0,009	164,05	118,43	90	4,5	0,031128

Tabelle A4: Koordinaten eines Weibullnetzes von 1 ppm bis 900 000 ppm *(Fortsetzung)*

G ($\sigma a/\sigma a_{0.63}$)	**Ordinate [mm]**	**Abszisse [mm]**	**$\sigma a/\sigma a_{0.63}$**	**b**	**G ($\sigma a/\sigma a_{0.63}$)**
0,01	165,96	119,80	100	4,6	0,039029
0,02	178,53	128,81	200	4,7	0,048884
0,03	185,92	134,08	300	4,8	0,061146
0,04	191,19	137,82	400	4,9	0,076360
0,05	195,30	140,72	500	5	0,095163
0,06	198,67	143,09	600	5,1	0,118290
0,07	201,54	145,09	700	5,2	0,146568
0,08	204,04	146,83	800	5,3	0,180881
0,09	206,26	148,36	900	5,4	0,222124
0,1	208,25	149,73	1000	5,5	0,271107
0,2	221,76	158,74	2000	5,6	0,328410
0,3	230,20	164,01	3000	5,7	0,394189
0,4	236,67	167,75	4000	5,8	0,467918
0,5	242,16	170,65	5000	5,9	0,548115
0,6	247,19	173,02	6000	6	0,632121
0,63212056	248,76	175,03	7000	7	0,999955
0,7	252,10	176,76	8000	8	1000000
0,8	257,33	178,29	9000	9	1000000
0,9	263,77	179,66	10000	10	1000000

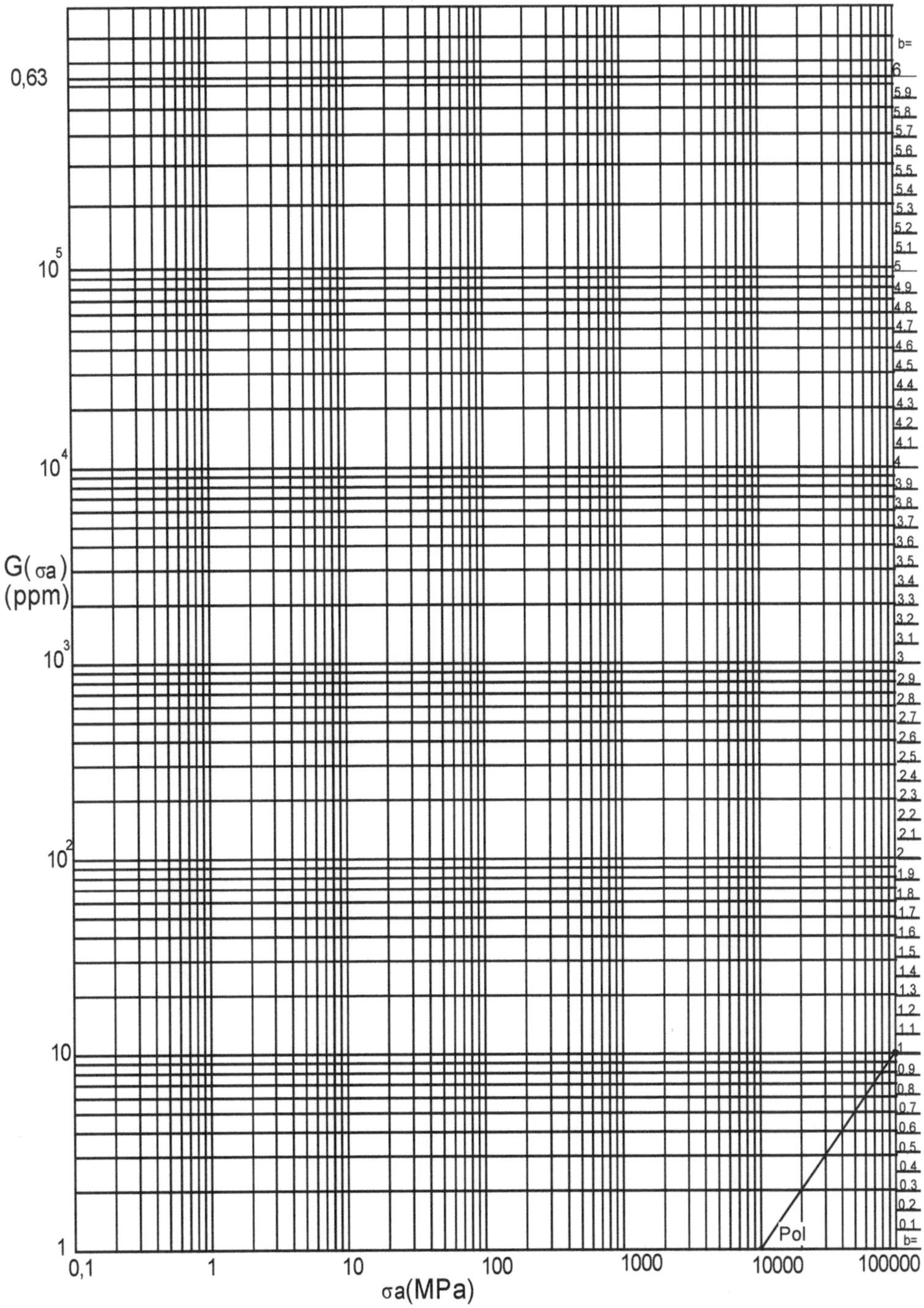

Bild A5: Weibullnetz für 1 ppm bis 900 000 ppm

16 Beispiele

An zusätzlich sechs Beispielen aus der Praxis wird das Auswerteverfahren zur Bestimmung der Streubandfunktion demonstriert. Die Auswertung verläuft nach folgendem Schema:

1. Stammdaten eintragen
2. Messwerte eintragen
3. Mittlere Wöhlerlinie festlegen
4. Ausgleichsrechnung
5. Projektion der Messwerte
6. Charakteristischen Wert und Steilheit bestimmen
7. Vertrauensbereiche für den charakteristischen Wert und die Steilheit
8. Nullbruchwert berechnen
9. Nullbruchwerte variieren und asymptotische Grenzwerte berechnen
10. Streubandfunktion vervollständigen
11. Skalierung und grafische Werte für das Wöhlerdiagram
12. Skalierung und grafische Werte für das Weibullnetz

Das erste Beispiel sind Versuche an glatten Stäben, die im Bereich der Einspannung kalt verfestigt waren, so dass eine definierte Prüflänge von 70 mm übrig blieb. Das zweite Beispiel sind Versuche an gekerbten Flachproben aus Aluminium mit einem Kerbfaktor 5,1. Den nachfolgenden Beispielen liegen Messwerte aus der Literatur zugrunde, die aus außerordentlich umfangreichen und sorgfältig durchgeführten Messreihen stammen. Bei diesen Messwerten ist bemerkenswert, dass die Ergebnisse im Dauerfestigkeitsbereich zum Teil geringere Bruchlastspielzahlen aufwiesen als im Bereich der Zeitfestigkeit. Dies verleitete manchen Prüfer zu der irrigen Annahme, im Übergangsgebiet zur Dauerfestigkeit änderten sich die Bruchvorgänge abrupt. Hingegen zeigt die vorliegende Auswertung keinerlei Unstetigkeiten in der Verteilung der Dauerfestigkeiten.

Diese zusätzlichen Beispiele werden zum einen vorgestellt, um die Leistungsfähigkeit der Auswertemethode zu demonstrieren, zum anderen um zu zeigen, dass man gelegentlich mit übermäßigem Aufwand versuchte, das Wesen der Dauerfestigkeit zu ergründen. Ohne geeignete Auswertung ist diese Anstrengung aber umsonst. Die vorgestellte Auswertemethode hingegen vermag aus relativ wenig Messergebnissen maximale Informationen zu gewinnen. Die rechnerische Auswertung in Exceltabellen dauert auch bei umfangreichen Messreihen nur wenige Stunden.

Im zweiten Teil der Beispiele werden für die vorgestellten sieben Messreihen Auswertungen der Betriebsfestigkeitsanalyse an einfachen Lastkollektiven aus mehrstufigen oder zufälligen Belastungen vorgenommen.

16.1 Beispiel 1 – Einstufige Belastung

Auftrag	**Köhler**
Auftragsnummer	001
Bauteil	Rundprobe ∅ 5 × 70 mm
Werkstoff	X2CrNi199
Zugfestigkeit R_m	794 MPa
Bruchdehnung A	30 %
Streckgrenze $R_{p0,2}$	647 MPa
Wöhlerversuche:	124 Versuche, davon 19 Durchläufer
Lastverhältnis σu/σo	0,1

mittlere Wöhlerlinie

$\sigma a_{E,0}$ = 357,3 MPa

$\sigma a_{E,D}$ = 197,6 MPa

Nc = 109000 Lsp

z = 0,655

$$N = N_c \left(\frac{\sigma a_{E,0} - \sigma a}{\sigma a - \sigma a_{E,D}}\right)^z$$

Auswertungen

Grenzlastspielzahl N_D = 10^7 Lsp

Charakt. Wert $\sigma a_{0.63,D}$ = 200 MPa

Steilheit b = 25

untere Vertrauensgrenzen

$\sigma a_{0.63,Dunten}$ = 197 MPa

b_{unten} = 19

Nullbruchwerte für 1ppm

$\sigma a_{0.000001,D}$ = 142 MPa für 1 ppm

$\sigma a_{0.000001,0}$ = 301 MPa für 1 ppm

$$G(\sigma a, N) = 1 - \exp\{-(\frac{\sigma a - \dfrac{\sigma a_{0,0} + \sigma a_{0,\infty}\left(\dfrac{N}{N_c}\right)^{\frac{1}{z}}}{1 + \left(\dfrac{N}{N_c}\right)^{\frac{1}{z}}}}{\sigma a_{0.63,\infty} - \sigma a_{0,\infty}})^b\}$$

Ergebnisse, Kontrollwerte

N_D =	10^7	Lsp
G=	0,000001	
b=	19	
1/z=	1,526717557	
$\sigma a_{0.000001,D}$ =	142	MPa
$\sigma a_{0.63,D}$ =	197	MPa
Term	0,48	
$\sigma a_{0,D}$ =	91	MPa
$\sigma a_{0,\infty}$ =	90	MPa
$\sigma a_{0,0}$ =	251	MPa

N_D	**$(N_D/Nc)^{1/z}$**	**$\sigma a_{0,D}$**
1000000000	1155414	90
100000000	34099	90
10000000	1006	90
1000000	30	95

	N_D =	**∞**	**10^9**	**10^8**	**10^7**	**10^6**
	$\sigma a_{0.63,D}$ =	**197**	**197**	**197**	**198**	**202**
G = 0	**$\sigma a_{G,D}$=**	90	90	90	91	95
G = 0,000001	**$\sigma a_{G,D}$=**	141,71	141,71	141,71	141,71	146,71
G = 0,00001	**$\sigma a_{G,D}$=**	148,37	148,37	148,37	148,37	153,37
G = 0,0001	**$\sigma a_{G,D}$=**	155,90	155,90	155,90	155,90	160,90
G = 0,001	**$\sigma a_{G,D}$=**	164,39	164,39	164,39	164,39	169,39
G = 0,1	**$\sigma a_{G,D}$=**	185,05	185,05	185,05	185,05	190,05

Die Streubandfunktion lautet:

$$G(\sigma a, N) = 1 - \exp[-(\frac{\sigma a - \frac{251 + 90 * (\frac{N}{109000})^{1,53}}{1 + (\frac{N}{109000})^{1,53}}}{197 - 90})^{19}]$$

Messwerte

σa (MPa)	N (Lsp)	σa (MPa)	N (Lsp)
249,8	93000	249,8	201000
249,8	118000	249,8	202000
249,8	143000	249,8	203000
249,8	144000	249,8	204000
249,8	144000	249,8	205000
249,8	151000	249,8	206000
249,8	156000	249,8	206000
249,8	160000	249,8	206000
249,8	160000	249,8	207000
249,8	162000	249,8	209000
249,8	162000	249,8	209000
249,8	170000	249,8	216000
249,8	173000	249,8	219000
249,8	175000	249,8	219000
249,8	175000	249,8	242000
249,8	175000	249,8	262000
249,8	175000	249,8	157000
249,8	176000	249,8	163000
249,8	176000	249,8	177000
249,8	177000	249,8	181000
249,8	177000	249,8	195000
249,8	180000	249,8	241000
249,8	180000	269,1	93000
249,8	180000	269,1	116000
249,8	181000	269,1	121000
249,8	182000	269,1	125000
249,8	183000	269,1	130000
249,8	185000	269,1	136000
249,8	192000	230,6	238000
249,8	192000	230,6	252000
249,8	194000	230,6	269000
249,8	195000	230,6	274000
249,8	196000	230,6	325000
249,8	197000	230,6	356000

Messwerte *(Fortsetzung)*

σa (MPa)	**N (Lsp)**	**σa (MPa)**	**N (Lsp)**
221	292000	197	411000
221	312000	194,6	595000
221	333000	194,6	486000
221	477000	192,2	567000
221	498000	192,2	579000
221	605000	192,2	1011000
230,6	224000	189,8	766000
228,2	130000	189,8	912000
225,8	260000	206,6	Durchläufer 2×10^6
223,4	308000	204,2	Durchläufer 2×10^6
221	223000	204,2	Durchläufer 2×10^6
218,6	396000	201,8	Durchläufer 2×10^6
216,2	286000	201,8	Durchläufer 2×10^6
213,8	432000	199,4	Durchläufer 2×10^6
211,4	552000	197	Durchläufer 2×10^6
209	962000	197	Durchläufer 2×10^6
209	348000	197	Durchläufer 2×10^6
206,6	561000	197	Durchläufer 2×10^6
206,6	572000	197	Durchläufer 2×10^6
206,6	309000	194,6	Durchläufer 2×10^6
204,2	379000	192,2	Durchläufer 2×10^6
204,2	698000	192,2	Durchläufer 2×10^6
204,2	664000	189,8	Durchläufer 2×10^6
201,8	419000	189,8	Durchläufer 2×10^6
199,4	613000	189,8	Durchläufer 2×10^6
199,4	440000	187,4	Durchläufer 2×10^6
199,4	779000	187,4	Durchläufer 2×10^6
199,4	945000		
199,4	1396000		

Auf N_D projizierte Messwerte

σa (MPa)	**N (Lsp)**	**σa_D (MPa)**	**υ/(n+1)**	**υ**
228,2	130000	159	0,01	1
249,8	93000	160	0,02	2
249,8	118000	175	0,03	3
197	411000	179	0,04	4
206,6	309000	180	0,04	5
269,1	93000	180	0,05	6
194,6	486000	180	0,06	7
192,2	567000	180	0,07	8
192,2	579000	181	0,08	9
221	223000	181	0,09	10
189,8	766000	182	0,10	11
199,4	440000	183	0,11	12
194,6	595000	184	0,12	13
204,2	379000	184	0,13	14
201,8	419000	184	0,13	15
189,8	912000	184	0,14	16
209	348000	186	0,15	17
249,8	143000	186	0,16	18
216,2	286000	187	0,17	19
249,8	144000	187	0,18	20
249,8	144000	187	0,19	21
192,2	1011000	187	0,20	22
199,4	613000	189	0,21	23
249,8	151000	190	0,21	24
230,6	224000	191	0,22	25
249,8	156000	191	0,23	26
249,8	157000	192	0,24	27
199,4	779000	192	0,25	28
221	292000	192	0,26	29
225,8	260000	192	0,27	30
249,8	160000	193	0,28	31
249,8	160000	193	0,29	32
269,1	116000	193	0,29	33

Auf N_D projizierte Messwerte *(Fortsetzung)*

σa (MPa)	**N (Lsp)**	**σa_D (MPa)**	**υ/(n+1)**	**υ**
249,8	162000	194	0,30	34
249,8	162000	194	0,31	35
230,6	238000	194	0,32	36
199,4	945000	194	0,33	37
249,8	163000	194	0,34	38
221	312000	194	0,35	39
206,6	561000	195	0,36	40
204,2	664000	195	0,37	41
206,6	572000	195	0,38	42
204,2	698000	196	0,38	43
269,1	121000	196	0,39	44
230,6	252000	196	0,40	45
249,8	170000	196	0,41	46
199,4	1396000	196	0,42	47
223,4	308000	196	0,43	48
213,8	432000	197	0,44	49
221	333000	197	0,45	50
249,8	173000	197	0,46	51
269,1	125000	198	0,46	52
249,8	175000	198	0,47	53
249,8	175000	198	0,48	54
249,8	175000	198	0,49	55
249,8	175000	198	0,50	56
249,8	176000	198	0,51	57
249,8	176000	198	0,52	58
249,8	177000	198	0,53	59
249,8	177000	198	0,54	60
249,8	177000	198	0,54	61
230,6	269000	199	0,55	62
211,4	552000	199	0,56	63
218,6	396000	199	0,57	64
249,8	180000	199	0,58	65
249,8	180000	199	0,59	66
249,8	180000	199	0,60	67

Auf N_D projizierte Messwerte *(Fortsetzung)*

σa (MPa)	**N (Lsp)**	**σa_D (MPa)**	**υ/(n+1)**	**υ**
230,6	274000	199	0,61	68
249,8	181000	200	0,62	69
249,8	181000	200	0,63	70
249,8	182000	200	0,63	71
269,1	130000	200	0,64	72
249,8	183000	200	0,65	73
249,8	185000	201	0,66	74
249,8	192000	203	0,67	75
249,8	192000	203	0,68	76
269,1	136000	203	0,69	77
249,8	194000	203	0,70	78
249,8	195000	203	0,71	79
249,8	195000	203	0,71	80
209	962000	204	0,72	81
249,8	196000	204	0,73	82
249,8	197000	204	0,74	83
249,8	201000	205	0,75	84
249,8	202000	205	0,76	85
249,8	203000	205	0,77	86
230,6	325000	205	0,78	87
249,8	204000	206	0,79	88
249,8	205000	206	0,79	89
221	477000	206	0,80	90
249,8	206000	206	0,81	91
249,8	206000	206	0,82	92
249,8	206000	206	0,83	93
249,8	207000	206	0,84	94
249,8	209000	207	0,85	95
249,8	209000	207	0,86	96
221	498000	207	0,87	97
230,6	356000	208	0,88	98
249,8	216000	208	0,88	99
249,8	219000	209	0,89	100
249,8	219000	209	0,90	101

Auf N_D projizierte Messwerte *(Fortsetzung)*

σa (MPa)	**N (Lsp)**	**σa_D (MPa)**	**υ/(n+1)**	**υ**
221	605000	210	0,91	102
249,8	241000	213	0,92	103
249,8	242000	213	0,93	104
249,8	262000	217	0,94	105

$\sigma a_{E,D}$ = 196

s = 10,08056589

$1 + s^2/\sigma a_{E,D}^2$ = 1,002647212

Grafische Darstellung des Wöhlerdiagrammes

σa (MPa)	σa (mm)	N (Lsp)	N (mm)	Mittelwerte
249,8	124,9	93000	198,7393	
249,8	124,9	118000	202,8753	
249,8	124,9	143000	206,2134	
249,8	124,9	144000	206,3345	206,3
249,8	124,9	144000	206,3345	
249,8	124,9	151000	207,1591	
249,8	124,9	156000	207,725	
249,8	124,9	160000	208,1648	
249,8	124,9	160000	208,1648	208,2
249,8	124,9	162000	208,3806	
249,8	124,9	162000	208,3806	
249,8	124,9	170000	209,218	
249,8	124,9	173000	209,5218	
249,8	124,9	175000	209,7215	
249,8	124,9	175000	209,7215	209,7
249,8	124,9	175000	209,7215	
249,8	124,9	175000	209,7215	
249,8	124,9	176000	209,8205	
249,8	124,9	176000	209,8205	
249,8	124,9	177000	209,9189	
249,8	124,9	177000	209,9189	
249,8	124,9	180000	210,2109	
249,8	124,9	180000	210,2109	210,2
249,8	124,9	180000	210,2109	
249,8	124,9	181000	210,3071	
249,8	124,9	182000	210,4029	
249,8	124,9	183000	210,498	
249,8	124,9	185000	210,6869	
249,8	124,9	192000	211,332	
249,8	124,9	192000	211,332	
249,8	124,9	194000	211,5121	
249,8	124,9	195000	211,6014	
249,8	124,9	196000	211,6902	211,7
249,8	124,9	197000	211,7786	
249,8	124,9	201000	212,1278	

Grafische Darstellung des Wöhlerdiagrammes *(Fortsetzung)*

σa (MPa)	σa (mm)	N (Lsp)	N (mm)	Mittelwerte
249,8	124,9	202000	212,2141	
249,8	124,9	203000	212,2998	
249,8	124,9	204000	212,3852	
249,8	124,9	205000	212,4702	
249,8	124,9	206000	212,5547	212,5
249,8	124,9	206000	212,5547	
249,8	124,9	206000	212,5547	
249,8	124,9	207000	212,6388	
249,8	124,9	209000	212,8059	
249,8	124,9	209000	212,8059	
249,8	124,9	216000	213,3782	
249,8	124,9	219000	213,6178	
249,8	124,9	219000	213,6178	
249,8	124,9	242000	215,3526	
249,8	124,9	262000	216,7321	216,7
249,8	124,9	157000	207,836	
249,8	124,9	163000	208,4875	
249,8	124,9	177000	209,9189	
249,8	124,9	181000	210,3071	
249,8	124,9	195000	211,6014	
249,8	124,9	241000	215,2807	
269,1	134,55	93000	198,7393	
269,1	134,55	116000	202,5783	
269,1	134,55	121000	203,3114	
269,1	134,55	125000	203,8764	203,9
269,1	134,55	130000	204,5577	
269,1	134,55	136000	205,3416	
230,6	115,3	238000	215,0631	
230,6	115,3	252000	216,056	
230,6	115,3	269000	217,1901	217,2
230,6	115,3	274000	217,51	
230,6	115,3	325000	220,4753	
230,6	115,3	356000	222,058	
221	110,5	292000	218,6153	
221	110,5	312000	219,7662	
221	110,5	333000	220,8978	220,9

Grafische Darstellung des Wöhlerdiagrammes *(Fortsetzung)*

σa (MPa)	σa (mm)	N (Lsp)	N (mm)	Mittelwerte
221	110,5	477000	227,1407	
221	110,5	498000	227,8892	
221	110,5	605000	231,2702	
230,6	115,3	224000	214,0099	
228,2	114,1	130000	204,5577	
225,8	112,9	260000	216,5989	
223,4	111,7	308000	219,542	
221	110,5	223000	213,9322	
218,6	109,3	396000	223,9078	
216,2	108,1	286000	218,2546	
213,8	106,9	432000	225,4193	
211,4	105,7	552000	229,6776	
209	104,5	962000	239,327	239,3
209	104,5	348000	221,6632	
206,6	103,3	561000	229,9585	
206,6	103,3	572000	230,2958	230,3
206,6	103,3	309000	219,5983	
204,2	102,1	379000	223,1456	
204,2	102,1	698000	233,7542	233,8
204,2	102,1	664000	232,8867	
201,8	100,9	419000	224,8886	
199,4	99,7	613000	231,4984	
199,4	99,7	440000	225,7381	
199,4	99,7	779000	235,6615	235,7
199,4	99,7	945000	239,0173	
199,4	99,7	1396000	245,7954	
197	98,5	411000	224,5537	
194,6	97,3	595000	230,9807	
194,6	97,3	486000	227,4655	
192,2	96,1	567000	230,1433	
192,2	96,1	579000	230,5071	
192,2	96,1	1011000	240,19	
189,8	94,9	766000	235,3692	
189,8	94,9	912000	238,3998	238,4

Ausgleichsrechnung

z = 0,655 Nc = 109000 $\sigma a_{E,0}$ = 357,3 MPa; $\sigma a_{E,\infty}$ = 197,6 MPa

σa (MPa)	**N(Lsp)**	**N (mm)**	**logN**	**$(N/Nc)^{1/z}$**	**σa (MPa)**	**σath – σa**	**$(\sigma ath-\sigma a)^2$**
260,85	143714,3	206,3	5,1575	1,524868	249,8	11,05084	122,121
254,60	160324,5	208,2	5,205	1,801844	249,8	4,798179	23,02252
249,86	174783,3	209,7	5,2425	2,055617	249,8	0,064407	0,004148
248,33	179887,1	210,2	5,255	2,147915	249,8	–1,46801	2,155063
243,88	196110,1	211,7	5,2925	2,450429	249,8	–5,9159	34,99791
241,61	205352,5	212,5	5,3125	2,628828	249,8	–8,1913	67,0974
230,86	261517	216,7	5,4175	3,801825	249,8	–18,9418	358,7923
269,05	125169,9	203,9	5,0975	1,235015	269,1	–0,04633	0,002147
229,72	269153,5	217,2	5,43	3,97253	230,6	–0,88355	0,780662
222,18	333042,8	220,9	5,5225	5,498221	221	1,175958	1,382878
203,17	960505,8	239,3	5,9825	27,68102	209	–5,83186	34,01058
209,38	572137	230,3	5,7575	12,55545	206,6	2,781242	7,735309
206,44	699842	233,8	5,845	17,07486	204,2	2,235476	4,997354
205,14	780728,4	235,7	5,8925	20,17633	199,4	5,741439	32,96412
203,61	912010,8	238,4	5,96	25,57686	189,8	13,80899	190,6881
						0,377752	652,102

Skalierung des Wöhlerdiagrammes

Skalierung:	y = 200mm / 400 MPa = 0,5 mm/MPa
	$x = 280\ mm/\log 10^7 \cdot \log N$
	$x = 40mm \cdot \log N$

Skalierung des Weibullnetzes

Skalierung:	y = 260mm = lnln(1 / (1 – 0,000001))-lnln(1/(1 – 0,9))
	y = (lnln(1 / (1 – G) + 13,82)) · 18
	x = 180 mm = ln (100000) – ln(0,1)
	x = (ln σa + 2,3)·13

Grafische Darstellung der projizierten Messwerte im Weibullnetz

σa_D	$\upsilon/(n+1)$	υ	G (mm)	σa_D (mm)
82	0,02	1	182,14	87,1873502
96	0,05	2	194,84	89,2365265
99	0,07	3	202,37	89,6365581
104	0,10	4	207,78	90,2770817
109	0,12	5	212,04	90,8875225
110	0,15	6	215,57	91,0062448
110	0,17	7	218,60	91,0062448
110	0,20	8	221,26	91,0062448
111	0,22	9	223,65	91,1238926
112	0,24	10	225,82	91,2404853
112	0,27	11	227,82	91,2404853
112	0,29	12	229,67	91,2404853
113	0,32	13	231,41	91,3560416
114	0,34	14	233,05	91,4705798
114	0,37	15	234,60	91,4705798
114	0,39	16	236,09	91,4705798
114	0,41	17	237,52	91,4705798
114	0,44	18	238,90	91,4705798
114	0,46	19	240,23	91,4705798
115	0,49	20	241,53	91,5841177
115	0,51	21	242,79	91,5841177
115	0,54	22	244,04	91,5841177
116	0,56	23	245,26	91,6966725
116	0,59	24	246,47	91,6966725
116	0,61	25	247,67	91,6966725
117	0,63	26	248,86	91,8082612
117	0,66	27	250,05	91,8082612
117	0,68	28	251,25	91,8082612
118	0,71	29	252,47	91,9189001
119	0,73	30	253,70	92,0286054
119	0,76	31	254,96	92,0286054
119	0,78	32	256,25	92,0286054
120	0,80	33	257,60	92,1373927
121	0,83	34	259,01	92,2452771
122	0,85	35	260,52	92,3522736
122	0,88	36	262,15	92,3522736
122	0,90	37	263,96	92,3522736
122	0,93	38	266,06	92,3522736
123	0,95	39	268,66	92,4583966
124	0,98	40	272,38	92,5636604

Grafische Darstellung der Verteilungen im Weibullnetz

zweiparametrig

$b = 19$

$\sigma a_{0.63,D} = 197$ MPa

σa (MPa)	G	σa (mm)
142,05	0,002	94,33023
197,00	0,63	98,58165

dreiparametrig

$b = 19$

$\sigma a_{0.63,D} = 197$ MPa

$\sigma a_{0,D} = 142$

σa (MPa)	G	σa (mm)
168,58	0,000001	96,55642
175,87	0,0001	97,10681
185,17	0,01	97,77679
190,86	0,1	98,1698

Treppenstufenverfahren

Stufe	σa (MPa)	Anzahl gebrochen	Anzahl Durchläufer	Häufigkeit der Ereignisse o		
i	xi	r	l	fi	i • fi	i² • fi
8	209	2	0	0	0	0
7	206,6	3	1	1	7	49
6	204,2	3	2	2	12	72
5	201,8	1	2	2	10	50
4	199,4	5	1	1	4	16
3	197	1	5	5	15	45
2	194,6	2	1	1	2	4
1	192,2	3	2	2	2	2
0	189,8	2	3	3	0	0
	187,4	0	2	3	0	0
	Summen:	**22**	**19**	**F = 19**	**A = 52**	**B = 238**

$\sigma a_{E,D} = x_0 + d(A/F + 1/2) =$ $189{,}8 + 2{,}4(2{,}74 + 0{,}5) = 197{,}6$ MPa

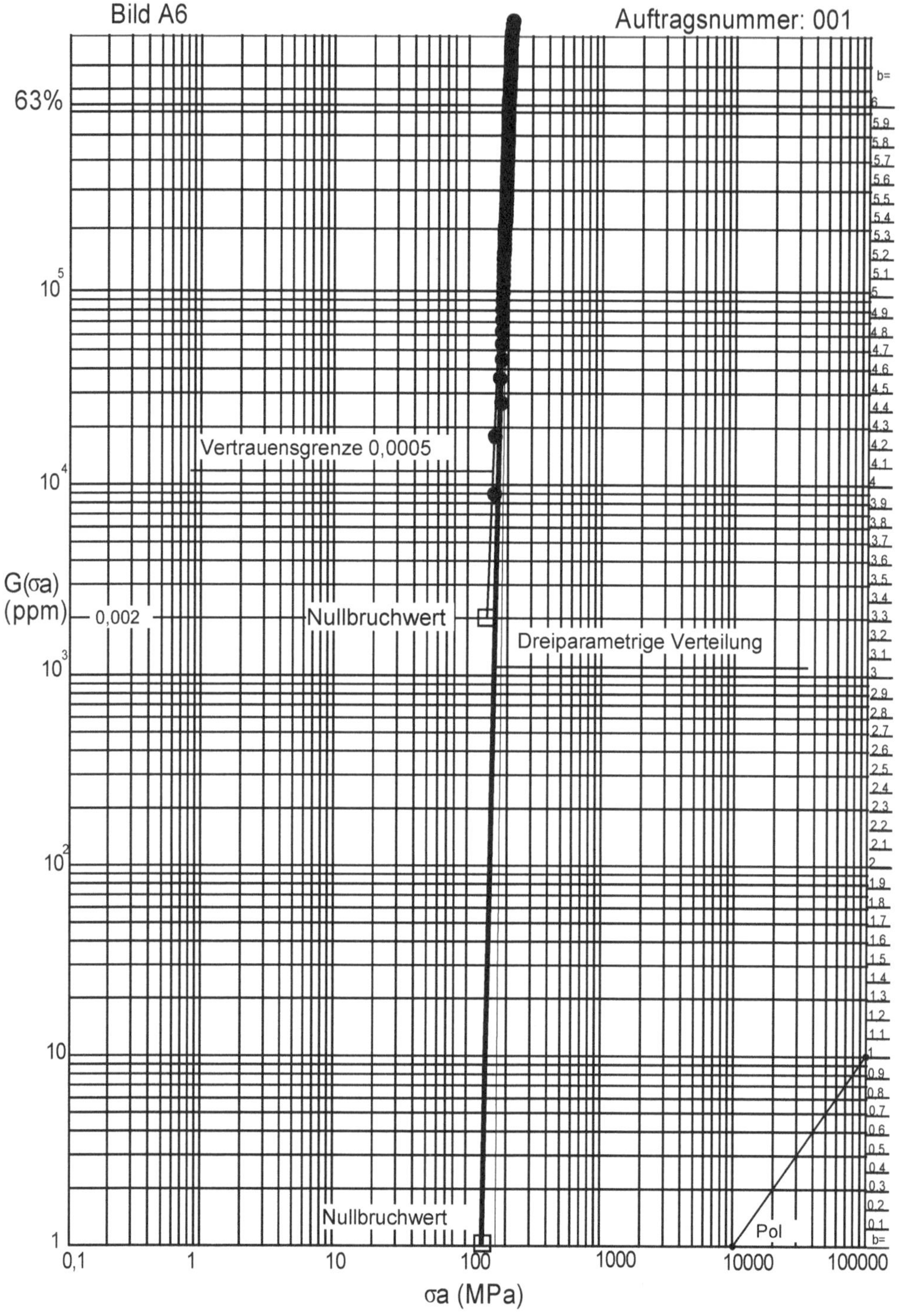
Bild A6
Auftragsnummer: 001
63%
b=
6
5.9
5.8
5.7
5.6
5.5
5.4
5.3
5.2
5.1
5
4.9
4.8
4.7
4.6
4.5
4.4
4.3
4.2
4.1
4
3.9
3.8
3.7
3.6
3.5
3.4
3.3
3.2
3.1
3
2.9
2.8
2.7
2.6
2.5
2.4
2.3
2.2
2.1
2
1.9
1.8
1.7
1.6
1.5
1.4
1.3
1.2
1.1
1
0.9
0.8
0.7
0.6
0.5
0.4
0.3
0.2
0.1
b=
10^5
Vertrauensgrenze 0,0005
10^4
G(σa)
(ppm)
0,002
Nullbruchwert
Dreiparametrige Verteilung
10^3
10^2
10
1
Nullbruchwert
Pol
0,1
1
10
100
1000
10000
100000
σa (MPa)

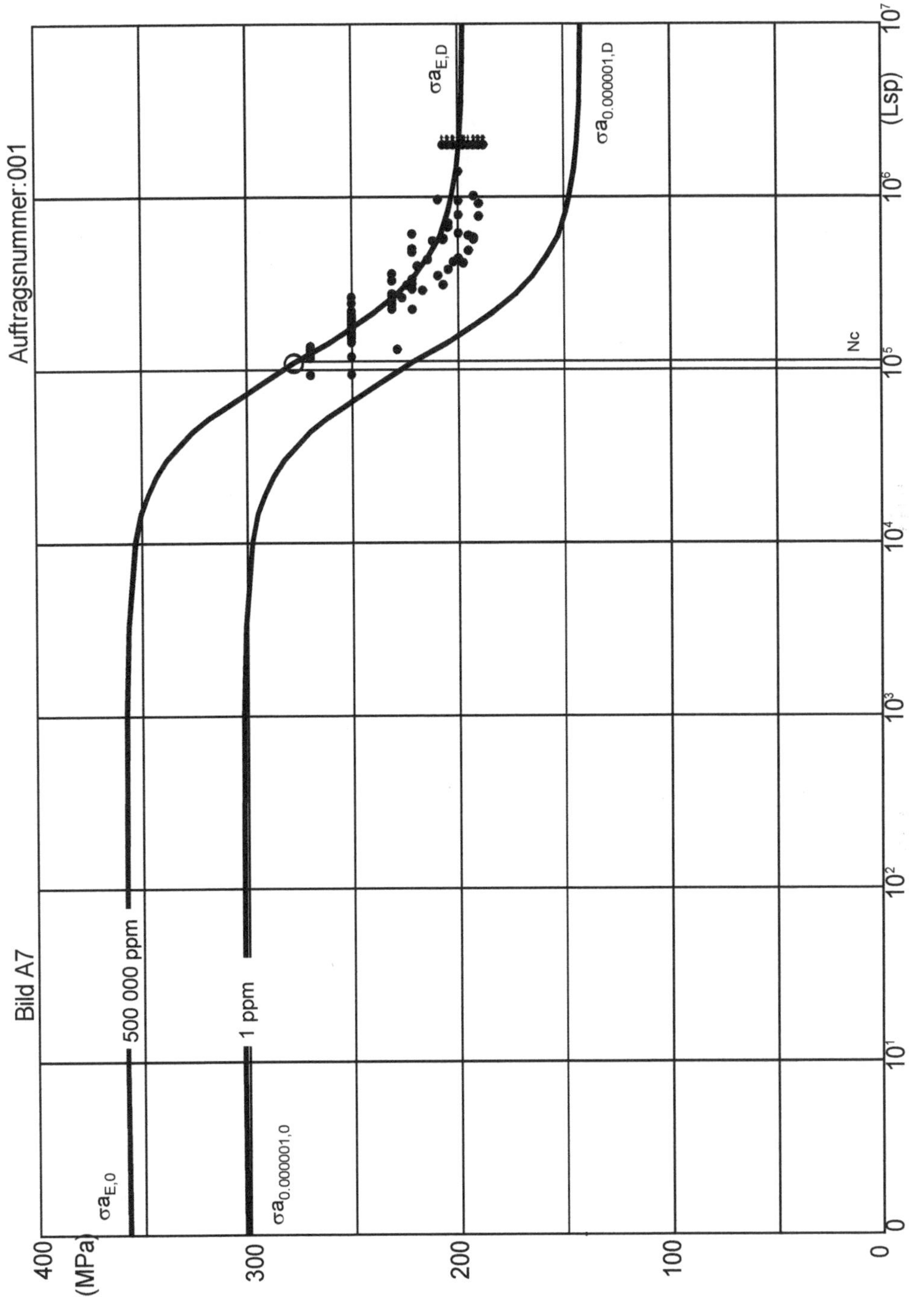
Bild A7
Auftragsnummer:001
500 000 ppm
1 ppm
σa_E,0
σa_0.000001,0
σa_E,D
σa_0.000001,D
Nc
400
(MPa)
300
200
100
0
0
10^1
10^2
10^3
10^4
10^5
10^6
10^7
(Lsp)

16.2 Beispiel 2 – Einstufige Belastung

Auftrag	**Köhler**	
Auftragsnummer:	002	
Bauteil	gekerbte Probe a / ρ = 1; Kerbfaktor 5,1	
Werkstoff	Al Zn Mg Cu 1,5	
Zugfestigkeit R_m	517 MPa	
Bruchdehnung A	12 %	
Streckgrenze $R_{p0,2}$	418 MPa	
Wöhlerversuche:	40 Versuche, davon 11 Durchläufer	
Lastverhältnis σu/σo	0,1	
mittlere Wöhlerlinie		
$\sigma a_{E,0}$ =	232,6 MPa	
$\sigma a_{E,D}$ =	126,9 MPa	
Nc =	50000	σac = 179,75 MPa
z =	0,75	

$$N = N_c \left(\frac{\sigma a_{E,0} - \sigma a}{\sigma a - \sigma a_{E,D}}\right)^z$$

Auswertungen

Grenzlastspielzahl N_D =	10^7 Lsp	
Charakt. Wert $\sigma a_{0.63,D}$ =	131 MPa	
Steilheit b =	17	
untere Vertrauensgrenzen		
$\sigma a_{0.63,Dunten}$ =	126 MPa	
b_{unten} =	9	
Nullbruchwerte für 1ppm		
$\sigma a_{0.000001,D}$ =	63 MPa	für 1 ppm
$\sigma a_{0.000001,0}$ =	168 MPa	für 1 ppm

$$G(\sigma a, N) = 1 - exp\{-(\frac{\sigma a - \dfrac{\sigma a_{0,0} + \sigma a_{0,\infty}\left(\dfrac{N}{N_c}\right)^{\frac{1}{z}}}{1+\left(\dfrac{N}{N_c}\right)^{\frac{1}{z}}}}{\sigma a_{0.63,\infty} - \sigma a_{0,\infty}})^b\}$$

Ergebnisse, Kontrollwerte

N_D =	10^7	Lsp
G=	0,000001	
b=	9	
1/z=	1,333333333	
$\sigma a_{0.000001,D}$ =	63	MPa
$\sigma a_{0.63,D}$ =	126	MPa
Term	0,22	
$\sigma a_{0,D}$ =	46	MPa
$\sigma a_{0,\infty}$ =	46	MPa
$\sigma a_{0,0}$ =	152	MPa

N	**$(N/Nc)^{1/z}$**	**$\sigma a_{0,D}$**
1000000000	541094	46
100000000	25135	46
10000000	1168	46
1000000	54	47

	N_D =	**∞**	**10^9**	**10^8**	**10^7**	**10^6**
	$\sigma a_{0.63,D}$ =	**126**	**126**	**126**	**126**	**127**
G = 0	**$\sigma a_{G,D}$=**	46	46	46	46	47
G = 0,000001	**$\sigma a_{G,D}$=**	63,24	63,24	63,24	63,24	64,24
G = 0,00001	**$\sigma a_{G,D}$=**	68,26	68,26	68,26	68,26	69,26
G = 0,0001	**$\sigma a_{G,D}$=**	74,75	74,75	74,75	74,75	75,75
G = 0,001	**$\sigma a_{G,D}$=**	83,13	83,13	83,13	83,13	84,13
G = 0,1	**$\sigma a_{G,D}$=**	108,30	108,30	108,30	108,30	109,30

Die Streubandfunktion lautet:

$$G(\sigma a, N) = 1 - \exp[-(\frac{\sigma a - \frac{152 + 46 \cdot (\frac{N}{50000})^{1,33}}{1 + (\frac{N}{50000})^{1,33}}}{126 - 46})^{9}]$$

Messwerte

σa_{Hmax} (MPa)	N (Lsp)	σa_{Hmax} (MPa)	N (Lsp)
168,1	55000	130,7	222000
168,1	65000	130,7	213000
168,1	108000	130,7	2729000
168,1	109000	128,4	377000
168,1	136000	128,4	447000
158,8	43000	126,1	227000
158,8	100000	126,1	488000
158,8	107000	126,1	813000
158,8	107000	123,8	335000
158,8	128000	121,4	D 50×10^6
149,4	125000	121,4	D 5×10^6
149,4	136000	121,4	D 5×10^6
149,4	164000	123,8	D 5×10^6
149,4	167000	123,8	D 5×10^6
149,4	170000	123,8	D 5×10^6
140,1	196000	126,1	D 5×10^6
140,1	345000	126,1	D 5×10^6
140,1	426000	128,4	D 5×10^6
140,1	621000	128,4	D 5×10^6
140,1	717000	128,4	D 5×10^6

Auf N_D projizierte Messwerte

σa_{Hmax} (MPa)	N (Lsp)	σa_D (MPa)	$\upsilon/(n+1)$	υ
158,8	43000	101	0,03	1
126,1	227000	114	0,07	2
123,8	335000	116	0,10	3
130,7	213000	117	0,13	4
130,7	222000	118	0,17	5
168,1	55000	119	0,20	6
126,1	488000	121	0,23	7
128,4	377000	122	0,27	8
128,4	447000	123	0,30	9
126,1	813000	124	0,33	10
168,1	65000	124	0,37	11
149,4	125000	125	0,40	12
140,1	196000	125	0,43	13
149,4	136000	127	0,47	14
158,8	100000	129	0,50	15
130,7	2729000	130	0,53	16
158,8	107000	131	0,57	17
158,8	107000	131	0,60	18
149,4	164000	131	0,63	19
149,4	167000	132	0,67	20
149,4	170000	132	0,70	21
140,1	345000	133	0,73	22
140,1	426000	134	0,77	23
158,8	128000	135	0,80	24
140,1	621000	137	0,83	25
140,1	717000	137	0,87	26
168,1	108000	140	0,90	27
168,1	109000	141	0,93	28
168,1	136000	146	0,97	29

$\sigma a_{E,D} =$ 127

$s =$ 9,469537681

$1+s^2/\sigma a_{E,D}^2 =$ 1,005516643

Grafische Darstellung der Messwerte des Wöhlerdiagrammes

σa_{Hmax} (MPa)	σa_{Hmax} (mm)	N (Lsp)	N (mm)
168,1	84,05	55000	189,61
168,1	84,05	65000	192,52
168,1	84,05	108000	201,34
168,1	84,05	109000	201,50
168,1	84,05	136000	205,34
158,8	79,4	43000	185,34
158,8	79,4	100000	200,00
158,8	79,4	107000	201,18
158,8	79,4	107000	201,18
158,8	79,4	128000	204,29
149,4	74,7	125000	203,88
149,4	74,7	136000	205,34
149,4	74,7	164000	208,59
149,4	74,7	167000	208,91
149,4	74,7	170000	209,22
140,1	70,05	196000	211,69
140,1	70,05	345000	221,51
140,1	70,05	426000	225,18
140,1	70,05	621000	231,72
140,1	70,05	717000	234,22
130,7	65,35	222000	213,85
130,7	65,35	213000	213,14
130,7	65,35	2729000	257,44
128,4	64,2	377000	223,05
128,4	64,2	447000	226,01
126,1	63,05	227000	214,24
126,1	63,05	488000	227,54
126,1	63,05	813000	236,40
123,8	61,9	335000	221,00
121,4	60,7	D 5×10^6	268
121,4	60,7	D 5×10^6	268
121,4	60,7	D 5×10^6	268
123,8	61,9	D 5×10^6	268
123,8	61,9	D 5×10^6	268
123,8	61,9	D 5×10^6	268
126,1	63,05	D 5×10^6	268
126,1	63,05	D 5×10^6	268
128,4	64,2	D 5×10^6	268
128,4	64,2	D 5×10^6	268
128,4	64,2	D 5×10^6	268

Ausgleichsrechnung

z=0,75 Nc = 50000 $\sigma a_{E,0}$=232,6 MPa;$\sigma a_{E,\infty}$=126,9 MPa

σath (MPa)	N (Lsp)	N (mm)	logN	(N/Nc)^1/z	σa (MPa)	σath –σa	(σath –σa)²
154,88	107770,5	201,3	5,0325	2,777122	168,1	–13,2157	174,6555
155,04	107151,9	201,2	5,03	2,755941	158,8	–3,75792	14,12194
144,95	164059	208,6	5,215	4,856461	149,4	–4,45156	19,81636
132,67	426579,5	225,2	5,63	17,30892	140,1	–7,42686	55,1582
140,36	212569	213,1	5,3275	6,854013	130,7	9,658089	93,27868
132,35	446683,6	226	5,65	18,40221	128,4	3,947834	15,58539
131,97	473151,3	227	5,675	19,86643	126,1	5,865552	34,4047
134,17	354813,4	222	5,55	13,54783	123,8	10,36569	107,4474
179,67	50118,72	188	4,7	1,003159	179,75	–0,08335	0,006948
127,13	5011872	268	6,7	458,5323	126,9	0,230016	0,052908
						1,131767	514,528

Skalierung des Wöhlerdiagrammes

Skalierung:	$y = 200\text{mm} / 400\ \text{MPa} = 0{,}5\ \text{mm} / \text{MPa}$
	$x = 280\ \text{mm} / \log 10^7 \cdot \log N$
	$x = 40\ \text{mm} \cdot \log N$

Skalierung des Weibullnetzes

Skalierung:	$y = 260\ \text{mm} = \ln\ln(1/(1-0{,}000001)) - \ln\ln(1/(1-0{,}9))$
	$y = (\ln\ln(1/(1-G) + 13{,}82)) \cdot 8$
	$x = 180\ \text{mm} = \ln(100000) - \ln(0{,}1)$
	$x = (\ln \sigma a + 2{,}3) \cdot 13$

Treppenstufenverfahren

Stufe	**σa (MPa)**	**Anzahl gebrochen**	**Anzahl Durchläufer**	**Häufigkeit der Ereignisse**		
i	**xi**	**r**	**l**	**fi**	**i · fi**	**i² · fi**
3	130,7	3	0	0	0	0
2	128,4	2	3	3	6	12
1	126,1	3	2	2	2	2
0	123,8	1	3	3	0	0
	121,4	0	1	1	0	0
	Summen:	**9**	**9**	**F = 9**	**A = 8**	**B = 14**

$$\sigma a_{E,D} = x_0 + d(A/F + \tfrac{1}{2}) \;=\; 123{,}8 + 2{,}3(0{,}88 + 0{,}5) \;=\; 126{,}99\ \text{MPa}$$

Grafische Darstellung der projizierten Messwerte im Weibullnetz

σa_{Hmax} (MPa)	N (Lsp)	σa_D (MPa)	$\upsilon/(n+1)$	υ
158,8	43000	101	0,03	1
126,1	227000	114	0,07	2
123,8	335000	116	0,10	3
130,7	213000	117	0,13	4
130,7	222000	118	0,17	5
168,1	55000	119	0,20	6
126,1	488000	121	0,23	7
128,4	377000	122	0,27	8
128,4	447000	123	0,30	9
126,1	813000	124	0,33	10
168,1	65000	124	0,37	11
149,4	125000	125	0,40	12
140,1	196000	125	0,43	13
149,4	136000	127	0,47	14
158,8	100000	129	0,50	15
130,7	2729000	130	0,53	16
158,8	107000	131	0,57	17
158,8	107000	131	0,60	18
149,4	164000	131	0,63	19
149,4	167000	132	0,67	20
149,4	170000	132	0,70	21
140,1	345000	133	0,73	22
140,1	426000	134	0,77	23
158,8	128000	135	0,80	24
140,1	621000	137	0,83	25
140,1	717000	137	0,87	26
168,1	108000	140	0,90	27
168,1	109000	141	0,93	28
168,1	136000	146	0,97	29

Grafische Darstellung der Verteilungen im Weibullnetz

zweiparametrig

$b = 9$

$\sigma a_{0.63,D} =$ 126 MPa

$\sigma a_{0,D} =$ 63 83,76

σa (MPa)	G	σa (mm)
126	0,63	92,77166
63	0,002	83,76075

dreiparametrig

$b = 9$

$\sigma a_{0.63,D} =$ 126 MPa

$\sigma a_{0,D} =$ 63

σa (MPa)	G	σa (mm)
76,57	0,000001	86,29717
85,64	0,0001	87,75216
100,79	0,01	89,86933
112,06	0,1	91,24773

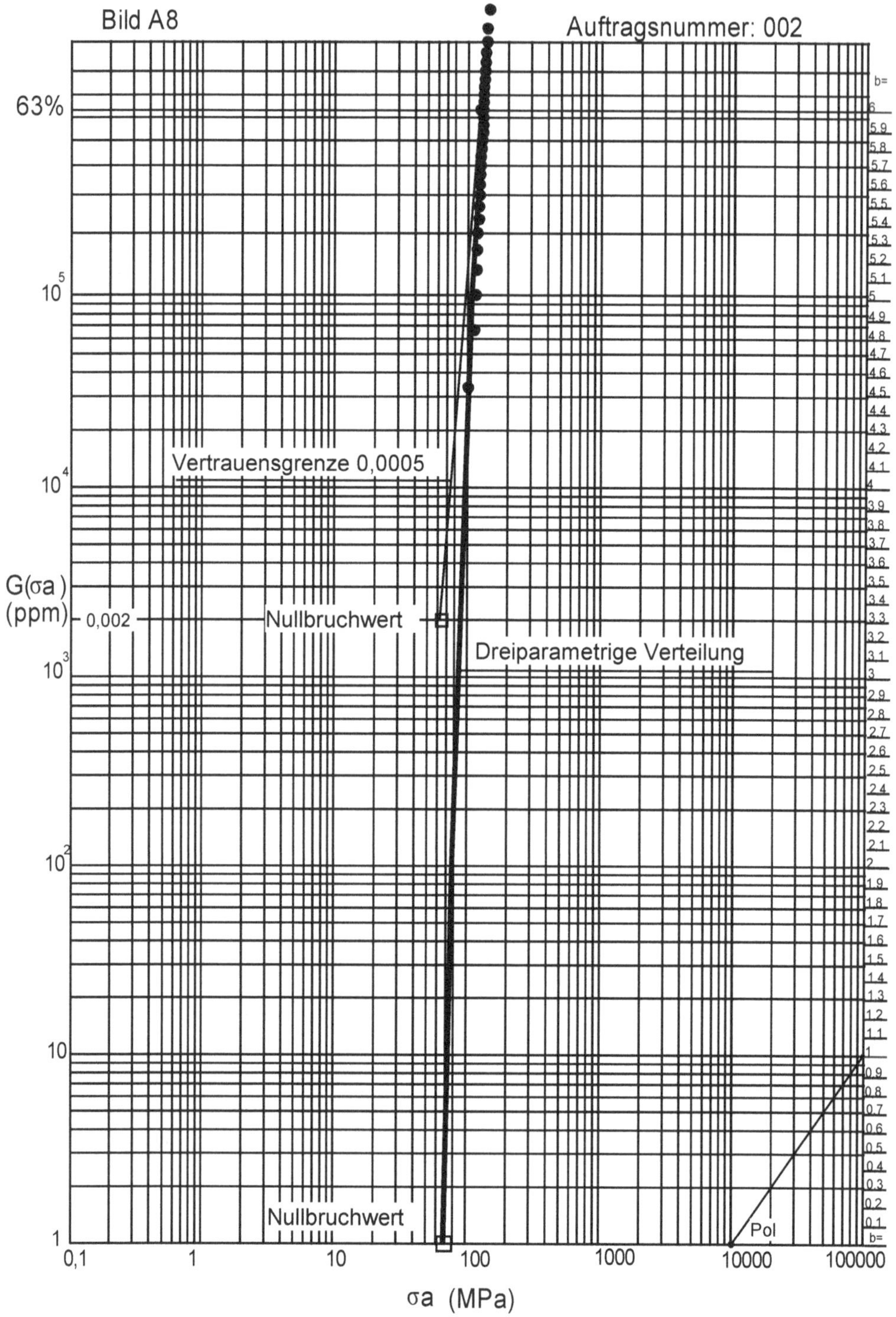
Bild A8
Auftragsnummer: 002
63%
b=
10^5
10^4
Vertrauensgrenze 0,0005
G(σa)
(ppm)
0,002
Nullbruchwert
Dreiparametrige Verteilung
10^3
10^2
10
1
Nullbruchwert
Pol
0,1
1
10
100
1000
10000
100000
σa (MPa)

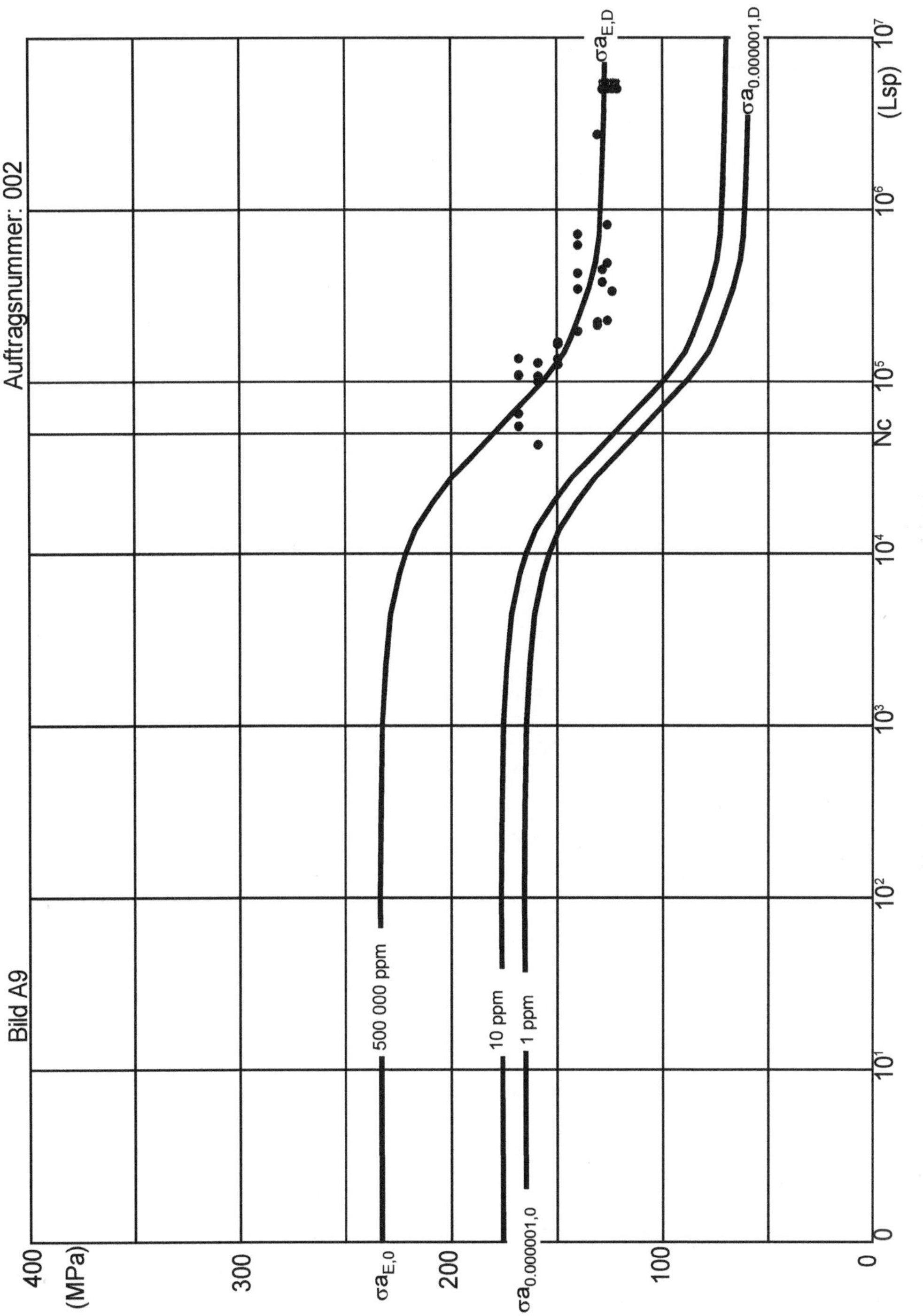
Bild A9
Auftragsnummer: 002
400
(MPa)
300
σa$_{E,0}$
200
σa$_{0.000001,0}$
100
0
0
10^1
10^2
10^3
10^4
Nc
10^5
10^6
(Lsp) 10^7
500 000 ppm
10 ppm
1 ppm
σa$_{E,D}$
σa$_{0.000001,D}$

16.3 Beispiel 3 – Einstufige Belastung

Auftrag	**Köhler**
Auftragsnummer:	003
Bauteil	Rundprobe ∅ 7,98 mm geschliffen
Werkstoff	1.0070
Zugfestigkeit R_m	800 MPa
Bruchdehnung A	
Streckgrenze $R_{p0,2}$	
Wöhlerversuche:	180 Versuche, davon 61 Durchläufer
Lastverhältnis σu/σo	–1
mittlere Wöhlerlinie	

$\sigma a_{E,0} =$ 800 MPa

$\sigma a_{E,\infty} =$ 144 MPa $\sigma a_{E,D} =$ 144 MPa

Nc = 3500 Lsp

z = 0,95

$$N = N_c \left(\frac{\sigma a_{E,0} - \sigma a}{\sigma a - \sigma a_{E,\infty}}\right)^z$$

Auswertungen

Grenzlastspielzahl $N_D = 10^7$ Lsp

Charakt.Wert $\sigma a_{0.63,D} =$ 145 MPa

Steilheit b = 45

untere Vertrauensgrenzen

$\sigma a_{0.63,Dunten} =$ 143,98 MPa

$b_{unten} =$ 34

Nullbruchwerte

$\sigma a_{0.000001,D} =$ 120 MPa für 1ppm

$\sigma a_{0.000001,0} =$ 776 MPa für 1ppm

$$G(\sigma a, N) = 1 - \exp\{-(\frac{\sigma a - \dfrac{\sigma a_{0,0} + \sigma a_{0,\infty}\left(\dfrac{N}{N_c}\right)^{\frac{1}{z}}}{1 + \left(\dfrac{N}{N_c}\right)^{\frac{1}{z}}}}{\sigma a_{0.63,\infty} - \sigma a_{0,\infty}})^b\}$$

Ergebnisse, Kontrollwerte

N_D =	10^7	Lsp
G=	0,000001	
b=	34	
1/z=	1,05	
$\sigma a_{0.000001,D}$ =	120	MPa
$\sigma a_{0.63,D}$ =	144	MPa
$\sigma a_{0.000001,0}$ =	776	MPa
Term	0,67	
$\sigma a_{0,D}$ =	72	MPa
$\sigma a_{0,\infty}$ =	72	MPa
$\sigma a_{0,0}$ =	728	MPa

$\mathbf{N_D}$	$\mathbf{(N_D/Nc)^{1/z}}$	$\mathbf{\sigma a_{0,D}}$
1000000000	535462	72
100000000	47723	72
10000000	4253	72
1000000	379	74

	$\mathbf{N_D}$=	**∞**	$\mathbf{10^9}$	$\mathbf{10^8}$	$\mathbf{10^7}$	$\mathbf{10^6}$
	$\mathbf{\sigma a_{0.63,D}}$=	**144**	**144**	**144**	**144**	**146**
G = 0	$\mathbf{\sigma a_{G,D}}$=	72	72	72	72	74
G = 0,000001	$\mathbf{\sigma a_{G,D}}$=	119,96	119,96	119,96	119,96	121,96
G = 0,00001	$\mathbf{\sigma a_{G,D}}$=	123,32	123,32	123,32	123,32	125,32
G = 0,0001	$\mathbf{\sigma a_{G,D}}$=	126,91	126,91	126,91	126,91	128,91
G = 0,001	$\mathbf{\sigma a_{G,D}}$=	130,76	130,76	130,76	130,76	132,76
G = 0,1	$\mathbf{\sigma a_{G,D}}$=	139,39	139,39	139,39	139,39	141,39

Die Streubandfunktion lautet:

$$G(\sigma a, N) = 1 - \exp[-(\frac{\sigma a - \dfrac{728 + 72 \cdot (\dfrac{N}{3500})^{1.05}}{1 + (\dfrac{N}{3500})^{1,05}}}{144 - 72})^{34}]$$

Messwerte

σa (MPa)	N (Lsp)	σa (MPa)	N (Lsp)
160	91000	155	144000
160	100000	155	145000
160	124000	155	150000
160	124000	155	152000
160	131000	155	158000
160	138000	155	158000
160	142000	155	162000
160	142000	155	167000
160	144000	155	167000
160	144000	155	168000
160	146000	155	171000
160	148000	155	172000
160	149000	155	173000
160	156000	155	176000
160	157000	155	178000
160	158000	155	180000
160	164000	155	187000
160	167000	155	192000
160	169000	155	206000
160	171000	155	207000
160	173000	155	227000
160	184000	155	238000
160	187000	155	243000
160	188000	155	246000
160	191000	155	261000
160	194000	150	135000
160	200000	150	153000
160	204000	150	156000
160	214000	150	163000
160	262000	150	164000
155	109000	150	165000
155	124000	150	179000
155	129000	150	183000
155	139000	150	188000
155	140000	150	190000

Messwerte *(Fortsetzung)*

σa (MPa)	**N (Lsp)**	**σa (MPa)**	**N (Lsp)**
150	192000	145	1162000
150	196000	145	1217000
150	203000	145	2278000
150	204000	145	2611000
150	208000	145	4498000
150	210000	145	9726000
150	211000	140	230000
150	220000	140	524000
150	228000	140	562000
150	236000	140	641000
150	242000	140	902000
150	243000	140	1630000
150	260000	140	1751000
150	264000	140	2235000
150	277000		
150	286000		
150	291000		
150	410000	**σa (MPa)**	**N (Lsp)**
150	554000	150	1 Durchläufer bei 10^7
145	194000	145	8 Durchläufer bei 10^7
145	206000	140	22 Durchläufer bei 10^7
145	279000	135	30 Durchläufer bei 10^7
145	298000		
145	304000		
145	355000		
145	483000		
145	538000		
145	574000		
145	575000		
145	620000		
145	653000		
145	817000		
145	968000		
145	1043000		
145	1074000		

Auf N_D projizierte Messwerte

σa (MPa)	**N (Lsp)**	**σa_D (MPa)**	**υ/ (n+1)**	**υ**
140	230000	132	0,01	1
145	194000	136	0,02	2
145	206000	136	0,03	3
150	135000	136	0,03	4
140	524000	137	0,04	5
140	562000	137	0,05	6
140	641000	137	0,06	7
155	109000	138	0,07	8
150	153000	138	0,08	9
140	902000	138	0,08	10
150	156000	138	0,09	11
145	279000	139	0,10	12
150	163000	139	0,11	13
150	164000	139	0,12	14
150	165000	139	0,13	15
145	298000	139	0,13	16
140	1630000	139	0,14	17
140	1751000	139	0,15	18
145	304000	139	0,16	19
140	2235000	139	0,17	20
160	91000	140	0,18	21
150	179000	140	0,18	22
145	355000	140	0,19	23
150	183000	140	0,20	24
155	124000	140	0,21	25
150	188000	140	0,22	26
150	190000	141	0,23	27
150	192000	141	0,23	28
155	129000	141	0,24	29
150	196000	141	0,25	30
150	203000	141	0,26	31
150	204000	141	0,27	32
150	208000	141	0,28	33
160	100000	141	0,28	34

Auf N_D projizierte Messwerte *(Fortsetzung)*

σa (MPa)	N (Lsp)	$σa_D$ (MPa)	υ/ (n+1)	υ
150	210000	141	0,29	35
150	211000	142	0,30	36
145	483000	142	0,31	37
155	139000	142	0,32	38
150	220000	142	0,33	39
145	538000	142	0,33	40
155	140000	142	0,34	41
145	574000	142	0,35	42
145	575000	142	0,36	43
150	228000	142	0,37	44
155	144000	142	0,38	45
145	620000	142	0,38	46
155	145000	142	0,39	47
150	236000	142	0,40	48
145	653000	142	0,41	49
150	242000	143	0,42	50
150	243000	143	0,43	51
155	150000	143	0,43	52
155	152000	143	0,44	53
145	817000	143	0,45	54
150	260000	143	0,46	55
150	264000	143	0,47	56
145	968000	143	0,48	57
155	158000	143	0,48	58
155	158000	143	0,49	59
145	1043000	144	0,50	60
145	1074000	144	0,51	61
150	277000	144	0,52	62
145	1162000	144	0,53	63
145	1217000	144	0,53	64
155	162000	144	0,54	65
150	286000	144	0,55	66
150	291000	144	0,56	67
155	167000	144	0,57	68

Auf N_D projizierte Messwerte *(Fortsetzung)*

σa (MPa)	**N (Lsp)**	**σa_D (MPa)**	**υ/ (n+1)**	**υ**
155	167000	144	0,58	69
155	168000	144	0,58	70
155	171000	144	0,59	71
145	2278000	144	0,60	72
155	172000	144	0,61	73
155	173000	145	0,62	74
145	2611000	145	0,63	75
155	176000	145	0,63	76
145	4498000	145	0,64	77
155	178000	145	0,65	78
155	180000	145	0,66	79
145	9726000	145	0,67	80
160	124000	145	0,68	81
160	124000	145	0,68	82
155	187000	145	0,69	83
155	192000	146	0,70	84
150	410000	146	0,71	85
160	131000	146	0,72	86
155	206000	146	0,73	87
155	207000	146	0,73	88
160	138000	147	0,74	89
150	554000	147	0,75	90
160	142000	147	0,76	91
160	142000	147	0,77	92
155	227000	147	0,78	93
160	144000	147	0,78	94
160	144000	147	0,79	95
160	146000	147	0,80	96
155	238000	148	0,81	97
160	148000	148	0,82	98
155	243000	148	0,83	99
160	149000	148	0,83	100
155	246000	148	0,84	101
155	261000	148	0,85	102
160	156000	148	0,86	103
160	157000	148	0,87	104

Auf N_D projizierte Messwerte *(Fortsetzung)*

σa (MPa)	**N (Lsp)**	**σa_D (MPa)**	**υ/ (n+1)**	**υ**
160	158000	148	0,88	105
160	164000	149	0,88	106
160	167000	149	0,89	107
160	169000	149	0,90	108
160	171000	149	0,91	109
160	173000	150	0,92	110
160	184000	150	0,93	111
160	187000	150	0,93	112
160	188000	150	0,94	113
160	191000	151	0,95	114
160	194000	151	0,96	115
160	200000	151	0,97	116
160	204000	151	0,98	117
160	214000	152	0,98	118
160	262000	153	0,99	119

$\sigma a_{E,D} =$ 144

$s =$ 4,001121054

$1+s^2/\sigma a_{E,D}^2 =$ 1,000775776

Grafische Darstellung im Wöhlerdiagramm

σa (MPa)	σa (mm)	N (Lsp)	N (mm)	Mittelwerte
160	40	91000	198,3617	
160	40	100000	200	
160	40	124000	203,7369	
160	40	124000	203,7369	
160	40	131000	204,6909	
160	40	138000	205,5952	
160	40	142000	206,0915	
160	40	142000	206,0915	
160	40	144000	206,3345	
160	40	144000	206,3345	
160	40	146000	206,5741	
160	40	148000	206,8105	
160	40	149000	206,9275	
160	40	156000	207,725	
160	40	157000	207,836	
160	40	158000	207,9463	207,9463
160	40	164000	208,5938	
160	40	167000	208,9087	
160	40	169000	209,1155	
160	40	171000	209,3198	
160	40	173000	209,5218	
160	40	184000	210,5927	
160	40	187000	210,8737	
160	40	188000	210,9663	
160	40	191000	211,2413	
160	40	194000	211,5121	
160	40	200000	212,0412	
160	40	204000	212,3852	
160	40	214000	213,2166	
160	40	262000	216,7321	
155	38,75	109000	201,4971	
155	38,75	124000	203,7369	
155	38,75	129000	204,4236	
155	38,75	139000	205,7206	
155	38,75	140000	205,8451	

Grafische Darstellung im Wöhlerdiagramm *(Fortsetzung)*

σa (MPa)	**σa (mm)**	**N (Lsp)**	**N (mm)**	**Mittelwerte**
155	38,75	144000	206,3345	
155	38,75	145000	206,4547	
155	38,75	150000	207,0437	
155	38,75	152000	207,2737	
155	38,75	158000	207,9463	
155	38,75	158000	207,9463	
155	38,75	162000	208,3806	
155	38,75	167000	208,9087	
155	38,75	167000	208,9087	
155	38,75	168000	209,0124	209
155	38,75	171000	209,3198	
155	38,75	172000	209,4211	
155	38,75	173000	209,5218	
155	38,75	176000	209,8205	
155	38,75	178000	210,0168	
155	38,75	180000	210,2109	
155	38,75	187000	210,8737	
155	38,75	192000	211,332	
155	38,75	206000	212,5547	
155	38,75	207000	212,6388	
155	38,75	227000	214,241	
155	38,75	238000	215,0631	
155	38,75	243000	215,4243	
155	38,75	246000	215,6374	
155	38,75	261000	216,6656	
150	37,5	135000	205,2134	
150	37,5	153000	207,3877	
150	37,5	156000	207,725	
150	37,5	163000	208,4875	
150	37,5	164000	208,5938	
150	37,5	165000	208,6994	
150	37,5	179000	210,1141	
150	37,5	183000	210,498	
150	37,5	188000	210,9663	
150	37,5	190000	211,1501	
150	37,5	192000	211,332	

Grafische Darstellung im Wöhlerdiagramm *(Fortsetzung)*

σa (MPa)	**σa (mm)**	**N (Lsp)**	**N (mm)**	**Mittelwerte**
150	37,5	196000	211,6902	
150	37,5	203000	212,2998	
150	37,5	204000	212,3852	212,3852
150	37,5	208000	212,7225	
150	37,5	210000	212,8888	
150	37,5	211000	212,9713	
150	37,5	220000	213,6969	
150	37,5	228000	214,3174	
150	37,5	236000	214,9165	
150	37,5	242000	215,3526	
150	37,5	243000	215,4243	
150	37,5	260000	216,5989	
150	37,5	264000	216,8642	
150	37,5	277000	217,6992	
150	37,5	286000	218,2546	
150	37,5	291000	218,5557	
150	37,5	410000	224,5114	
150	37,5	554000	229,7404	
145	36,25	194000	211,5121	
145	36,25	206000	212,5547	
145	36,25	279000	217,8242	
145	36,25	298000	218,9687	
145	36,25	304000	219,3149	
145	36,25	355000	222,0091	
145	36,25	483000	227,3579	
145	36,25	538000	229,2313	
145	36,25	574000	230,3565	
145	36,25	575000	230,3867	
145	36,25	620000	231,6957	
145	36,25	653000	232,5965	232,5965
145	36,25	817000	236,4889	
145	36,25	968000	239,435	
145	36,25	1043000	240,7314	
145	36,25	1074000	241,2402	
145	36,25	1162000	242,6082	
145	36,25	1217000	243,4116	

Grafische Darstellung im Wöhlerdiagramm *(Fortsetzung)*

σa (MPa)	**σa (mm)**	**N (Lsp)**	**N (mm)**	**Mittelwerte**
150	37,5	196000	211,6902	
150	37,5	203000	212,2998	
150	37,5	204000	212,3852	212,3852
150	37,5	208000	212,7225	
150	37,5	210000	212,8888	
150	37,5	211000	212,9713	
150	37,5	220000	213,6969	
150	37,5	228000	214,3174	
150	37,5	236000	214,9165	
150	37,5	242000	215,3526	
150	37,5	243000	215,4243	
150	37,5	260000	216,5989	
150	37,5	264000	216,8642	
150	37,5	277000	217,6992	
150	37,5	286000	218,2546	
150	37,5	291000	218,5557	
150	37,5	410000	224,5114	
150	37,5	554000	229,7404	
145	36,25	194000	211,5121	
145	36,25	206000	212,5547	
145	36,25	279000	217,8242	
145	36,25	298000	218,9687	
145	36,25	304000	219,3149	
145	36,25	355000	222,0091	
145	36,25	483000	227,3579	
145	36,25	538000	229,2313	
145	36,25	574000	230,3565	
145	36,25	575000	230,3867	
145	36,25	620000	231,6957	
145	36,25	653000	232,5965	232,5965
145	36,25	817000	236,4889	
145	36,25	968000	239,435	
145	36,25	1043000	240,7314	
145	36,25	1074000	241,2402	
145	36,25	1162000	242,6082	
145	36,25	1217000	243,4116	

Ausgleichsrechnung

z = 0,95 Nc = 3500 $\sigma a_{E,0}$ = 800 MPa $\sigma a_{E,\infty}$ = 144 MPa

σath (MPa)	N	N (mm)	logN	(N/Nc)^1/z	σa (MPa)	σath – σa	(σath – σa)²
155,80	158000,2	207,9463	5,198658	54,61588	160	–4,20481	17,68041
155,80	158000,2	207,9463	5,198658	54,61588	160	–4,20481	17,68041
155,80	158000,2	207,9463	5,198658	54,61588	160	–4,20481	17,68041
155,80	158000,2	207,9463	5,198658	54,61588	160	–4,20481	17,68041
155,08	167880,4	209	5,225	58,20745	155	0,079687	0,00635
155,08	167880,4	209	5,225	58,20745	155	0,079687	0,00635
155,08	167880,4	209	5,225	58,20745	155	0,079687	0,00635
155,08	167880,4	209	5,225	58,20745	155	0,079687	0,00635
153,06	203968,2	212,3825	5,309563	71,41167	150	3,059313	9,359399
153,06	203968,2	212,3825	5,309563	71,41167	150	3,059313	9,359399
153,06	203968,2	212,3825	5,309563	71,41167	150	3,059313	9,359399
146,70	652999	232,5965	5,814913	242,3186	145	1,696054	2,8766
146,70	652999	232,5965	5,814913	242,3186	145	1,696054	2,8766
146,70	652999	232,5965	5,814913	242,3186	145	1,696054	2,8766
145,92	901571,1	238,2	5,955	339,9997	140	5,923755	35,09088
						3,689377	101,7018

Treppenstufenverfahren

Stufe	σa (MPa)	Anzahl gebrochen	Anzahl Durchläufer	Häufigkeit der Ereignisse o		
i	xi	r	l	fi	i · fi	i² · fi
3	155	30	0	0	0	0
2	150	29	1	1	2	4
1	145	9	8	8	8	8
0	140	8	22	22	0	0
	135	0	30			
	130					
	Summen:	**76**	**61**	**F = 31**	**A = 10**	**B = 12**

$$\sigma a_{E,D} = x_0 + d\,(A/F + ½) = 140 + 5(0{,}32 + 0{,}5) = 144{,}1 \text{ MPa}$$

Skalierung des Wöhlerdiagrammes

Skalierung:	$y = 200mm / 800\ MPa = 0{,}25\ mm / MPa$
	$x = 280\ mm / \log 10^7 \cdot \log N$
	$x = 40mm \cdot \log N$

Skalierung des Weibullnetzes

Skalierung:	$y = 260\ mm = \ln\ln(1 / (1 - 0{,}000001)) - \ln\ln(1 / (1 - 0{,}9))$
	$y = (\ln\ln(1 / (1 - G) + 13{,}82)) \cdot 18$
	$x = 180\ mm = \ln(100000) - \ln(0{,}1)$
	$x = (\ln\sigma a + 2{,}3) \cdot 13$

Grafische Darstellung der projizierten Messwerte im Weibullnetz

σa_D (MPa)	$\upsilon/(n+1)$	υ	G (mm)	σa_D (mm)
132	0,01	1	162,66041	93,40022
136	0,02	2	175,21285	93,7369
136	0,03	3	182,587549	93,79142
136	0,03	4	187,842699	93,80413
137	0,04	5	191,936709	93,84124
137	0,05	6	195,296486	93,86373
137	0,06	7	198,149757	93,90169
138	0,07	8	200,632462	93,95767
138	0,08	9	202,832287	93,96182
138	0,08	10	204,809105	93,97869
138	0,09	11	206,605626	93,98438
139	0,10	12	208,253388	94,01849
139	0,11	13	209,776344	94,03365
139	0,12	14	211,193114	94,04032
139	0,13	15	212,518464	94,04692
139	0,13	16	213,764297	94,05869
139	0,14	17	214,940355	94,06091
139	0,15	18	216,054706	94,0678
139	0,16	19	217,114113	94,0703
139	0,17	20	218,1243	94,08774
140	0,18	21	219,090153	94,10103
140	0,18	22	220,01588	94,13112
140	0,19	23	220,905127	94,15262
140	0,20	24	221,76108	94,1527
140	0,21	25	222,586534	94,15608
140	0,22	26	223,383957	94,17832
141	0,23	27	224,155541	94,18818
141	0,23	28	224,903241	94,19782
141	0,24	29	225,628806	94,2114
141	0,25	30	226,333812	94,21648
141	0,26	31	227,019681	94,24729
141	0,27	32	227,6877	94,25152
141	0,28	33	228,339042	94,26798

Grafische Darstellung der projizierten Messwerte im Weibullnetz *(Fortsetzung)*

σa_D (MPa)	**$\upsilon/(n+1)$**	**υ**	**G (mm)**	**σa_D (mm)**
141	0,28	34	228,974776	94,27591
141	0,29	35	229,59588	94,27596
142	0,30	36	230,203252	94,2799
142	0,31	37	230,797719	94,28053
142	0,32	38	231,380042	94,30949
142	0,33	39	231,950928	94,31362
142	0,33	40	232,511032	94,31626
142	0,34	41	233,060961	94,31849
142	0,35	42	233,601282	94,33582
142	0,36	43	234,132526	94,33633
142	0,37	44	234,655188	94,34127
142	0,38	45	235,169732	94,35317
142	0,38	46	235,676598	94,35742
142	0,39	47	236,176195	94,36152
142	0,40	48	236,668914	94,36697
142	0,41	49	237,155122	94,37098
143	0,42	50	237,635168	94,38508
143	0,43	51	238,109384	94,38801
143	0,43	52	238,578085	94,40154
143	0,44	53	239,041571	94,41678
143	0,45	54	239,500132	94,42169
143	0,46	55	239,954041	94,43421
143	0,47	56	240,403565	94,44418
143	0,48	57	240,848958	94,4528
143	0,48	58	241,290465	94,46005
143	0,49	59	241,728325	94,46005
144	0,50	60	242,162767	94,46482
144	0,51	61	242,594016	94,46928
144	0,52	62	243,022288	94,47452
144	0,53	63	243,447797	94,48062
144	0,53	64	243,870751	94,48685
144	0,54	65	244,291354	94,48703
144	0,55	66	244,709808	94,49385
144	0,56	67	245,126311	94,50405

Grafische Darstellung der projizierten Messwerte im Weibullnetz *(Fortsetzung)*

σa_D (MPa)	$\upsilon/(n+1)$	υ	G (mm)	σa_D (mm)
144	0,57	68	245,541059	94,51886
144	0,58	69	245,954249	94,51886
144	0,58	70	246,366075	94,52499
144	0,59	71	246,776731	94,54292
144	0,60	72	247,186412	94,54708
144	0,61	73	247,595314	94,54875
145	0,62	74	248,003635	94,55451
145	0,63	75	248,411576	94,55569
145	0,63	76	248,81934	94,57138
145	0,64	77	249,227135	94,57997
145	0,65	78	249,635173	94,58229
145	0,66	79	250,043674	94,59296
145	0,67	80	250,452861	94,59742
145	0,68	81	250,862968	94,61176
145	0,68	82	251,274237	94,61176
145	0,69	83	251,68692	94,6284
146	0,70	84	252,101282	94,65206
146	0,71	85	252,517599	94,67127
146	0,72	86	252,936164	94,68535
146	0,73	87	253,357287	94,71195
146	0,73	88	253,781299	94,7159
147	0,74	89	254,208549	94,75109
147	0,75	90	254,639417	94,77516
147	0,76	91	255,074307	94,78561
147	0,77	92	255,513659	94,78561
147	0,78	93	255,957951	94,78739
147	0,78	94	256,407703	94,80211
147	0,79	95	256,863486	94,80211
147	0,80	96	257,32593	94,81814
148	0,81	97	257,795733	94,82138
148	0,82	98	258,273673	94,83371
148	0,83	99	258,760623	94,83577
148	0,83	100	259,257565	94,84133
148	0,84	101	259,76562	94,84411

Grafische Darstellung der projizierten Messwerte im Weibullnetz *(Fortsetzung)*

σa_D (MPa)	**$\upsilon/(n+1)$**	**υ**	**G (mm)**	**σa_D (mm)**
148	0,85	102	260,286065	94,88284
148	0,86	103	260,820378	94,89182
148	0,87	104	261,370279	94,89864
148	0,88	105	261,937789	94,90538
149	0,88	106	262,525309	94,94399
149	0,89	107	263,135732	94,96221
149	0,90	108	263,772584	94,97398
149	0,91	109	264,440241	94,98546
150	0,92	110	265,144232	94,99666
150	0,93	111	265,891698	95,05374
150	0,93	112	266,69212	95,06809
150	0,94	113	267,558494	95,07277
151	0,95	114	268,509397	95,08649
151	0,96	115	269,572842	95,09977
151	0,97	116	270,794296	95,12509
151	0,98	117	272,255809	95,14111
152	0,98	118	274,13292	95,17842
153	0,99	119	276,948119	95,31649

Grafische Darstellung der Verteilungen im Weibullnetz

zweiparametrig

$b = 34$

$\sigma a_{0.63,D} = 143{,}98$ MPa

σa (MPa)	G	σa (mm)
119,93	0,002	92,12998
143,98	0,63	94,50577

dreiparametrig

$b = 34$

$\sigma a_{0.63,D} = 143{,}98$ MPa

$\sigma a_{0,D} = 120$ MPa für 1 ppm

$\sigma a_{0,D} = 74$ MPa für 0 ppm

σa (MPa)	G	σa (mm)	G (mm)
120,63	0,000001	92,20502	0,080819
123,89	0,00001	92,55243	41,52743
127,39	0,0001	92,91419	82,97477
131,13	0,001	93,29052	124,4294
135,14	0,01	93,68223	165,9573

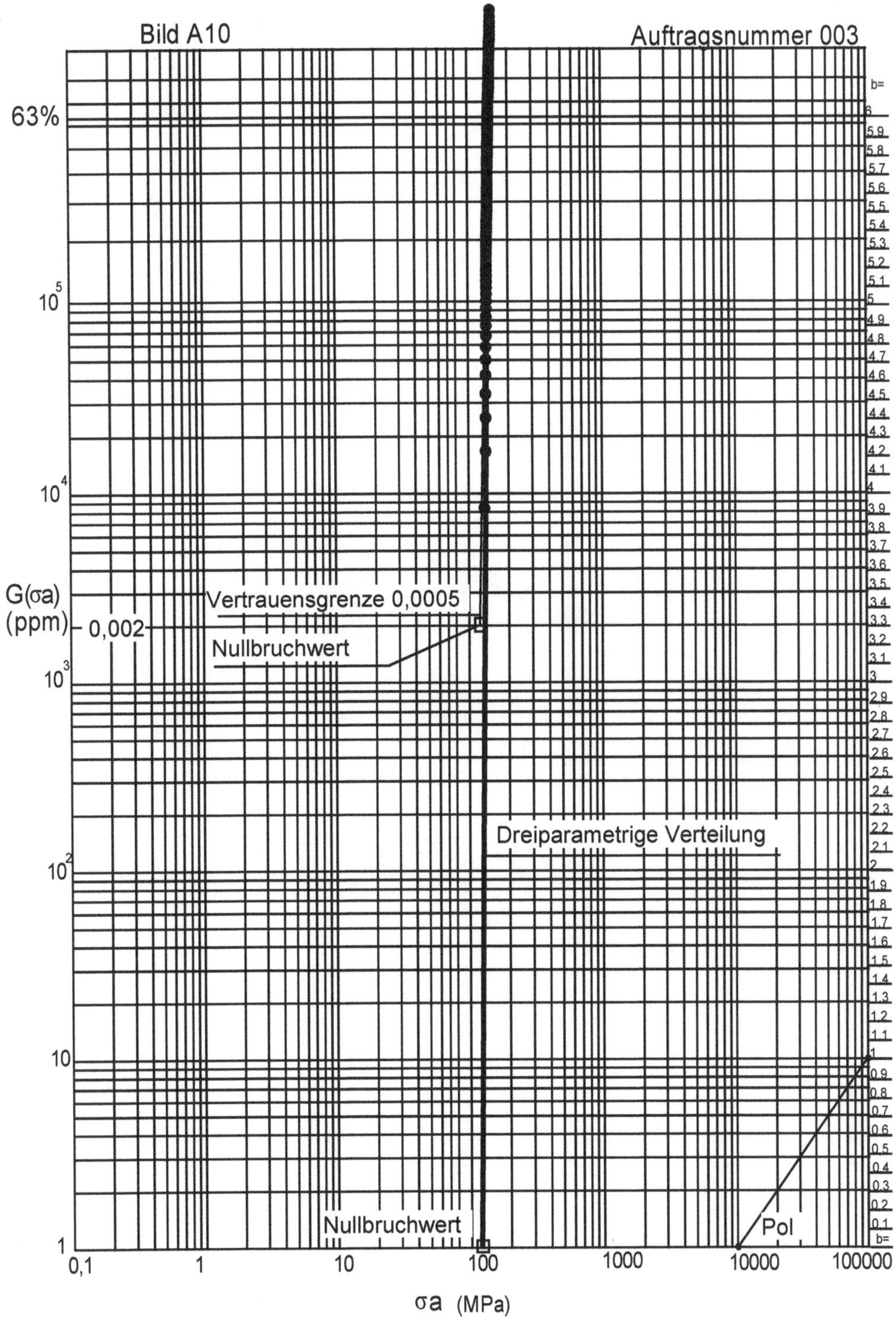

Bild A10
Auftragsnummer 003
63%
G(σa)
(ppm)
0,002
Vertrauensgrenze 0,0005
Nullbruchwert
Dreiparametrige Verteilung
Nullbruchwert
Pol
σa (MPa)
b=

Bild A11

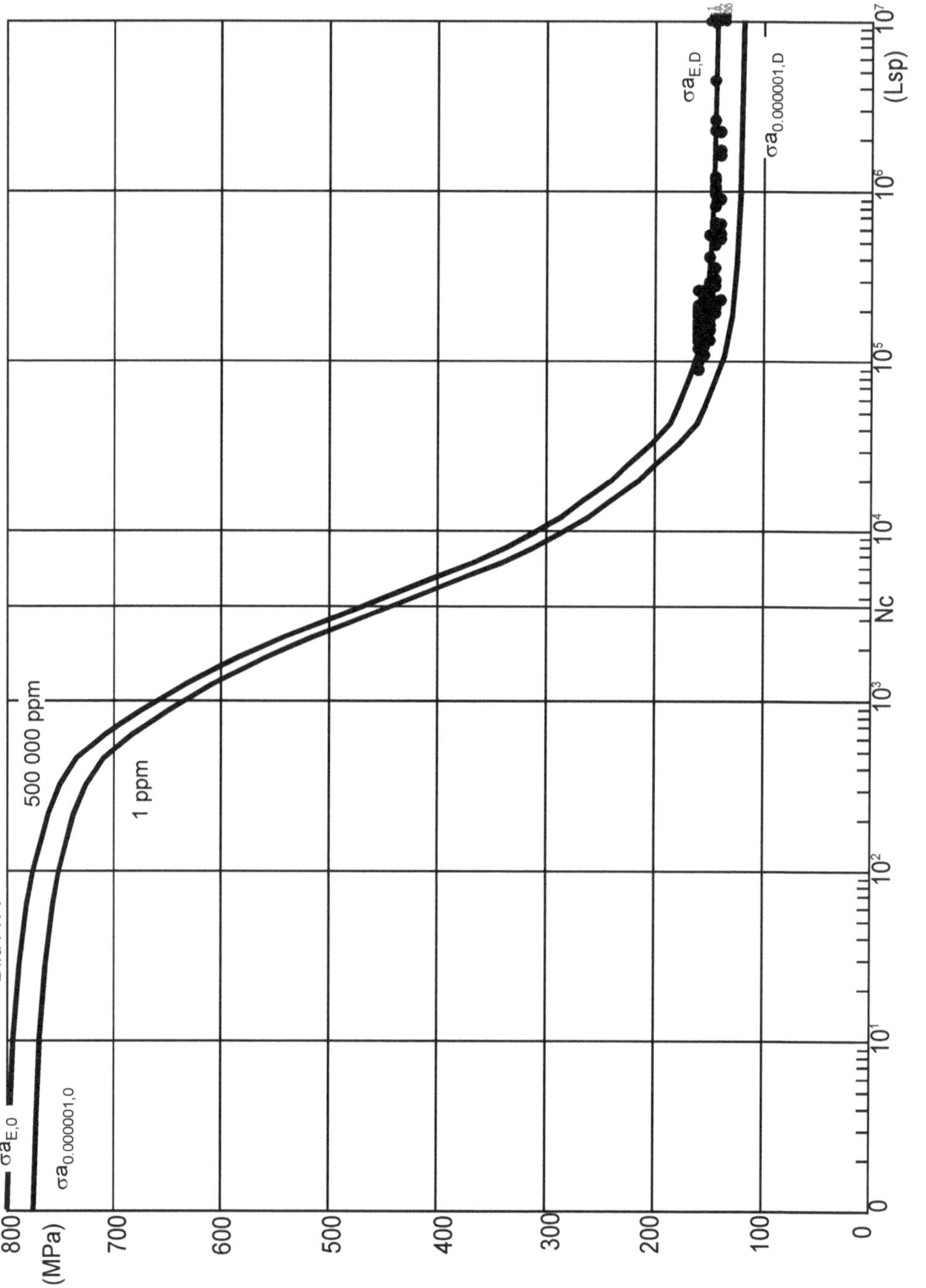

800
700
600
500
400
300
200
100
0
(MPa)
0
10^1
10^2
10^3
Nc
10^4
10^5
10^6
10^7
(Lsp)
$\sigma a_{E,0}$
$\sigma a_{0.000001,0}$
500 000 ppm
1 ppm
$\sigma a_{E,D}$
$\sigma a_{0.000001,D}$

16.4 Beispiel 4 – Einstufige Belastung

Auftrag	**Köhler**		
Auftragsnummer:	004		
Bauteil	Vollzylinderprobe		
	Umlaufbiegung		
Werkstoff	1.7220		
Zugfestigkeit R_m	800 MPa		
Bruchdehnung A			
Streckgrenze $R_{p0,2}$			
Wöhlerversuche:	178 Versuche, davon 44 Durchläufer		
Lastverhältnis σu/σo	–1		
mittlere Wöhlerlinie			
$\sigma a_{E,0}$ =	800 MPa		
$\sigma a_{E,\infty}$ =	382 MPa	$\sigma a_{E,D}$ =	395 MPa
Nc =	12000 Lsp		
z =	2		

$$N = N_C\left(\frac{\sigma a_{E,0} - \sigma a}{\sigma a - \sigma a_{E,\infty}}\right)^z$$

Auswertungen		
Grenzlastspielzahl N_D =	10^7 Lsp	
Charakt. Wert $\sigma a_{0.63,D}$ =	400 MPa	
Steilheit b =	23	
untere Vertrauensgrenzen		
$\sigma a_{0.63,Dunten}$ =	395 MPa	
b_{unten} =	18	
Nullbruchwerte		
$\sigma a_{0.000001,D}$ =	279 MPa	für 1ppm
$\sigma a_{0.000001,0}$ =	694 MPa	für 1ppm

$$G(\sigma a, N) = 1 - \exp\left\{-\left(\frac{\sigma a - \dfrac{\sigma a_{0,0} + \sigma a_{0,\infty}\left(\dfrac{N}{N_c}\right)^{\frac{1}{z}}}{1 + \left(\dfrac{N}{N_c}\right)^{\frac{1}{z}}}}{\sigma a_{0.63,\infty} - \sigma a_{0,\infty}}\right)^b\right\}$$

Ergebnisse, Kontrollwerte

$N_D =$	10^7	Lsp
G=	0,000001	
b=	18	
1/z=	0,5	
$\sigma a_{0.000001,D} =$	279	MPa
$\sigma a_{0.63,D} =$	395	MPa
Term	0,46	
$\sigma a_{0,D} =$	179	MPa
$\sigma a_{0,\infty} =$	165	MPa
$\sigma a_{0,0} =$	583	MPa

$\mathbf{N_D}$	$\mathbf{(N_D/Nc)^{1/z}}$	$\boldsymbol{\sigma a_{0,D}}$
1000000000	289	166
100000000	91	170
10000000	29	179
1000000	9	206

	$\mathbf{N_D =}$	$\boldsymbol{\infty}$	$\mathbf{10^9}$	$\mathbf{10^8}$	$\mathbf{10^7}$	$\mathbf{10^6}$
	$\boldsymbol{\sigma a_{0.63,D} =}$	**381**	**382**	**386**	**395**	**422**
G = 0	$\boldsymbol{\sigma a_{G,D}=}$	165	166	170	179	206
G = 0,000001	$\boldsymbol{\sigma a_{G,D}=}$	265,26	266,26	270,26	279,26	306,26
G = 0,00001	$\boldsymbol{\sigma a_{G,D}=}$	278,94	279,94	283,94	292,94	319,94
G = 0,0001	$\boldsymbol{\sigma a_{G,D}=}$	294,49	295,49	299,49	308,49	335,49
G = 0,001	$\boldsymbol{\sigma a_{G,D}=}$	312,16	313,16	317,16	326,16	353,16
G = 0,1	$\boldsymbol{\sigma a_{G,D}=}$	355,62	356,62	360,62	369,62	396,62

Die Streubandfunktion lautet:

$$G(\sigma a, N) = 1 - \exp\left[-\left(\frac{\sigma a - \dfrac{583 + 165 \cdot (\frac{N}{12000})^{0.05}}{1 + (\frac{N}{12000})^{0.05}}}{395 - 179}\right)^{18}\right]$$

Messwerte

σa (MPa)	N (Lsp)	σa (MPa)	N (Lsp)
510	45000	485	153000
510	45000	485	178000
510	48000	485	179000
510	56000	485	191000
510	58000	485	194000
510	60000	465	178000
510	61000	465	179000
510	63000	465	182000
510	63000	465	184000
510	64000	465	219000
510	64000	465	226000
510	65000	465	226000
510	65000	465	233000
510	67000	465	244000
510	68000	465	261000
510	72000	465	265000
510	75000	465	265000
510	76000	465	270000
510	78000	465	286000
510	82000	465	302000
485	89000	465	308000
485	96000	465	314000
485	105000	465	327000
485	108000	465	336000
485	108000	465	415000
485	114000	450	232000
485	121000	450	243000
485	135000	450	275000
485	137000	450	282000
485	138000	450	295000
485	138000	450	297000
485	139000	450	298000
485	150000	450	335000
485	151000	450	361000

Messwerte *(Fortsetzung)*

σa (MPa)	N (Lsp)	σa (MPa)	N (Lsp)	
485	153000	450	370000	
450	386000	379	1160000	
450	429000	379	1355000	
450	491000	403	1910000	
450	495000	403	2297000	
450	532000	403	10004000	D
450	551000	403	10008000	D
450	576000	403	10008000	D
450	585000	403	10009000	D
450	641000	403	10020000	D
450	644000	387	547000	
435	293000	387	610000	
435	328000	387	954000	
435	395000	387	1009000	
435	397000	387	1570000	
435	450000	387	2453000	
435	478000	387	10004000	D
435	487000	387	10005000	D
435	490000	387	10006000	D
435	491000	387	10012000	D
435	503000	387	10013000	D
435	510000	387	10038000	D
435	516000	387	10603000	D
435	624000	383	296000	
435	655000	383	500000	
435	726000	383	1311000	
435	810000	383	1537000	
435	836000	383	1780000	
435	905000	383	3045000	
435	1482000	383	10006000	D
435	1861000	383	10007000	D
403	481000	383	10008000	D
403	645000	383	10012000	D
403	787000	383	10020000	D
403	834000	383	10051000	D
403	989000	383	10164000	D

Messwerte *(Fortsetzung)*

σa (MPa)	N (Lsp)		σa (MPa)	N (Lsp)	
403	1872000		379	831000	
379	1466000		375	10014000	D
379	1525000		375	10145000	D
379	1672000		375	10153000	D
379	10001000	D	375	10345000	D
379	10002000	D	375	10983000	D
379	10011000	D	371	10030000	D
379	10013000	D	371	401000	
379	10013000	D	371	1345000	
379	10070000	D	371	10003000	D
379	10200000	D	371	10000000	D
375	649000		371	1261000	
375	719000		371	10141000	D
375	1633000		371	10010000	D
375	2037000		371	10184000	D
375	2219000		371	10015000	D
375	10002000	D	371	10016000	D
375	10009000	D	371	10009000	D
375	10014000	D	371	10004000	D

Treppenstufenverfahren

		Anzahl	Anzahl	Häufigkeit der Ereignisse r		
Stufe	**σa (MPa)**	**gebrochen**	**Durchläufer**	**fi**	**i·fi**	**i²·fi**
i	xi	r	1			
5	403	8	5	8	40	200
4	387	6	7	6	24	96
3	383	6	7	6	18	54
2	379	6	7	6	12	24
1	375	5	8	5	5	5
0	371	3	10	3	0	0
	Summen:	**34**	**44**	**F = 34**	**A = 99**	**B = 379**

$\sigma a_{E,D} = x_0 + d\,(A/F + ½) =$- 371 + 4(2,9 + 0,5) = 384,6 MPa

Auf N_D projizierte Messwerte

σa (MPa)	N (Lsp)	σa_D (MPa)	υ / (n+1)	υ
371	401000	323	0,01	1
383	296000	327	0,01	2
375	649000	339	0,02	3
383	500000	341	0,03	4
375	719000	341	0,04	5
387	547000	347	0,04	6
371	1261000	348	0,05	7
379	831000	348	0,06	8
371	1345000	349	0,07	9
387	610000	350	0,07	10
379	1160000	354	0,08	11
375	1633000	356	0,09	12
379	1355000	357	0,10	13
379	1466000	358	0,10	14
387	954000	359	0,11	15
379	1525000	359	0,12	16
375	2037000	359	0,13	17
387	1009000	360	0,13	18
403	481000	360	0,14	19
379	1672000	360	0,15	20
375	2219000	360	0,16	21
383	1311000	360	0,16	22
383	1537000	363	0,17	23
383	1780000	365	0,18	24
403	645000	367	0,19	25
387	1570000	367	0,19	26
403	787000	371	0,20	27
403	834000	372	0,21	28
383	3045000	372	0,21	29
387	2453000	374	0,22	30
403	989000	376	0,23	31
435	293000	379	0,24	32
510	45000	382	0,24	33
510	45000	382	0,25	34
435	328000	382	0,26	35

Auf N_D projizierte Messwerte *(Fortsetzung)*

σa (MPa)	**N (Lsp)**	**σa_D (MPa)**	**υ/(n+1)**	**υ**
510	48000	385	0,27	36
403	1872000	386	0,27	37
403	1910000	386	0,28	38
450	232000	387	0,29	39
485	89000	387	0,30	40
435	395000	387	0,30	41
435	397000	387	0,31	42
450	243000	388	0,32	43
403	2297000	389	0,33	44
485	96000	390	0,33	45
435	450000	390	0,34	46
510	56000	392	0,35	47
450	275000	392	0,36	48
435	478000	392	0,36	49
435	487000	392	0,37	50
435	490000	392	0,38	51
435	491000	392	0,39	52
450	282000	392	0,39	53
465	178000	393	0,40	54
465	179000	393	0,41	55
435	503000	393	0,41	56
510	58000	393	0,42	57
485	105000	393	0,43	58
435	510000	393	0,44	59
465	182000	394	0,44	60
435	516000	394	0,45	61
450	295000	394	0,46	62
465	184000	394	0,47	63
450	297000	394	0,47	64
450	298000	394	0,48	65
485	108000	394	0,49	66
485	108000	394	0,50	67
510	60000	395	0,50	68
510	61000	396	0,51	69
485	114000	397	0,52	70
510	63000	397	0,53	71

Auf N_D projizierte Messwerte *(Fortsetzung)*

σa (MPa)	**N (Lsp)**	**σa$_D$ (MPa)**	**υ/(n+1)**	**υ**
510	63000	397	0,53	72
450	335000	397	0,54	73
510	64000	398	0,55	74
510	64000	398	0,56	75
435	624000	398	0,56	76
510	65000	398	0,57	77
510	65000	398	0,58	78
485	121000	399	0,59	79
435	655000	399	0,59	80
450	361000	400	0,60	81
510	67000	400	0,61	82
465	219000	400	0,61	83
450	370000	400	0,62	84
510	68000	400	0,63	85
465	226000	401	0,64	86
465	226000	401	0,64	87
450	386000	401	0,65	88
435	726000	401	0,66	89
465	233000	402	0,67	90
510	72000	403	0,67	91
485	135000	403	0,68	92
465	244000	403	0,69	93
485	137000	404	0,70	94
435	810000	404	0,70	95
485	138000	404	0,71	96
485	138000	404	0,72	97
485	139000	404	0,73	98
450	429000	404	0,73	99
435	836000	404	0,74	100
510	75000	405	0,75	101
510	76000	405	0,76	102
465	261000	405	0,76	103
465	265000	406	0,77	104
465	265000	406	0,78	105
435	905000	406	0,79	106
465	270000	406	0,79	107

Auf N_D projizierte Messwerte *(Fortsetzung)*

σa (MPa)	**N (Lsp)**	**σa_D (MPa)**	**υ/(n+1)**	**υ**
510	78000	406	0,80	108
485	150000	407	0,81	109
485	151000	407	0,81	110
450	491000	407	0,82	111
485	153000	408	0,83	112
485	153000	408	0,84	113
450	495000	408	0,84	114
465	286000	408	0,85	115
510	82000	408	0,86	116
450	532000	409	0,87	117
465	302000	410	0,87	118
465	308000	410	0,88	119
450	551000	410	0,89	120
465	314000	411	0,90	121
450	576000	411	0,90	122
450	585000	412	0,91	123
465	327000	412	0,92	124
465	336000	413	0,93	125
485	178000	413	0,93	126
485	179000	413	0,94	127
450	641000	414	0,95	128
450	644000	414	0,96	129
435	1482000	414	0,96	130
485	191000	415	0,97	131
485	194000	416	0,98	132
435	1861000	418	0,99	133
465	415000	418	0,99	134

$\sigma a_{E,D} =$ 390

$s =$ 20,97611751

$1+s^2/\sigma a_{E,D}{}^2 =$ 1,002896303

Grafische Darstellung im Wöhlerdiagramm

σa (MPa)	σa (mm)	N (Lsp)	N (mm)	Mittelwerte
510	127,5	45000	186,1285	
510	127,5	45000	186,1285	
510	127,5	48000	187,2496	
510	127,5	56000	189,9275	
510	127,5	58000	190,5371	
510	127,5	60000	191,1261	
510	127,5	61000	191,4132	
510	127,5	63000	191,9736	
510	127,5	63000	191,9736	
510	127,5	64000	192,2472	192,25
510	127,5	64000	192,2472	
510	127,5	65000	192,5165	
510	127,5	65000	192,5165	
510	127,5	67000	193,043	
510	127,5	68000	193,3004	
510	127,5	72000	194,2933	
510	127,5	75000	195,0025	
510	127,5	76000	195,2325	
510	127,5	78000	195,6838	
510	127,5	82000	196,5526	
485	121,25	89000	197,9756	
485	121,25	96000	199,2908	
485	121,25	105000	200,8476	
485	121,25	108000	201,337	
485	121,25	108000	201,337	
485	121,25	114000	202,2762	
485	121,25	121000	203,3114	
485	121,25	135000	205,2134	
485	121,25	137000	205,4688	
485	121,25	138000	205,5952	205,6
485	121,25	138000	205,5952	
485	121,25	139000	205,7206	
485	121,25	150000	207,0437	
485	121,25	151000	207,1591	
485	121,25	153000	207,3877	

Grafische Darstellung im Wöhlerdiagramm *(Fortsetzung)*

σa (MPa)	σa (mm)	N (Lsp)	N (mm)	Mittelwerte
485	121,25	153000	207,3877	
485	121,25	178000	210,0168	
485	121,25	179000	210,1141	
485	121,25	191000	211,2413	
485	121,25	194000	211,5121	
465	116,25	178000	210,0168	
465	116,25	179000	210,1141	
465	116,25	182000	210,4029	
465	116,25	184000	210,5927	
465	116,25	219000	213,6178	
465	116,25	226000	214,1643	
465	116,25	226000	214,1643	
465	116,25	233000	214,6942	
465	116,25	244000	215,4956	
465	116,25	261000	216,6656	216,7
465	116,25	265000	216,9298	
465	116,25	265000	216,9298	
465	116,25	270000	217,2546	
465	116,25	286000	218,2546	
465	116,25	302000	219,2003	
465	116,25	308000	219,542	
465	116,25	314000	219,8772	
465	116,25	327000	220,5819	
465	116,25	336000	221,0536	
465	116,25	415000	224,7219	
450	112,5	232000	214,6195	
450	112,5	243000	215,4243	
450	112,5	275000	217,5733	
450	112,5	282000	218,01	
450	112,5	295000	218,7929	
450	112,5	297000	218,9103	
450	112,5	298000	218,9687	
450	112,5	335000	221,0018	
450	112,5	361000	222,3003	
450	112,5	370000	222,7281	222,73
450	112,5	386000	223,4635	

Grafische Darstellung im Wöhlerdiagramm *(Fortsetzung)*

σa (MPa)	σa (mm)	N (Lsp)	N (mm)	Mittelwerte
450	112,5	429000	225,2983	
450	112,5	491000	227,6433	
450	112,5	495000	227,7842	
450	112,5	532000	229,0365	
450	112,5	551000	229,6461	
450	112,5	576000	230,4169	
450	112,5	585000	230,6862	
450	112,5	641000	232,2743	
450	112,5	644000	232,3554	
435	108,75	293000	218,6747	
435	108,75	328000	220,635	
435	108,75	395000	223,8639	
435	108,75	397000	223,9516	
435	108,75	450000	226,1285	
435	108,75	478000	227,1771	
435	108,75	487000	227,5012	
435	108,75	490000	227,6078	
435	108,75	491000	227,6433	
435	108,75	503000	228,0627	
435	108,75	510000	228,3028	228,3
435	108,75	516000	228,506	
435	108,75	624000	231,8074	
435	108,75	655000	232,6497	
435	108,75	726000	234,4375	
435	108,75	810000	236,3394	
435	108,75	836000	236,8883	
435	108,75	905000	238,2659	
435	108,75	1482000	246,8339	
435	108,75	1861000	250,7899	
403	100,75	481000	227,2858	
403	100,75	645000	232,3824	
403	100,75	787000	235,839	
403	100,75	834000	236,8466	236,8
403	100,75	989000	239,8079	
403	100,75	1872000	250,8922	
403	100,75	1910000	251,2413	

Grafische Darstellung im Wöhlerdiagramm *(Fortsetzung)*

σa (MPa)	σa (mm)	N (Lsp)	N (mm)	Mittelwerte
403	100,75	2297000	254,4464	
387	96,75	547000	229,5195	
387	96,75	610000	231,4132	
387	96,75	954000	239,1819	
387	96,75	1009000	240,1556	240,15
387	96,75	1570000	247,836	
387	96,75	2453000	255,5879	
383	95,75	296000	218,8517	
383	95,75	500000	227,9588	
383	95,75	1311000	244,7041	
383	95,75	1537000	247,467	247,47
383	95,75	1780000	250,0168	
383	95,75	3045000	259,3435	
379	94,75	831000	236,784	
379	94,75	1160000	242,5783	
379	94,75	1355000	245,2776	245,3
379	94,75	1466000	246,6454	
379	94,75	1525000	247,3308	
379	94,75	1672000	248,9295	
375	93,75	649000	232,4898	
375	93,75	719000	234,2692	
375	93,75	1633000	248,5194	248,5
375	93,75	2037000	252,3596	
375	93,75	2219000	253,8463	
371	92,75	401000	224,1258	
371	92,75	1345000	245,1489	245,15
371	92,75	1261000	244,0286	

Ausgleichsrechnung

z=2 Nc = 12000 $\sigma a_{E,0}$=800 MPa; $\sigma a_{E,\infty}$=382 MPa

σath (MPa)	**N (Lsp)**	**N (mm)**	**logN**	**(N/Nc)^1/z**	**σa (MPa)**	**σath−σa**	**(σath−σa)²**
508,30	64010,32	192,25	4,80625	2,309587	510	−1,70026	2,890896
508,30	64010,32	192,25	4,80625	2,309587	510	−1,70026	2,890896
477,18	138038,4	205,6	5,14	3,391637	485	−7,81909	61,13822
477,18	138038,4	205,6	5,14	3,391637	485	−7,81909	61,13822
455,74	261517	216,7	5,4175	4,668307	465	−9,25664	85,68531
455,74	261517	216,7	5,4175	4,668307	465	−9,25664	85,68531
445,79	370041,1	222,73	5,56825	5,553086	450	−4,21326	17,75153
445,79	370041,1	222,73	5,56825	5,553086	450	−4,21326	17,75153
437,59	509917,6	228,3	5,7075	6,518676	435	2,594897	6,733489
426,82	831763,8	236,8	5,92	8,325482	403	23,82342	567,5554
423,11	1008672	240,15	6,00375	9,168206	387	36,10853	1303,826
415,93	1537269	247,47	6,18675	11,31838	383	32,93303	1084,584
417,93	1356751	245,3	6,1325	10,63309	379	38,93199	1515,7
415,02	1631173	248,5	6,2125	11,65895	375	40,02012	1601,61
418,07	1345086	245,15	6,12875	10,58728	371	47,07404	2215,965
					Summen:	**175,5075**	**3297,631**

Skalierung des Wöhlerdiagrammes

Skalierung:	$y = 200\ \text{mm}/800\ \text{MPa} = 0{,}25\ \text{mm}/\text{MPa}$
	$x = 280\ \text{mm}/\log 10^7 \cdot \log N$
	$x = 40\text{mm} \cdot \log N$

Skalierung des Weibullnetzes

Skalierung:	$y = 260\ \text{mm} = \ln\ln(1/(1-0{,}000001)) - \ln\ln(1/(1-0{,}9))$
	$y = (\ln\ln(1/(1-G) + 13{,}82)) \cdot 18$
	$x = 180\ \text{mm} = \ln(100000) - \ln(0{,}1)$
	$x = (\ln \sigma a + 2{,}3) \cdot 13$

Grafische Darstellung der projizierten Messwerte im Weibullnetz

σa_D (MPa)	$\upsilon/(n+1)$	υ	G (mm)	σa_D (mm)
323	0,01	1	160,5319273	105,0229
327	0,01	2	173,075867	105,1664
339	0,02	3	180,4419521	105,6359
341	0,03	4	185,6883711	105,711
341	0,04	5	189,7735311	105,7205
347	0,04	6	193,1243357	105,9433
348	0,05	7	195,9685111	105,9722
348	0,06	8	198,4419923	105,9838
349	0,07	9	200,6324624	106,0124
350	0,07	10	202,599793	106,0369
354	0,08	11	204,3866903	106,2152
356	0,09	12	206,0246886	106,2733
357	0,10	13	207,5377374	106,3115
358	0,10	14	208,9444548	106,3578
359	0,11	15	210,2596015	106,3769
359	0,12	16	211,4950785	106,3804
359	0,13	17	212,6606217	106,3899
360	0,13	18	213,7642975	106,4149
360	0,14	19	214,812864	106,418
360	0,15	20	215,8120406	106,4314
360	0,16	21	216,7667098	106,4319
360	0,16	22	217,6810742	106,4367
363	0,17	23	218,5587767	106,5288
365	0,18	24	219,4029963	106,608
367	0,19	25	220,216524	106,6629
367	0,19	26	221,0018233	106,6829
371	0,20	27	221,7610802	106,8119
372	0,21	28	222,4962436	106,853
372	0,21	29	223,2090581	106,8557
374	0,22	30	223,9010924	106,9033
376	0,23	31	224,5737622	106,9675
379	0,24	32	225,2283495	107,0751
382	0,24	33	225,8660194	107,178

Grafische Darstellung der projizierten Messwerte im Weibullnetz *(Fortsetzung)*

σa_D (MPa)	$\upsilon/(n+1)$	υ	G (mm)	σa_D (mm)
382	0,25	34	226,4878339	107,178
382	0,26	35	227,094764	107,1859
385	0,27	36	227,6876999	107,2802
386	0,27	37	228,2674602	107,3257
386	0,28	38	228,8347992	107,3353
387	0,29	39	229,390414	107,3437
387	0,30	40	229,9349499	107,35
387	0,30	41	230,4690061	107,3574
387	0,31	42	230,9931398	107,3619
388	0,32	43	231,5078705	107,3924
389	0,33	44	232,0136832	107,42
390	0,33	45	232,5110318	107,4531
390	0,34	46	233,0003419	107,47
392	0,35	47	233,4820133	107,5168
392	0,36	48	233,956422	107,5181
392	0,36	49	234,4239226	107,5201
392	0,37	50	234,8848497	107,5353
392	0,38	51	235,33952	107,5403
392	0,39	52	235,7882334	107,5419
392	0,39	53	236,2312746	107,5429
393	0,40	54	236,6689141	107,5535
393	0,41	55	237,1014096	107,5599
393	0,41	56	237,5290068	107,5613
393	0,42	57	237,9519402	107,5692
393	0,43	58	238,3704346	107,5718
393	0,44	59	238,784705	107,5724
394	0,44	60	239,1949582	107,5786
394	0,45	61	239,6013928	107,5817
394	0,46	62	240,0042002	107,5868
394	0,47	63	240,4035652	107,5908
394	0,47	64	240,7996662	107,5933
394	0,48	65	241,1926762	107,5965
394	0,49	66	241,5827629	107,6084
394	0,50	67	241,9700895	107,6084

Grafische Darstellung der projizierten Messwerte im Weibullnetz *(Fortsetzung)*

σa_D (MPa)	$\upsilon/(n+1)$	υ	G (mm)	σa_D (mm)
395	0,50	68	242,3548146	107,6193
396	0,51	69	242,7370933	107,6435
397	0,52	70	243,1170771	107,6776
397	0,53	71	243,4949144	107,6905
397	0,53	72	243,870751	107,6905
397	0,54	73	244,2447303	107,7062
398	0,55	74	244,6169937	107,7132
398	0,56	75	244,987681	107,7132
398	0,56	76	245,3569307	107,7263
398	0,57	77	245,7248803	107,7355
398	0,58	78	246,0916665	107,7355
399	0,59	79	246,457426	107,7523
399	0,59	80	246,8222954	107,7613
400	0,60	81	247,1864117	107,7735
400	0,61	82	247,5499126	107,7787
400	0,61	83	247,9129371	107,7791
400	0,62	84	248,2756255	107,7952
400	0,63	85	248,6381202	107,7997
401	0,64	86	249,0005659	107,8117
401	0,64	87	249,3631101	107,8117
401	0,65	88	249,7259035	107,8321
401	0,66	89	250,0891008	107,8332
402	0,67	90	250,4528609	107,843
403	0,67	91	250,8173477	107,8798
403	0,68	92	251,1827308	107,8855
403	0,69	93	251,549186	107,8896
404	0,70	94	251,9168964	107,903
404	0,70	95	252,286053	107,9063
404	0,71	96	252,6568557	107,9116
404	0,72	97	253,0295146	107,9116
404	0,73	98	253,404251	107,9201
404	0,73	99	253,7812986	107,9212
404	0,74	100	254,1609055	107,9267
405	0,75	101	254,5433355	107,9361

Grafische Darstellung der projizierten Messwerte im Weibullnetz *(Fortsetzung)*

σa_D (MPa)	**$\upsilon/(n+1)$**	**υ**	**G (mm)**	**σa_D (mm)**
405	0,76	102	254,9288701	107,9542
405	0,76	103	255,3178111	107,9562
406	0,77	104	255,7104825	107,971
406	0,78	105	256,1072343	107,971
406	0,79	106	256,5084453	107,9767
406	0,79	107	256,9145273	107,989
406	0,80	108	257,3259299	107,9895
407	0,81	109	257,743146	108,0088
407	0,81	110	258,1667183	108,0164
407	0,82	111	258,5972471	108,0295
408	0,83	112	259,0354001	108,0314
408	0,84	113	259,4819235	108,0314
408	0,84	114	259,937656	108,0358
408	0,85	115	260,4035464	108,0438
408	0,86	116	260,8806746	108,0567
409	0,87	117	261,3702792	108,091
410	0,87	118	261,8737915	108,0944
410	0,88	119	262,3928804	108,1124
410	0,89	120	262,9295101	108,1172
411	0,90	121	263,4860182	108,1299
411	0,90	122	264,0652198	108,1498
412	0,91	123	264,6705537	108,1611
412	0,92	124	265,3062874	108,1663
413	0,93	125	265,9778173	108,1904
413	0,93	126	266,6921201	108,1991
413	0,94	127	267,4584589	108,2052
414	0,95	128	268,2895427	108,2259
414	0,96	129	269,2035434	108,2292
414	0,96	130	270,2278821	108,2511
415	0,97	131	271,4070833	108,274
416	0,98	132	272,8215507	108,2903
418	0,99	133	274,643422	108,3584
418	0,99	134	277,3856	108,3684

Grafische Darstellung der Verteilungen im Weibullnetz

zweiparametrig

b= 18

$\sigma a_{0.63,D}$ = 395 MPa

σa (MPa)	G	σa (mm)
279,69	0,002	103,1379
395,00	0,63	107,6255

dreiparametrig

b= 18

$\sigma a_{0.63,D}$ = 395 MPa

$\sigma a_{0,D}$= 279 MPa für 1 ppm

$\sigma a_{0,D}$= 180 MPa für 0 ppm

σa (MPa)	G	σa (mm)	G (mm)
279,79	0,000001	103,1427	0,080819
293,41	0,00001	103,7605	41,52743
308,89	0,0001	104,4288	82,97477
326,48	0,001	105,1489	124,4294
346,51	0,01	105,923	165,9573
369,73	0,1	106,7662	208,2534
390,67	0,5	107,4821	242,1628
394,93	0,63	107,6232	248,6562
405,20	0,9	107,9568	263,7726

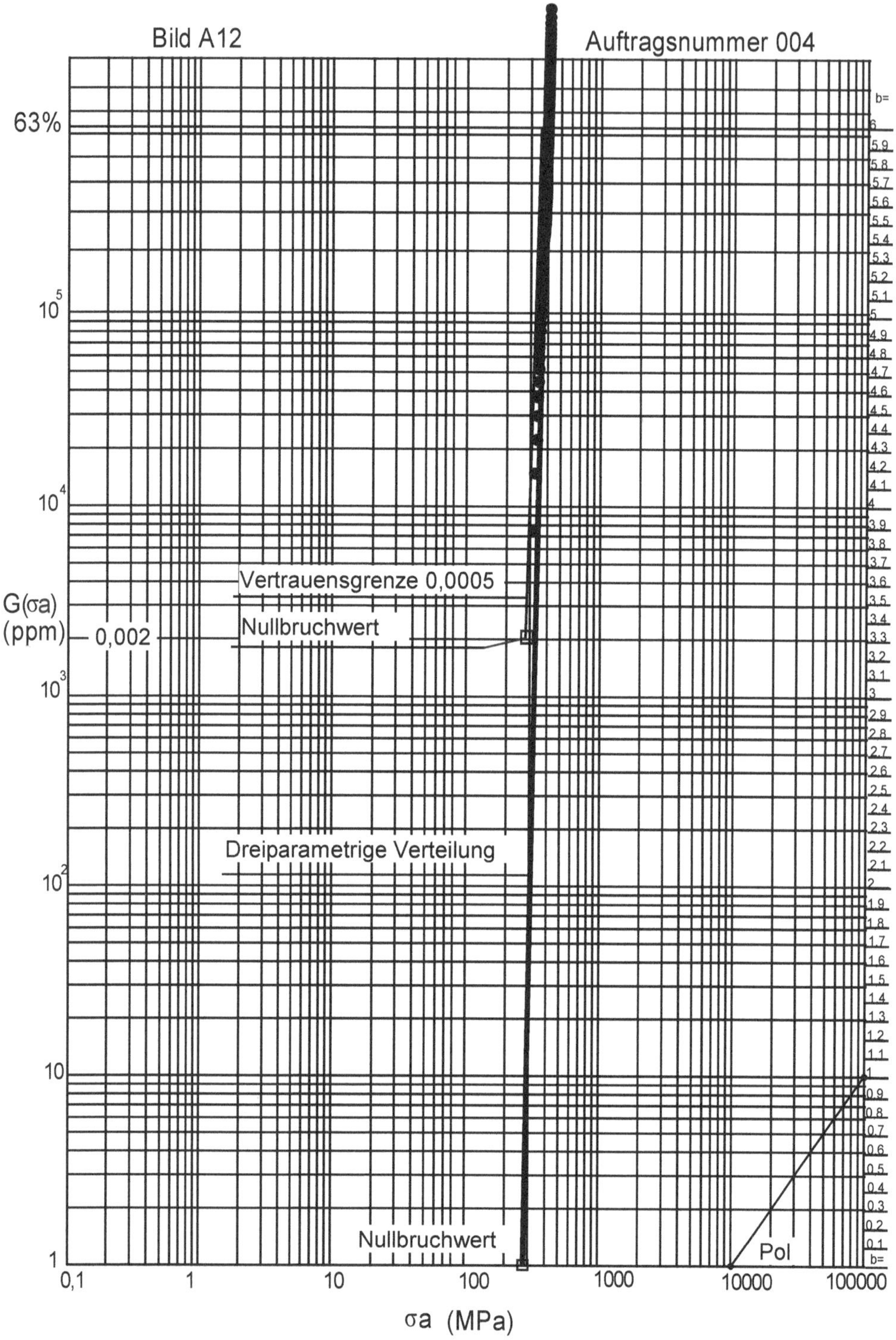
Bild A12
Auftragsnummer 004
63%
10^5
10^4
10^3
10^2
10
1
G(σa)
(ppm)
0,002
Vertrauensgrenze 0,0005
Nullbruchwert
Dreiparametrige Verteilung
Nullbruchwert
Pol
b=
0,1
1
10
100
1000
10000
100000
σa (MPa)

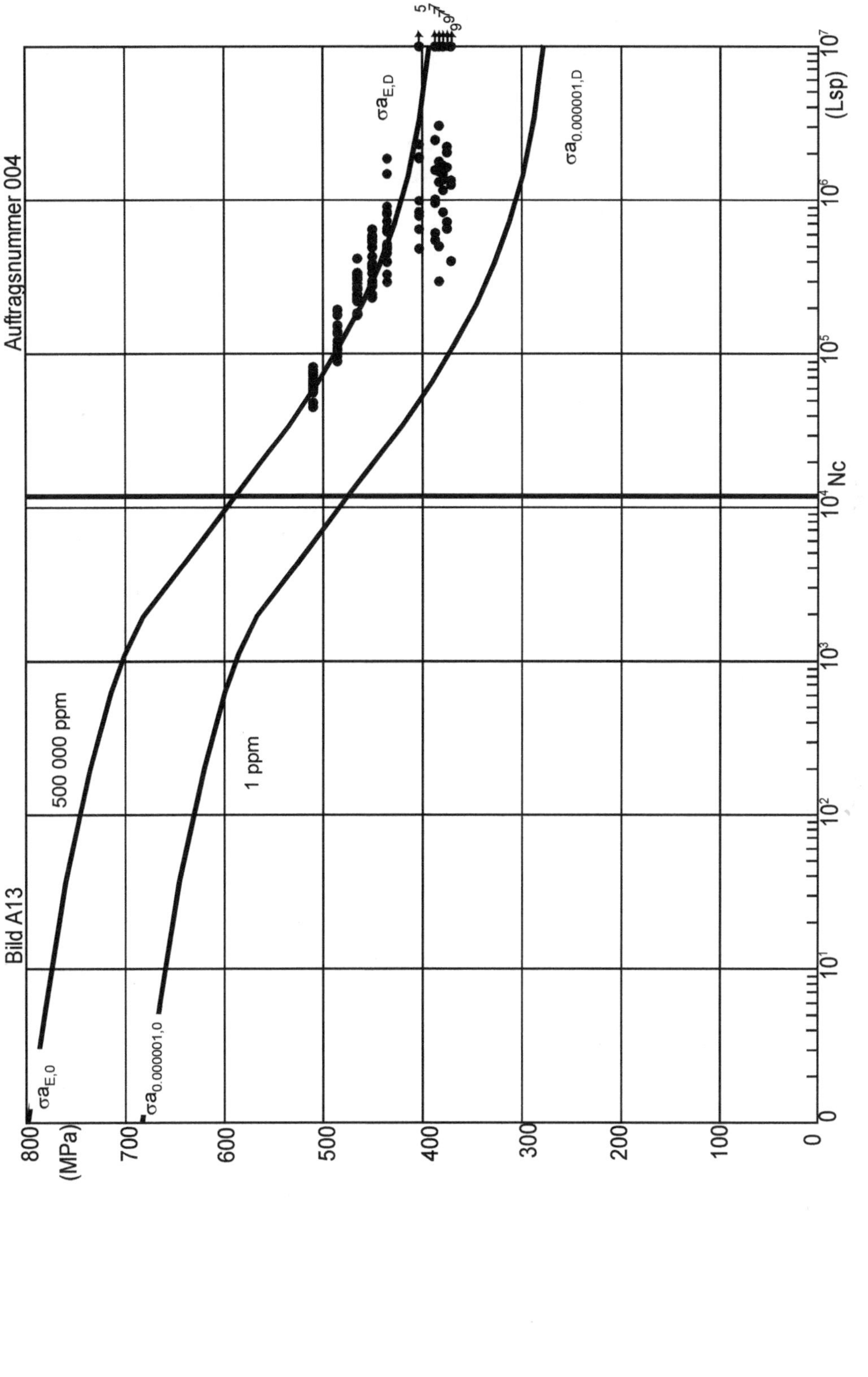
Bild A13
Auftragsnummer 004
500 000 ppm
1 ppm
σa_E,0
σa_0.000001,0
σa_E,D
σa_0.000001,D
800
(MPa)
700
600
500
400
300
200
100
0
0
10^1
10^2
10^3
10^4 Nc
10^5
10^6
10^7
(Lsp)

16.5 Beispiel 5 – Einstufige Belastung

Auftrag	**Köhler**	
Auftragsnummer:	005	
Bauteil	Kerbprobe, d/D = 5/8, Kerbfaktor 6	
	Zug-Druck-Wechsel	
Werkstoff	1.1181	
Zugfestigkeit R_m	500 MPa	
Bruchdehnung A		
Streckgrenze $R_{p0,2}$		
Wöhlerversuche:	476 Versuche, davon 116 Durchläufer	
Lastverhältnis σu/σo	–1	
mittlere Wöhlerlinie		
$\sigma a_{E,0}$ =	500 MPa	
$\sigma a_{E,\infty}$ =	310 MPa	$\sigma a_{E,D}$ = 314 MPa
Nc =	58000 Lsp	
z =	0,87	

$$N = N_c \left(\frac{\sigma a_{E,0} - \sigma a}{\sigma a - \sigma a_{E,\infty}}\right)^z$$

Auswertungen		
Grenzlastspielzahl N_D =	10^7 Lsp	
Charakteristischer Wert $\sigma a_{0.63,D}$ =	320 MPa	
Steilheit b =	26	
untere Vertrauensgrenzen		
$\sigma a_{0.63,Dunten}$ =	318 MPa	
b_{unten} =	22	
Nullbruchwerte		
$\sigma a_{0.000001,D}$ =	241 MPa	für 1ppm
$\sigma a_{0.000001,0}$ =	431 MPa	für 1ppm

$$G(\sigma a, N) = 1 - \exp\{-(\frac{\sigma a - \dfrac{\sigma a_{0,0} + \sigma a_{0,\infty}\left(\dfrac{N}{N_c}\right)^{\frac{1}{z}}}{1+\left(\dfrac{N}{N_c}\right)^{\frac{1}{z}}}}{\sigma a_{0.63,\infty} - \sigma a_{0,\infty}})^b\}$$

Ergebnisse, Kontrollwerte

$N_D =$	10^7	Lsp
G=	0,000001	
b=	22	
1/z=	1,15	
$\sigma a_{0.000001,D} =$	241	MPa
$\sigma a_{0.63,D} =$	318	MPa
Term	0,53	
$\sigma a_{0,D} =$	153	MPa
$\sigma a_{0,\infty} =$	152	MPa
$\sigma a_{0,0} =$	343	MPa

N_D	$(N_D/Nc)^{1/z}$	$\sigma a_{0,D}$
1000000000	74483	152
100000000	5273	152
10000000	373	153
1000000	26	159

	$N_D =$	∞	10^9	10^8	10^7	10^6
	$\sigma a_{0.63,D} =$	**317**	**317**	**317**	**318**	**324**
G = 0	$\sigma a_{G,D}$=	152	152	152	153	159
G = 0,000001	$\sigma a_{G,D}$=	240,06	240,06	240,06	241,06	247,06
G = 0,00001	$\sigma a_{G,D}$=	249,77	249,77	249,77	250,77	256,77
G = 0,0001	$\sigma a_{G,D}$=	260,56	260,56	260,56	261,56	267,56
G = 0,001	$\sigma a_{G,D}$=	272,54	272,54	272,54	273,54	279,54
G = 0,1	$\sigma a_{G,D}$=	300,96	300,96	300,96	301,96	307,96

Die Streubandfunktion lautet:

$$G(\sigma a, N) = 1 - \exp\left[-\left(\frac{\sigma a - \dfrac{343 + 152 \cdot \left(\dfrac{N}{58000}\right)^{1,15}}{1 + \left(\dfrac{N}{58000}\right)^{1,15}}}{317 - 152}\right)^{22}\right]$$

Messwerte

σa (MPa)	N (Lsp)	σa (MPa)	N (Lsp)
385	51000	380	128000
385	57000	380	132000
385	60000	380	158000
385	67000	380	177000
385	68000	380	186000
385	69000	375	65000
385	75000	375	71000
385	76000	375	78000
385	82000	375	84000
385	83000	375	89000
385	87000	375	93000
385	95000	375	98000
385	106000	375	103000
385	109000	375	105000
385	111000	375	109000
385	119000	375	113000
385	122000	375	118000
385	128000	375	124000
385	132000	375	131000
385	140000	375	147000
380	59000	375	156000
380	66000	375	171000
380	69000	375	182000
380	80000	375	199000
380	87000	375	220000
380	90000	370	83000
380	97000	370	98000
380	98000	370	100000
380	99000	370	104000
380	100000	370	110000
380	107000	370	111000
380	109000	370	122000
380	117000	370	125000
380	118000	370	132000
380	125000	370	136000

Messwerte *(Fortsetzung)*

σa (MPa)	N (Lsp)	σa (MPa)	N (Lsp)
370	141000	360	181000
370	143000	360	186000
370	146000	360	192000
370	155000	360	198000
370	165000	360	203000
370	194000	360	209000
370	200000	360	218000
370	201000	360	255000
370	251000	360	262000
370	318000	360	288000
365	89000	360	295000
365	105000	360	309000
365	108000	360	394000
365	118000	360	585000
365	119000	355	112000
365	121000	355	125000
365	130000	355	133000
365	133000	355	156000
365	152000	355	166000
365	164000	355	168000
365	170000	355	173000
365	181000	355	202000
365	182000	355	227000
365	192000	355	247000
365	199000	355	253000
365	211000	355	261000
365	238000	355	285000
365	273000	355	286000
365	324000	355	309000
365	398000	355	365000
360	117000	355	442000
360	127000	355	559000
360	141000	355	702000
360	151000	355	852000
360	162000	350	115000
360	173000	350	129000

Messwerte *(Fortsetzung)*

σa (MPa)	N (Lsp)	σa (MPa)	N (Lsp)
350	143000	345	738000
350	169000	345	1063000
350	177000	340	146000
350	178000	340	159000
350	218000	340	168000
350	230000	340	224000
350	271000	340	246000
350	280000	340	253000
350	285000	340	291000
350	305000	340	326000
350	326000	340	358000
350	342000	340	385000
350	381000	340	397000
350	431000	340	425000
350	493000	340	449000
350	568000	340	498000
350	734000	340	532000
350	1101000	340	610000
345	140000	340	714000
345	155000	340	763000
345	169000	340	987000
345	174000	340	1585000
345	218000	335	154000
345	248000	335	180000
345	265000	335	210000
345	293000	335	254000
345	321000	335	305000
345	326000	335	332000
345	348000	335	363000
345	350000	335	415000
345	364000	335	457000
345	374000	335	482000
345	397000	335	528000
345	426000	335	559000
345	461000	335	593000
345	504000	335	611000

Messwerte *(Fortsetzung)*

σa (MPa)	N (Lsp)	σa (MPa)	N (Lsp)
335	678000	325	799000
335	767000	325	879000
335	835000	325	975000
335	957000	325	1154000
335	1274000	325	1388000
335	1854000	325	1705000
330	166000	325	2073000
330	184000	325	2211000
330	241000	325	2925000
330	251000	325	4257000
330	273000	320	206000
330	312000	320	231000
330	371000	320	283000
330	418000	320	370000
330	493000	320	413000
330	562000	320	474000
330	683000	320	523000
330	760000	320	597000
330	830000	320	605000
330	981000	320	619000
330	1306000	320	727000
330	1463000	320	815000
330	1842000	320	935000
330	1867000	320	1056000
330	2220000	320	1144000
330	2978000	320	1336000
325	196000	320	1580000
325	227000	320	1786000
325	250000	320	1826000
325	271000	320	1943000
325	308000	320	2214000
325	347000	320	3107000
325	393000	320	4510000
325	475000	320	6297000
325	548000	315	226000
325	669000	315	257000

Messwerte *(Fortsetzung)*

σa (MPa)	**N (Lsp)**	**σa (MPa)**	**N (Lsp)**	
315	307000	310	2314000	
315	370000	310	3425000	
315	457000	310	4576000	
315	549000	310	5453000	
315	570000	310	7868000	
315	590000	310	8297000	
315	672000	310	10001000	D
315	781000	310	10001000	D
315	850000	310	10001000	D
315	974000	310	10001000	D
315	1093000	305	253000	
315	1460000	305	311000	
315	1477000	305	329000	
315	1936000	305	370000	
315	2662000	305	726000	
315	2731000	305	845000	
315	3487000	305	935000	
315	4396000	305	954000	
315	5803000	305	1139000	
315	7215000	305	1456000	
315	10001000	305	1792000	
315	10001000	305	2578000	
310	206000	305	3776000	
310	317000	305	5161000	
310	393000	305	8131000	
310	446000	305	10001000	D
310	502000	305	10001000	D
310	570000	305	10001000	D
310	627000	305	10001000	D
310	809000	305	10001000	D
310	956000	305	10001000	D
310	1022000	305	10001000	D
310	1327000	305	10001000	D
310	1745000	305	10001000	D
310	2001000	300	411000	
310	2139000	300	606000	

Messwerte *(Fortsetzung)*

σa (MPa)	N (Lsp)		σa (MPa)	N (Lsp)	
300	700000		295	10001000	D
300	707000		295	10001000	D
300	919000		295	10001000	D
300	1587000		295	10001000	D
300	1595000		295	10001000	D
300	2295000		295	10001000	D
300	4628000		295	10001000	D
300	6280000		295	10001000	D
300	10001000	D	295	10001000	D
300	10001000	D	295	10001000	D
300	10001000	D	290	1055000	
300	10001000	D	290	1369000	
300	10001000	D	290	10001000	D
300	10001000	D	290	10001000	D
300	10001000	D	290	10001000	D
300	10001000	D	290	10001000	D
300	10001000	D	290	10001000	D
300	10001000	D	290	10001000	D
300	10001000	D	290	10001000	D
300	10001000	D	290	10001000	D
300	10001000	D	290	10001000	D
300	10001000	D	290	10001000	D
295	503000		290	10001000	D
295	1191000		290	10001000	D
295	1282000		290	10001000	D
295	1609000		290	10001000	D
295	4070000		290	10001000	D
295	6337000		290	10001000	D
295	10001000	D	290	10001000	D
295	10001000	D	290	10001000	D
295	10001000	D	290	10001000	D
295	10001000	D	290	10001000	D
295	10001000	D	290	10001000	D
295	10001000	D	290	10001000	D
295	10001000	D	285	1220000	
295	10001000	D	285	10001000	D

Messwerte *(Fortsetzung)*

σa (MPa)	N (Lsp)		σa (MPa)	N (Lsp)	
285	10001000	D	280	10001000	D
285	10001000	D	280	10001000	D
285	10001000	D	280	10001000	D
285	10001000	D	280	10001000	D
285	10001000	D	280	10001000	D
285	10001000	D	280	10001000	D
285	10001000	D	280	10001000	D
285	10001000	D	280	10001000	D
285	10001000	D	280	10001000	D
285	10001000	D	280	10001000	D
285	10001000	D	280	10001000	D
285	10001000	D	280	10001000	D
285	10001000	D	280	10001000	D
285	10001000	D	280	10001000	D
285	10001000	D	280	10001000	D
285	10001000	D	280	10001000	D
285	10001000	D	280	10001000	D
285	10001000	D	280	10001000	D
285	10001000	D	280	10001000	D
285	10001000	D	280	10001000	D
285	10001000	D	280	10001000	D
285	10001000	D	280	10001000	D
280	10001000	D	280	10001000	D

Treppenstufenverfahren

Stufe	σa (MPa)	Anzahl gebrochen	Anzahl Durchläufer	Häufigkeit der Ereignisse o		
i	xi	r	l	fi	i•fi	i²•fi
6	315	22	2	22	132	792
5	310	20	4	20	100	500
4	305	15	9	15	60	240
3	300	10	14	10	30	90
2	295	6	18	6	12	24
1	290	2	22	2	2	2
0	285	1	23	1	0	0
	Summen:	**76**	**92**	**F = 76**	**A = 336**	**B = 1648**

$$\sigma a_{E,D} = \quad x_0 + d(A/F + ½) = 285 + 5(4{,}42 + 0{,}5) = 309{,}6 \text{ MPa}$$

Auf N_D projizierte Messwerte

σa (MPa)	N (Lsp)	σaD (MPa)	υ/(n+1)	υ
310	206000	275	0,00	1
305	253000	276	0,01	2
285	1220000	280	0,01	3
295	503000	281	0,01	4
305	311000	281	0,01	5
300	411000	282	0,02	6
315	226000	283	0,02	7
305	329000	283	0,02	8
385	51000	283	0,02	9
290	1055000	284	0,03	10
320	206000	285	0,03	11
305	370000	285	0,03	12
290	1369000	286	0,04	13
380	59000	286	0,04	14
315	257000	286	0,04	15
375	65000	287	0,04	16
330	166000	287	0,05	17
310	317000	287	0,05	18
325	196000	288	0,05	19
320	231000	288	0,06	20
300	606000	289	0,06	21
335	154000	289	0,06	22
385	57000	290	0,06	23
295	1191000	290	0,07	24
295	1282000	290	0,07	25
300	700000	290	0,07	26
300	707000	290	0,07	27
330	184000	291	0,08	28
350	115000	291	0,08	29
315	307000	291	0,08	30
295	1609000	291	0,09	31
375	71000	292	0,09	32
310	393000	292	0,09	33

Auf N_D projizierte Messwerte *(Fortsetzung)*

σa (MPa)	N (Lsp)	σaD (MPa)	υ/(n+1)	υ
340	146000	292	0,09	34
385	60000	292	0,10	35
380	66000	293	0,10	36
325	227000	293	0,10	37
300	919000	293	0,11	38
365	89000	293	0,11	39
310	446000	294	0,11	40
320	283000	294	0,11	41
295	4070000	294	0,12	42
295	6337000	295	0,12	43
370	83000	295	0,12	44
355	112000	295	0,12	45
335	180000	295	0,13	46
345	140000	295	0,13	47
380	69000	295	0,13	48
340	159000	295	0,14	49
315	370000	295	0,14	50
305	726000	296	0,14	51
325	250000	296	0,14	52
310	502000	296	0,15	53
350	129000	296	0,15	54
300	1587000	296	0,15	55
300	1595000	296	0,16	56
375	78000	297	0,16	57
305	845000	297	0,16	58
340	168000	297	0,16	59
310	570000	298	0,17	60
300	2295000	298	0,17	61
325	271000	298	0,17	62
305	935000	298	0,17	63
305	954000	298	0,18	64
385	67000	298	0,18	65
310	627000	299	0,18	66
345	155000	299	0,19	67

Auf N_D projizierte Messwerte *(Fortsetzung)*

σa (MPa)	N (Lsp)	σaD (MPa)	υ/(n+1)	υ
385	68000	299	0,19	68
300	4628000	299	0,19	69
315	457000	299	0,19	70
305	1139000	300	0,20	71
330	241000	300	0,20	72
300	6280000	300	0,20	73
355	125000	300	0,20	74
385	69000	300	0,21	75
335	210000	300	0,21	76
320	370000	300	0,21	77
375	84000	300	0,22	78
330	251000	301	0,22	79
350	143000	301	0,22	80
305	1456000	301	0,22	81
325	308000	301	0,23	82
365	105000	302	0,23	83
310	809000	302	0,23	84
360	117000	302	0,24	85
305	1792000	302	0,24	86
315	549000	302	0,24	87
320	413000	303	0,24	88
345	169000	303	0,25	89
355	133000	303	0,25	90
315	570000	303	0,25	91
380	80000	303	0,25	92
365	108000	303	0,26	93
305	2578000	303	0,26	94
330	273000	303	0,26	95
315	590000	303	0,27	96
310	956000	303	0,27	97
370	98000	303	0,27	98
375	89000	303	0,27	99
345	174000	304	0,28	100
310	1022000	304	0,28	101

Auf N_D projizierte Messwerte *(Fortsetzung)*

σa (MPa)	N (Lsp)	σaD (MPa)	υ/(n+1)	υ
305	3776000	304	0,28	102
325	347000	304	0,29	103
370	100000	304	0,29	104
305	5161000	304	0,29	105
385	75000	304	0,29	106
315	672000	305	0,30	107
305	8131000	305	0,30	108
320	474000	305	0,30	109
385	76000	305	0,30	110
310	1327000	305	0,31	111
360	127000	306	0,31	112
375	93000	306	0,31	113
335	254000	306	0,32	114
370	104000	306	0,32	115
315	781000	306	0,32	116
320	523000	306	0,32	117
330	312000	307	0,33	118
325	393000	307	0,33	119
310	1745000	307	0,33	120
315	850000	307	0,34	121
380	87000	307	0,34	122
365	118000	307	0,34	123
310	2001000	307	0,34	124
340	224000	307	0,35	125
350	169000	308	0,35	126
310	2139000	308	0,35	127
365	119000	308	0,35	128
310	2314000	308	0,36	129
375	98000	308	0,36	130
320	597000	308	0,36	131
315	974000	308	0,37	132
365	121000	308	0,37	133
320	605000	309	0,37	134
310	3425000	309	0,37	135

Auf N_D projizierte Messwerte *(Fortsetzung)*

σa (MPa)	N (Lsp)	σaD (MPa)	υ/(n+1)	υ
320	619000	309	0,38	136
370	110000	309	0,38	137
380	90000	309	0,38	138
385	82000	309	0,39	139
315	1093000	309	0,39	140
310	4576000	309	0,39	141
350	177000	309	0,39	142
355	156000	309	0,40	143
370	111000	309	0,40	144
350	178000	309	0,40	145
310	5453000	309	0,40	146
385	83000	310	0,41	147
310	7868000	310	0,41	148
310	8297000	310	0,41	149
325	475000	310	0,42	150
340	246000	310	0,42	151
360	141000	310	0,42	152
330	371000	310	0,42	153
320	727000	311	0,43	154
375	103000	311	0,43	155
315	1460000	311	0,43	156
335	305000	311	0,43	157
340	253000	311	0,44	158
315	1477000	311	0,44	159
345	218000	311	0,44	160
365	130000	312	0,45	161
375	105000	312	0,45	162
320	815000	312	0,45	163
355	166000	312	0,45	164
325	548000	312	0,46	165
315	1936000	312	0,46	166
385	87000	312	0,46	167
355	168000	312	0,47	168
365	133000	313	0,47	169

Auf N_D projizierte Messwerte *(Fortsetzung)*

σa (MPa)	N (Lsp)	σaD (MPa)	υ/(n+1)	υ
330	418000	313	0,47	170
380	97000	313	0,47	171
335	332000	313	0,48	172
320	935000	313	0,48	173
360	151000	313	0,48	174
315	2662000	313	0,48	175
315	2731000	313	0,49	176
380	98000	313	0,49	177
355	173000	313	0,49	178
375	109000	314	0,50	179
315	3487000	314	0,50	180
370	122000	314	0,50	181
380	99000	314	0,50	182
320	1056000	314	0,51	183
315	4396000	314	0,51	184
380	100000	314	0,51	185
320	1144000	315	0,52	186
315	5803000	315	0,52	187
325	669000	315	0,52	188
315	7215000	315	0,52	189
340	291000	315	0,53	190
370	125000	315	0,53	191
335	363000	315	0,53	192
375	113000	315	0,53	193
345	248000	315	0,54	194
320	1336000	315	0,54	195
330	493000	316	0,54	196
360	162000	316	0,55	197
320	1580000	316	0,55	198
350	218000	316	0,55	199
325	799000	317	0,55	200
385	95000	317	0,56	201
320	1786000	317	0,56	202
320	1826000	317	0,56	203

Auf N_D projizierte Messwerte *(Fortsetzung)*

σa (MPa)	N (Lsp)	σaD (MPa)	υ/(n+1)	υ
320	1943000	317	0,57	204
375	118000	317	0,57	205
345	265000	317	0,57	206
370	132000	317	0,57	207
330	562000	318	0,58	208
325	879000	318	0,58	209
340	326000	318	0,58	210
335	415000	318	0,58	211
380	107000	318	0,59	212
320	2214000	318	0,59	213
350	230000	318	0,59	214
365	152000	318	0,60	215
325	975000	318	0,60	216
360	173000	318	0,60	217
380	109000	319	0,60	218
320	3107000	319	0,61	219
370	136000	319	0,61	220
355	202000	319	0,61	221
320	4510000	319	0,61	222
335	457000	319	0,62	223
375	124000	320	0,62	224
325	1154000	320	0,62	225
320	6297000	320	0,63	226
340	358000	320	0,63	227
345	293000	320	0,63	228
330	683000	320	0,63	229
360	181000	320	0,64	230
335	482000	320	0,64	231
370	141000	320	0,64	232
325	1388000	321	0,65	233
370	143000	321	0,65	234
360	186000	321	0,65	235
330	760000	321	0,65	236
340	385000	321	0,66	237

Auf N_D projizierte Messwerte *(Fortsetzung)*

σa (MPa)	N (Lsp)	σaD (MPa)	υ/(n+1)	υ
365	164000	321	0,66	238
335	528000	322	0,66	239
370	146000	322	0,66	240
325	1705000	322	0,67	241
340	397000	322	0,67	242
380	117000	322	0,67	243
330	830000	322	0,68	244
375	131000	322	0,68	245
385	106000	322	0,68	246
345	321000	322	0,68	247
360	192000	322	0,69	248
380	118000	322	0,69	249
335	559000	322	0,69	250
325	2073000	322	0,70	251
345	326000	323	0,70	252
325	2211000	323	0,70	253
365	170000	323	0,70	254
355	227000	323	0,71	255
350	271000	323	0,71	256
340	425000	323	0,71	257
335	593000	323	0,71	258
360	198000	323	0,72	259
330	981000	323	0,72	260
325	2925000	323	0,72	261
385	109000	324	0,73	262
335	611000	324	0,73	263
350	280000	324	0,73	264
340	449000	324	0,73	265
345	348000	324	0,74	266
370	155000	324	0,74	267
360	203000	324	0,74	268
325	4257000	324	0,75	269
345	350000	324	0,75	270
350	285000	324	0,75	271

Auf N_D projizierte Messwerte *(Fortsetzung)*

σa (MPa)	N (Lsp)	σaD (MPa)	υ/(n+1)	υ
385	111000	324	0,75	272
335	678000	325	0,76	273
380	125000	325	0,76	274
345	364000	325	0,76	275
365	181000	325	0,76	276
360	209000	325	0,77	277
365	182000	325	0,77	278
355	247000	325	0,77	279
330	1306000	325	0,78	280
345	374000	326	0,78	281
340	498000	326	0,78	282
350	305000	326	0,78	283
330	1463000	326	0,79	284
380	128000	326	0,79	285
355	253000	326	0,79	286
335	767000	326	0,80	287
360	218000	326	0,80	288
370	165000	327	0,80	289
340	532000	327	0,80	290
345	397000	327	0,81	291
355	261000	327	0,81	292
375	147000	327	0,81	293
330	1842000	327	0,81	294
335	835000	327	0,82	295
330	1867000	327	0,82	296
365	192000	327	0,82	297
380	132000	327	0,83	298
350	326000	328	0,83	299
385	119000	328	0,83	300
330	2220000	328	0,83	301
345	426000	328	0,84	302
335	957000	328	0,84	303
365	199000	328	0,84	304
330	2978000	328	0,84	305

Auf N_D projizierte Messwerte *(Fortsetzung)*

σa (MPa)	N (Lsp)	σaD (MPa)	υ/(n+1)	υ
340	610000	329	0,85	306
350	342000	329	0,85	307
385	122000	329	0,85	308
355	285000	329	0,86	309
355	286000	329	0,86	310
375	156000	329	0,86	311
345	461000	329	0,86	312
335	1274000	330	0,87	313
365	211000	330	0,87	314
340	714000	330	0,87	315
345	504000	331	0,88	316
350	381000	331	0,88	317
385	128000	331	0,88	318
340	763000	331	0,88	319
360	255000	331	0,89	320
355	309000	331	0,89	321
360	262000	332	0,89	322
335	1854000	332	0,89	323
385	132000	332	0,90	324
370	194000	333	0,90	325
375	171000	333	0,90	326
350	431000	333	0,91	327
340	987000	333	0,91	328
370	200000	334	0,91	329
370	201000	334	0,91	330
365	238000	334	0,92	331
360	288000	335	0,92	332
380	158000	335	0,92	333
385	140000	335	0,93	334
355	365000	335	0,93	335
360	295000	335	0,93	336
375	182000	335	0,93	337
350	493000	336	0,94	338
345	738000	336	0,94	339

Auf N_D projizierte Messwerte *(Fortsetzung)*

σa (MPa)	**N (Lsp)**	**σaD (MPa)**	**υ/(n+1)**	**υ**
360	309000	336	0,94	340
340	1585000	336	0,94	341
350	568000	338	0,95	342
365	273000	338	0,95	343
375	199000	338	0,95	344
355	442000	339	0,96	345
345	1063000	339	0,96	346
380	177000	339	0,96	347
350	734000	341	0,96	348
370	251000	341	0,97	349
380	186000	341	0,97	350
360	394000	342	0,97	351
375	220000	342	0,98	352
365	324000	342	0,98	353
355	559000	342	0,98	354
350	1101000	344	0,98	355
355	702000	345	0,99	356
365	398000	347	0,99	357
370	318000	347	0,99	358
355	852000	347	0,99	359
360	585000	348	1,00	360

$\sigma a_{E,D} = 313$

$s = 15{,}09215361$

$1 + s^2/\sigma a_{E,D}^2 = 1{,}002319358$

Grafische Darstellung im Wöhlerdiagramm

σa (MPa)	σa (mm)	N (Lsp)	N (mm)	Mittelwerte
385	96,25	51000	188,3028	
385	96,25	57000	190,235	
385	96,25	60000	191,1261	
385	96,25	67000	193,043	
385	96,25	68000	193,3004	
385	96,25	69000	193,554	
385	96,25	75000	195,0025	
385	96,25	76000	195,2325	
385	96,25	82000	196,5526	
385	96,25	83000	196,7631	196,76
385	96,25	87000	197,5808	
385	96,25	95000	199,1089	
385	96,25	106000	201,0122	
385	96,25	109000	201,4971	
385	96,25	111000	201,8129	
385	96,25	119000	203,0219	
385	96,25	122000	203,4544	
385	96,25	128000	204,2884	
385	96,25	132000	204,823	
385	96,25	140000	205,8451	
380	95	59000	190,8341	
380	95	66000	192,7818	
380	95	69000	193,554	
380	95	80000	196,1236	
380	95	87000	197,5808	
380	95	90000	198,1697	
380	95	97000	199,4709	
380	95	98000	199,649	
380	95	99000	199,8254	
380	95	100000	200	200
380	95	107000	201,1754	
380	95	109000	201,4971	
380	95	117000	202,7274	
380	95	118000	202,8753	
380	95	125000	203,8764	

Grafische Darstellung im Wöhlerdiagramm *(Fortsetzung)*

σa (MPa)	**σa (mm)**	**N (Lsp)**	**N (mm)**	**Mittelwerte**
380	95	128000	204,2884	
380	95	132000	204,823	
380	95	158000	207,9463	
380	95	177000	209,9189	
380	95	186000	210,7805	
375	93,75	65000	192,5165	
375	93,75	71000	194,0503	
375	93,75	78000	195,6838	
375	93,75	84000	196,9712	
375	93,75	89000	197,9756	
375	93,75	93000	198,7393	
375	93,75	98000	199,649	
375	93,75	103000	200,5135	
375	93,75	105000	200,8476	
375	93,75	109000	201,4971	201,5
375	93,75	113000	202,1231	
375	93,75	118000	202,8753	
375	93,75	124000	203,7369	
375	93,75	131000	204,6909	
375	93,75	147000	206,6927	
375	93,75	156000	207,725	
375	93,75	171000	209,3198	
375	93,75	182000	210,4029	
375	93,75	199000	211,9541	
375	93,75	220000	213,6969	
370	92,5	83000	196,7631	
370	92,5	98000	199,649	
370	92,5	100000	200	
370	92,5	104000	200,6813	
370	92,5	110000	201,6557	
370	92,5	111000	201,8129	
370	92,5	122000	203,4544	
370	92,5	125000	203,8764	
370	92,5	132000	204,823	
370	92,5	136000	205,3416	205,34
370	92,5	141000	205,9688	

Grafische Darstellung im Wöhlerdiagramm *(Fortsetzung)*

σa (MPa)	σa (mm)	N (Lsp)	N (mm)	Mittelwerte
370	92,5	143000	206,2134	
370	92,5	146000	206,5741	
370	92,5	155000	207,6133	
370	92,5	165000	208,6994	
370	92,5	194000	211,5121	
370	92,5	200000	212,0412	
370	92,5	201000	212,1278	
370	92,5	251000	215,9869	
370	92,5	318000	220,0971	
365	91,25	89000	197,9756	
365	91,25	105000	200,8476	
365	91,25	108000	201,337	
365	91,25	118000	202,8753	
365	91,25	119000	203,0219	
365	91,25	121000	203,3114	
365	91,25	130000	204,5577	
365	91,25	133000	204,9541	
365	91,25	152000	207,2737	
365	91,25	164000	208,5938	208,59
365	91,25	170000	209,218	
365	91,25	181000	210,3071	
365	91,25	182000	210,4029	
365	91,25	192000	211,332	
365	91,25	199000	211,9541	
365	91,25	211000	212,9713	
365	91,25	238000	215,0631	
365	91,25	273000	217,4465	
365	91,25	324000	220,4218	
365	91,25	398000	223,9953	
360	90	117000	202,7274	
360	90	127000	204,1521	
360	90	141000	205,9688	
360	90	151000	207,1591	
360	90	162000	208,3806	
360	90	173000	209,5218	
360	90	181000	210,3071	

Grafische Darstellung im Wöhlerdiagramm *(Fortsetzung)*

σa (MPa)	**σa (mm)**	**N (Lsp)**	**N (mm)**	**Mittelwerte**
360	90	186000	210,7805	
360	90	192000	211,332	
360	90	198000	211,8666	211,87
360	90	203000	212,2998	
360	90	209000	212,8059	
360	90	218000	213,5383	
360	90	255000	216,2616	
360	90	262000	216,7321	
360	90	288000	218,3757	
360	90	295000	218,7929	
360	90	309000	219,5983	
360	90	394000	223,8198	
360	90	585000	230,6862	
355	88,75	112000	201,9687	
355	88,75	125000	203,8764	
355	88,75	133000	204,9541	
355	88,75	156000	207,725	
355	88,75	166000	208,8043	
355	88,75	168000	209,0124	
355	88,75	173000	209,5218	
355	88,75	202000	212,2141	
355	88,75	227000	214,241	
355	88,75	247000	215,7079	215,71
355	88,75	253000	216,1248	
355	88,75	261000	216,6656	
355	88,75	285000	218,1938	
355	88,75	286000	218,2546	
355	88,75	309000	219,5983	
355	88,75	365000	222,4917	
355	88,75	442000	225,8169	
355	88,75	559000	229,8965	
355	88,75	702000	233,8535	
355	88,75	852000	237,2176	
350	87,5	115000	202,4279	
350	87,5	129000	204,4236	
350	87,5	143000	206,2134	

Grafische Darstellung im Wöhlerdiagramm *(Fortsetzung)*

σa (MPa)	σa (mm)	N (Lsp)	N (mm)	Mittelwerte
350	87,5	169000	209,1155	
350	87,5	177000	209,9189	
350	87,5	178000	210,0168	
350	87,5	218000	213,5383	
350	87,5	230000	214,4691	
350	87,5	271000	217,3188	
350	87,5	280000	217,8863	217,89
350	87,5	285000	218,1938	
350	87,5	305000	219,372	
350	87,5	326000	220,5287	
350	87,5	342000	221,361	
350	87,5	381000	223,237	
350	87,5	431000	225,3791	
350	87,5	493000	227,7139	
350	87,5	568000	230,1739	
350	87,5	734000	234,6278	
350	87,5	1101000	241,6715	
345	86,25	140000	205,8451	
345	86,25	155000	207,6133	
345	86,25	169000	209,1155	
345	86,25	174000	209,622	
345	86,25	218000	213,5383	
345	86,25	248000	215,7781	
345	86,25	265000	216,9298	
345	86,25	293000	218,6747	
345	86,25	321000	220,2602	
345	86,25	326000	220,5287	220,53
345	86,25	348000	221,6632	
345	86,25	350000	221,7627	
345	86,25	364000	222,4441	
345	86,25	374000	222,9149	
345	86,25	397000	223,9516	
345	86,25	426000	225,1764	
345	86,25	461000	226,548	
345	86,25	504000	228,0972	
345	86,25	738000	234,7223	

Grafische Darstellung im Wöhlerdiagramm *(Fortsetzung)*

σa (MPa)	σa (mm)	N (Lsp)	N (mm)	Mittelwerte
345	86,25	1063000	241,0613	
340	85	146000	206,5741	
340	85	159000	208,0559	
340	85	168000	209,0124	
340	85	224000	214,0099	
340	85	246000	215,6374	
340	85	253000	216,1248	
340	85	291000	218,5557	
340	85	326000	220,5287	
340	85	358000	222,1553	
340	85	385000	223,4184	223,42
340	85	397000	223,9516	
340	85	425000	225,1356	
340	85	449000	226,0899	
340	85	498000	227,8892	
340	85	532000	229,0365	
340	85	610000	231,4132	
340	85	714000	234,1479	
340	85	763000	235,301	
340	85	987000	239,7727	
340	85	1585000	248,0012	
335	83,75	154000	207,5008	
335	83,75	180000	210,2109	
335	83,75	210000	212,8888	
335	83,75	254000	216,1933	
335	83,75	305000	219,372	
335	83,75	332000	220,8455	
335	83,75	363000	222,3963	
335	83,75	415000	224,7219	
335	83,75	457000	226,3966	
335	83,75	482000	227,3219	227,31
335	83,75	528000	228,9054	
335	83,75	559000	229,8965	
335	83,75	593000	230,9222	
335	83,75	611000	231,4416	
335	83,75	678000	233,2492	

Grafische Darstellung im Wöhlerdiagramm *(Fortsetzung)*

σa (MPa)	σa (mm)	N (Lsp)	N (mm)	Mittelwerte
335	83,75	767000	235,3918	
335	83,75	835000	236,8675	
335	83,75	957000	239,2365	
335	83,75	1274000	244,2068	
335	83,75	1854000	250,7244	
330	82,5	166000	208,8043	
330	82,5	184000	210,5927	
330	82,5	241000	215,2807	
330	82,5	251000	215,9869	
330	82,5	273000	217,4465	
330	82,5	312000	219,7662	
330	82,5	371000	222,775	
330	82,5	418000	224,8471	
330	82,5	493000	227,7139	
330	82,5	562000	229,9895	229,99
330	82,5	683000	233,3768	
330	82,5	760000	235,2325	
330	82,5	830000	236,7631	
330	82,5	981000	239,6668	
330	82,5	1306000	244,6377	
330	82,5	1463000	246,6098	
330	82,5	1842000	250,6116	
330	82,5	1867000	250,8458	
330	82,5	2220000	253,8541	
330	82,5	2978000	258,957	
325	81,25	196000	211,6902	
325	81,25	227000	214,241	
325	81,25	250000	215,9176	
325	81,25	271000	217,3188	
325	81,25	308000	219,542	
325	81,25	347000	221,6132	
325	81,25	393000	223,7757	
325	81,25	475000	227,0677	
325	81,25	548000	229,5512	
325	81,25	669000	233,017	233,02
325	81,25	799000	236,1019	

Grafische Darstellung im Wöhlerdiagramm *(Fortsetzung)*

σa (MPa)	σa (mm)	N (Lsp)	N (mm)	Mittelwerte
325	81,25	879000	237,7596	
325	81,25	975000	239,5602	
325	81,25	1154000	242,4882	
325	81,25	1388000	245,6956	
325	81,25	1705000	249,269	
325	81,25	2073000	252,664	
325	81,25	2211000	253,7835	
325	81,25	2925000	258,645	
325	81,25	4257000	265,1641	
320	80	206000	212,5547	
320	80	231000	214,5445	
320	80	283000	218,0715	
320	80	370000	222,7281	
320	80	413000	224,638	
320	80	474000	227,0311	
320	80	523000	228,7401	
320	80	597000	231,039	
320	80	605000	231,2702	
320	80	619000	231,6676	
320	80	727000	234,4614	
320	80	815000	236,4463	236,45
320	80	935000	238,8325	
320	80	1056000	240,9466	
320	80	1144000	242,337	
320	80	1336000	245,0323	
320	80	1580000	247,9463	
320	80	1786000	250,0753	
320	80	1826000	250,46	
320	80	1943000	251,5389	
320	80	2214000	253,8071	
320	80	3107000	259,6937	
320	80	4510000	266,1671	
320	80	6297000	271,9653	
315	78,75	226000	214,1643	
315	78,75	257000	216,3973	
315	78,75	307000	219,4855	

Grafische Darstellung im Wöhlerdiagramm *(Fortsetzung)*

σa (MPa)	**σa (mm)**	**N (Lsp)**	**N (mm)**	**Mittelwerte**
315	78,75	370000	222,7281	
315	78,75	457000	226,3966	
315	78,75	549000	229,5829	
315	78,75	570000	230,235	
315	78,75	590000	230,8341	
315	78,75	672000	233,0948	
315	78,75	781000	235,706	
315	78,75	850000	237,1768	237,18
315	78,75	974000	239,5424	
315	78,75	1093000	241,5448	
315	78,75	1460000	246,5741	
315	78,75	1477000	246,7752	
315	78,75	1936000	251,4762	
315	78,75	2662000	257,0083	
315	78,75	2731000	257,4529	
315	78,75	3487000	261,6981	
315	78,75	4396000	265,7223	
315	78,75	5803000	270,5461	
315	78,75	7215000	274,3295	
310	77,5	206000	212,5547	
310	77,5	317000	220,0424	
310	77,5	393000	223,7757	
310	77,5	446000	225,9734	
310	77,5	502000	228,0281	
310	77,5	570000	230,235	
310	77,5	627000	231,8907	
310	77,5	809000	236,3179	
310	77,5	956000	239,2183	
310	77,5	1022000	240,378	240,38
310	77,5	1327000	244,9148	
310	77,5	1745000	249,6718	
310	77,5	2001000	252,0499	
310	77,5	2139000	253,2084	
310	77,5	2314000	254,5745	
310	77,5	3425000	261,3864	
310	77,5	4576000	266,4194	

Grafische Darstellung im Wöhlerdiagramm *(Fortsetzung)*

σa (MPa)	σa (mm)	N (Lsp)	N (mm)	Mittelwerte
310	77,5	5453000	269,4654	
310	77,5	7868000	275,8346	
310	77,5	8297000	276,7568	
305	76,25	253000	216,1248	
305	76,25	311000	219,7104	
305	76,25	329000	220,6878	
305	76,25	370000	222,7281	
305	76,25	726000	234,4375	
305	76,25	845000	237,0743	
305	76,25	935000	238,8325	238,83
305	76,25	954000	239,1819	
305	76,25	1139000	242,2609	
305	76,25	1456000	246,5265	
305	76,25	1792000	250,1335	
305	76,25	2578000	256,4513	
305	76,25	3776000	263,0813	
305	76,25	5161000	268,5094	
305	76,25	8131000	276,4058	
300	75	411000	224,5537	
300	75	606000	231,2989	
300	75	700000	233,8039	
300	75	707000	233,9768	
300	75	919000	238,5326	238,53
300	75	1587000	248,0231	
300	75	1595000	248,1104	
300	75	2295000	254,4313	
300	75	4628000	266,6157	
300	75	6280000	271,9184	
295	73,75	503000	228,0627	
295	73,75	1191000	243,0365	
295	73,75	1282000	244,3155	
295	73,75	1609000	248,2622	248,26
295	73,75	4070000	264,3838	
295	73,75	6337000	272,0753	
290	72,5	1055000	240,9301	240,93
290	72,5	1369000	245,4561	

Grafische Darstellung im Wöhlerdiagramm *(Fortsetzung)*

σa (MPa)	**σa (mm)**	**N (Lsp)**	**N (mm)**	**Mittelwerte**
285	71,25	1220000	243,4544	243,45
315	78,75	2D		
310	77,5	4D		
305	76,25	9D		
300	75	14D		
295	73,75	18D		
290	72,5	22D		
285	71,25	23D		
280	70	24D		

Ausgleichsrechnung

z=0,87 Nc=58000 $\sigma a_{E,0}$ = 500 MPa $\sigma a_{E,\infty}$ = 310 MPa

σa (MPa)	**N(Lsp)**	**N (mm)**	**logN**	**(N / Nc)^1/z**	**σa (MPa)**	**σath – σa**	**(σath – σa)²**
385,70	82985,077	196,76	4,919	1,50976	385,00	0,704461	0,496265
376,18	100000	200	5	1,870931	380,00	–3,81938	14,58767
371,96	109018,45	201,5	5,0375	2,06625	375,00	–3,03505	9,211549
361,85	135987,82	205,34	5,1335	2,664298	370,00	–8,14832	66,39516
354,15	163964,56	208,59	5,21475	3,30385	365,00	–10,8535	117,798
347,22	198038,67	211,87	5,29675	4,105068	360,00	–12,7821	163,3815
340,19	247030,17	215,71	5,39275	5,293224	355,00	–14,8088	219,3005
336,70	280059,3	217,89	5,44725	6,114984	350,00	–13,2958	176,7781
332,94	326024,32	220,53	5,51325	7,282748	345,00	–12,0608	145,4618
329,35	385034,81	223,42	5,5855	8,818258	340,00	–10,6483	113,3863
325,31	481670,45	227,31	5,68275	11,40828	335,00	–9,68765	93,85053
322,99	562017,71	229,99	5,74975	13,62292	330,00	–7,0067	49,09387
320,77	669113,82	233,02	5,8255	16,6488	325,00	–4,23439	17,93008
318,68	815173,4	236,45	5,91125	20,89274	320,00	–1,32132	1,745892
318,29	850158,69	237,18	5,9295	21,92718	315,00	3,287107	10,80507
316,76	1022115,6	240,38	6,0095	27,10084	310,00	6,761363	45,71603
317,46	934867,37	238,83	5,97075	24,45796	305,00	12,46328	155,3334
317,61	918861,38	238,53	5,96325	23,97703	300,00	17,60699	310,0061
314,07	1608792,4	248,26	6,2065	45,65967	295,00	19,07204	363,7427
316,53	1054994	240,93	6,02325	28,10576	290,00	26,52792	703,7304
315,55	1219691,5	243,45	6,08625	33,2082	285,00	30,55422	933,5606
						5,27536	3712,312

Grafische Darstellung der projizierten Messwerte im Weibullnetz

σa_D (MPa)	**υ/(n+1)**	**υ**	**G (mm)**	**σa_D (mm)**
275	0,00	1	142,7851563	102,9004
276	0,01	2	155,286823	102,9656
280	0,01	3	162,6102705	103,1502
281	0,01	4	167,8136817	103,1932
281	0,01	5	171,8554583	103,2195
282	0,02	6	175,162498	103,2642
283	0,02	7	177,9625213	103,2736
283	0,02	8	180,391457	103,2806
283	0,02	9	182,5369821	103,3135
284	0,03	10	184,4589622	103,3357
285	0,03	11	186,2000967	103,3654
285	0,03	12	187,7919136	103,3981
286	0,04	13	189,2583557	103,4109
286	0,04	14	190,618034	103,4479
286	0,04	15	191,8857022	103,4485
287	0,04	16	193,0732543	103,4607
287	0,05	17	194,1904186	103,466
287	0,05	18	195,245254	103,4692
288	0,05	19	196,244511	103,5154
288	0,06	20	197,1939007	103,5323
289	0,06	21	198,0982979	103,5422
289	0,06	22	198,9618964	103,5577
290	0,06	23	199,7883309	103,5886
290	0,07	24	200,5807715	103,5997
290	0,07	25	201,3420001	103,6198
290	0,07	26	202,0744711	103,62
290	0,07	27	202,780361	103,6249
291	0,08	28	203,4616088	103,6395
291	0,08	29	204,1199492	103,6568
291	0,08	30	204,7569408	103,6593
291	0,09	31	205,3739885	103,6727
292	0,09	32	205,9723636	103,6758
292	0,09	33	206,5532201	103,6783

Grafische Darstellung der projizierten Messwerte im Weibullnetz *(Fortsetzung)*

σa_D (MPa)	$\upsilon/(n+1)$	υ	G (mm)	σa_D (mm)
292	0,09	34	207,1176083	103,6835
292	0,10	35	207,6664877	103,7138
293	0,10	36	208,2007363	103,7224
293	0,10	37	208,7211602	103,7318
293	0,11	38	209,2285009	103,7379
293	0,11	39	209,7234423	103,7616
294	0,11	40	210,2066161	103,7822
294	0,11	41	210,6786074	103,79
294	0,12	42	211,1399592	103,7904
295	0,12	43	211,5911759	103,8153
295	0,12	44	212,0327272	103,8224
295	0,12	45	212,4650514	103,8232
295	0,13	46	212,8885576	103,8259
295	0,13	47	213,3036287	103,8266
295	0,13	48	213,7106234	103,829
295	0,14	49	214,1098783	103,8374
295	0,14	50	214,5017096	103,8459
296	0,14	51	214,8864147	103,8596
296	0,14	52	215,2642737	103,8599
296	0,15	53	215,6355509	103,8681
296	0,15	54	216,0004954	103,8895
296	0,15	55	216,3593432	103,891
296	0,16	56	216,7123169	103,8921
297	0,16	57	217,0596279	103,8982
297	0,16	58	217,4014763	103,9257
297	0,16	59	217,738052	103,9317
298	0,17	60	218,0695353	103,9495
298	0,17	61	218,3960977	103,9527
298	0,17	62	218,7179024	103,9589
298	0,17	63	219,0351046	103,9642
298	0,18	64	219,3478523	103,9714
298	0,18	65	219,6562866	103,9783
299	0,18	66	219,9605424	104,0039
299	0,19	67	220,2607482	104,0115

Grafische Darstellung der projizierten Messwerte im Weibullnetz *(Fortsetzung)*

σa_D (MPa)	**υ/(n+1)**	**υ**	**G (mm)**	**σa_D (mm)**
299	0,19	68	220,557027	104,0133
299	0,19	69	220,8494964	104,018
299	0,19	70	221,1382689	104,0198
300	0,20	71	221,4234524	104,028
300	0,20	72	221,7051502	104,0313
300	0,20	73	221,9834612	104,0337
300	0,20	74	222,2584806	104,0459
300	0,21	75	222,5302995	104,0476
300	0,21	76	222,7990056	104,0607
300	0,21	77	223,0646832	104,0641
300	0,22	78	223,3274131	104,0682
301	0,22	79	223,5872733	104,0829
301	0,22	80	223,8443389	104,0841
301	0,22	81	224,0986821	104,0904
301	0,23	82	224,3503724	104,1018
302	0,23	83	224,599477	104,1237
302	0,23	84	224,8460606	104,1251
302	0,24	85	225,0901857	104,1307
302	0,24	86	225,3319124	104,1313
302	0,24	87	225,5712992	104,1435
303	0,24	88	225,8084021	104,1576
303	0,25	89	226,0432755	104,1583
303	0,25	90	226,2759722	104,1651
303	0,25	91	226,5065428	104,166
303	0,25	92	226,7350366	104,1732
303	0,26	93	226,9615013	104,1824
303	0,26	94	227,185983	104,1836
303	0,26	95	227,4085265	104,1838
303	0,27	96	227,629175	104,186
303	0,27	97	227,8479705	104,1882
303	0,27	98	228,064954	104,1923
303	0,27	99	228,2801647	104,1972
304	0,28	100	228,4936413	104,2057
304	0,28	101	228,7054208	104,2105

Grafische Darstellung der projizierten Messwerte im Weibullnetz *(Fortsetzung)*

σa_D (MPa)	υ/(n+1)	υ	G (mm)	σa_D (mm)
304	0,28	102	228,9155395	104,2197
304	0,29	103	229,1240325	104,2203
304	0,29	104	229,330934	104,2353
304	0,29	105	229,5362772	104,2395
304	0,29	106	229,7400944	104,2405
305	0,30	107	229,942417	104,2552
305	0,30	108	230,1432756	104,2583
305	0,30	109	230,3427	104,2612
305	0,30	110	230,540719	104,2706
305	0,31	111	230,7373609	104,2833
306	0,31	112	230,9326532	104,2913
306	0,31	113	231,1266227	104,2932
306	0,32	114	231,3192955	104,3117
306	0,32	115	231,5106969	104,3176
306	0,32	116	231,7008519	104,3241
306	0,32	117	231,8897846	104,3268
307	0,33	118	232,0775186	104,3291
307	0,33	119	232,2640771	104,3304
307	0,33	120	232,4494824	104,3402
307	0,34	121	232,6337567	104,3583
307	0,34	122	232,8169213	104,3602
307	0,34	123	232,9989972	104,361
307	0,34	124	233,180005	104,3627
307	0,35	125	233,3599646	104,3637
308	0,35	126	233,5388957	104,3714
308	0,35	127	233,7168174	104,3725
308	0,35	128	233,8937485	104,3775
308	0,36	129	234,0697072	104,3831
308	0,36	130	234,2447116	104,4049
308	0,36	131	234,4187791	104,4052
308	0,37	132	234,5919271	104,4071
308	0,37	133	234,7641723	104,4099
309	0,37	134	234,9355313	104,4125
309	0,37	135	235,1060202	104,4241

Grafische Darstellung der projizierten Messwerte im Weibullnetz *(Fortsetzung)*

σa_D (MPa)	$\upsilon/(n+1)$	υ	G (mm)	σa_D (mm)
309	0,38	136	235,2756549	104,4248
309	0,38	137	235,4444509	104,4323
309	0,38	138	235,6124234	104,4339
309	0,39	139	235,7795874	104,4409
309	0,39	140	235,9459576	104,4432
309	0,39	141	236,1115483	104,4446
309	0,39	142	236,2763736	104,4449
309	0,40	143	236,4404475	104,4499
309	0,40	144	236,6037834	104,4504
309	0,40	145	236,7663948	104,4537
309	0,40	146	236,9282948	104,4541
310	0,41	147	237,0894962	104,4676
310	0,41	148	237,2500118	104,4687
310	0,41	149	237,4098541	104,4704
310	0,42	150	237,5690352	104,4741
310	0,42	151	237,7275672	104,4836
310	0,42	152	237,885462	104,4843
310	0,42	153	238,0427312	104,4922
311	0,43	154	238,1993864	104,5035
311	0,43	155	238,3554387	104,5083
311	0,43	156	238,5108994	104,5159
311	0,43	157	238,6657793	104,5163
311	0,44	158	238,8200893	104,5176
311	0,44	159	238,97384	104,5183
311	0,44	160	239,1270419	104,5375
312	0,45	161	239,2797053	104,5457
312	0,45	162	239,4318404	104,5476
312	0,45	163	239,5834573	104,5518
312	0,45	164	239,7345658	104,5524
312	0,46	165	239,8851757	104,5656
312	0,46	166	240,0352967	104,5675
312	0,46	167	240,1849383	104,57
312	0,47	168	240,33411	104,5716
313	0,47	169	240,4828209	104,5876

Grafische Darstellung der projizierten Messwerte im Weibullnetz *(Fortsetzung)*

σa_D (MPa)	$\upsilon/(n+1)$	υ	G (mm)	σa_D (mm)
313	0,47	170	240,6310803	104,5897
313	0,47	171	240,7788973	104,5927
313	0,48	172	240,9262808	104,6001
313	0,48	173	241,0732398	104,6025
313	0,48	174	241,2197828	104,6035
313	0,48	175	241,3659187	104,6091
313	0,49	176	241,5116561	104,6119
313	0,49	177	241,6570033	104,614
313	0,49	178	241,8019689	104,618
314	0,50	179	241,9465611	104,6228
314	0,50	180	242,0907882	104,6344
314	0,50	181	242,2346584	104,6346
314	0,50	182	242,3781798	104,635
314	0,51	183	242,5213604	104,6416
314	0,51	184	242,6642082	104,6507
314	0,51	185	242,806731	104,6556
315	0,52	186	242,9489368	104,6645
315	0,52	187	243,0908333	104,6653
315	0,52	188	243,2324282	104,6727
315	0,52	189	243,3737292	104,6739
315	0,53	190	243,5147439	104,6751
315	0,53	191	243,6554799	104,6803
315	0,53	192	243,7959447	104,6812
315	0,53	193	243,9361458	104,6939
315	0,54	194	244,0760907	104,7012
315	0,54	195	244,2157868	104,7037
316	0,54	196	244,3552414	104,7068
316	0,55	197	244,4944618	104,7201
316	0,55	198	244,6334554	104,7391
316	0,55	199	244,7722295	104,7446
317	0,55	200	244,9107913	104,7508
317	0,56	201	245,0491481	104,7559
317	0,56	202	245,187307	104,7611
317	0,56	203	245,3252753	104,7648

Grafische Darstellung der projizierten Messwerte im Weibullnetz *(Fortsetzung)*

σa_D (MPa)	υ/(n+1)	υ	G (mm)	σa_D (mm)
317	0,57	204	245,4630601	104,7746
317	0,57	205	245,6006686	104,7773
317	0,57	206	245,738108	104,7785
317	0,57	207	245,8753854	104,7803
318	0,58	208	246,0125079	104,7868
318	0,58	209	246,1494828	104,787
318	0,58	210	246,286317	104,7889
318	0,58	211	246,4230179	104,7904
318	0,59	212	246,5595924	104,792
318	0,59	213	246,6960478	104,7931
318	0,59	214	246,8323913	104,8137
318	0,60	215	246,9686299	104,8205
318	0,60	216	247,1047709	104,8223
318	0,60	217	247,2408216	104,8237
319	0,60	218	247,376789	104,8285
319	0,61	219	247,5126806	104,8302
319	0,61	220	247,6485035	104,8336
319	0,61	221	247,784265	104,8461
319	0,61	222	247,9199726	104,8574
319	0,62	223	248,0556335	104,8606
320	0,62	224	248,1912552	104,8703
320	0,62	225	248,3268451	104,8719
320	0,63	226	248,4624108	104,8738
320	0,63	227	248,5979597	104,874
320	0,63	228	248,7334994	104,8871
320	0,63	229	248,8690377	104,8873
320	0,64	230	249,0045822	104,8921
320	0,64	231	249,1401407	104,8966
320	0,64	232	249,2757209	104,8967
321	0,65	233	249,4113308	104,9166
321	0,65	234	249,5469785	104,9209
321	0,65	235	249,6826718	104,9321
321	0,65	236	249,8184189	104,9343
321	0,66	237	249,9542281	104,935

Grafische Darstellung der projizierten Messwerte im Weibullnetz *(Fortsetzung)*

σa_D (MPa)	**υ/(n+1)**	**υ**	**G (mm)**	**σa_D (mm)**
321	0,66	238	250,0901076	104,9437
322	0,66	239	250,2260658	104,9537
322	0,66	240	250,3621113	104,9562
322	0,67	241	250,4982525	104,9568
322	0,67	242	250,6344982	104,9594
322	0,67	243	250,7708572	104,9646
322	0,68	244	250,9073384	104,9691
322	0,68	245	251,0439508	104,97
322	0,68	246	251,1807037	104,9767
322	0,68	247	251,3176063	104,9775
322	0,69	248	251,4546681	104,9777
322	0,69	249	251,5918986	104,9806
322	0,69	250	251,7293077	104,9869
322	0,70	251	251,8669051	104,9873
323	0,70	252	252,004701	104,992
323	0,70	253	252,1427056	104,996
323	0,70	254	252,2809293	104,9996
323	0,71	255	252,4193827	105
323	0,71	256	252,5580766	105,0064
323	0,71	257	252,697022	105,0112
323	0,71	258	252,8362302	105,0192
323	0,72	259	252,9757125	105,0209
323	0,72	260	253,1154807	105,0268
323	0,72	261	253,2555466	105,0271
324	0,73	262	253,3959224	105,031
324	0,73	263	253,5366206	105,0348
324	0,73	264	253,6776538	105,0416
324	0,73	265	253,8190351	105,0504
324	0,74	266	253,9607776	105,0512
324	0,74	267	254,1028951	105,055
324	0,74	268	254,2454015	105,055
324	0,75	269	254,3883109	105,056
324	0,75	270	254,5316381	105,0562
324	0,75	271	254,6753981	105,0602

Grafische Darstellung der projizierten Messwerte im Weibullnetz *(Fortsetzung)*

σa_D (MPa)	**$\upsilon/(n+1)$**	**υ**	**G (mm)**	**σa_D (mm)**
324	0,75	272	254,8196061	105,0659
325	0,76	273	254,9642781	105,0855
325	0,76	274	255,1094302	105,0867
325	0,76	275	255,2550792	105,0899
325	0,76	276	255,401242	105,0936
325	0,77	277	255,5479364	105,0941
325	0,77	278	255,6951806	105,1016
325	0,77	279	255,842993	105,1022
325	0,78	280	255,9913931	105,1042
326	0,78	281	256,1404006	105,1124
326	0,78	282	256,290036	105,1188
326	0,78	283	256,4403204	105,1287
326	0,79	284	256,5912755	105,1287
326	0,79	285	256,7429238	105,1293
326	0,79	286	256,8952886	105,13
326	0,80	287	257,048394	105,1388
326	0,80	288	257,2022648	105,149
327	0,80	289	257,3569269	105,1538
327	0,80	290	257,5124068	105,1587
327	0,81	291	257,6687324	105,1599
327	0,81	292	257,8259323	105,165
327	0,81	293	257,9840363	105,168
327	0,81	294	258,1430754	105,17
327	0,82	295	258,3030819	105,1717
327	0,82	296	258,4640891	105,1721
327	0,82	297	258,626132	105,1779
327	0,83	298	258,7892469	105,1836
328	0,83	299	258,9534717	105,192
328	0,83	300	259,1188459	105,1962
328	0,83	301	259,2854108	105,1964
328	0,84	302	259,4532094	105,2126
328	0,84	303	259,6222869	105,2185
328	0,84	304	259,7926905	105,2272
328	0,84	305	259,9644696	105,2282

Grafische Darstellung der projizierten Messwerte im Weibullnetz *(Fortsetzung)*

σa_D (MPa)	υ /(n+1)	υ	G (mm)	σa_D (mm)
329	0,85	306	260,1376763	105,2333
329	0,85	307	260,3123649	105,2351
329	0,85	308	260,4885926	105,2416
329	0,86	309	260,6664198	105,2591
329	0,86	310	260,8459097	105,2627
329	0,86	311	261,0271291	105,2642
329	0,86	312	261,2101487	105,2673
330	0,87	313	261,3950428	105,2968
330	0,87	314	261,5818903	105,3049
330	0,87	315	261,7707746	105,3069
331	0,88	316	261,9617842	105,3241
331	0,88	317	262,1550131	105,3254
331	0,88	318	262,3505611	105,3272
331	0,88	319	262,5485347	105,3345
331	0,89	320	262,7490473	105,3367
331	0,89	321	262,9522202	105,3391
332	0,89	322	263,1581832	105,3666
332	0,89	323	263,3670753	105,3682
332	0,90	324	263,5790459	105,3807
333	0,90	325	263,7942556	105,3893
333	0,90	326	264,0128778	105,405
333	0,91	327	264,2350997	105,4174
333	0,91	328	264,4611241	105,4245
334	0,91	329	264,6911712	105,4303
334	0,91	330	264,9254807	105,437
334	0,92	331	265,1643141	105,4531
335	0,92	332	265,4079576	105,4656
335	0,92	333	265,6567256	105,4798
335	0,93	334	265,9109644	105,4801
335	0,93	335	266,1710566	105,4861
335	0,93	336	266,4374269	105,4894
335	0,93	337	266,7105485	105,4952
336	0,94	338	266,9909509	105,5057
336	0,94	339	267,2792295	105,5159

Grafische Darstellung der projizierten Messwerte im Weibullnetz *(Fortsetzung)*

σa$_D$ (MPa)	**υ/(n+1)**	**υ**	**G (mm)**	**σa$_D$ (mm)**
336	0,94	340	267,5760572	105,5339
336	0,94	341	267,8821989	105,5366
338	0,95	342	268,1985294	105,5865
338	0,95	343	268,5260562	105,6043
338	0,95	344	268,8659481	105,6171
339	0,96	345	269,219573	105,6282
339	0,96	346	269,5885464	105,6393
339	0,96	347	269,9747965	105,6484
341	0,96	348	270,3806531	105,7058
341	0,97	349	270,8089701	105,706
341	0,97	350	271,2632988	105,7177
342	0,97	351	271,7481427	105,7378
342	0,98	352	272,2693397	105,744
342	0,98	353	272,8346626	105,7686
342	0,98	354	273,4548064	105,7692
344	0,98	355	274,1451105	105,839
345	0,99	356	274,9287991	105,877
347	0,99	357	275,8437246	105,934
347	0,99	358	276,9585457	105,9406
347	0,99	359	278,4210711	105,9502
348	1,00	360	280,6751786	105,9809

Skalierung des Wöhlerdiagrammes

Skalierung:	$y = 200\text{mm}/800\text{ MPa} = 0{,}25\text{ mm/MPa}$
	$x = 280\text{ mm}/\log 10^7 \cdot \log N$
	$x = 40\text{mm} \cdot \log N$

Skalierung im Weibullnetz

Skalierung:	$y = 260\text{ mm} = \ln\ln(1/(1-0{,}000001)) - \ln\ln(1/(1-0{,}9))$
	$y = (\ln\ln(1/(1-G) + 13{,}82)) \cdot 18$
	$x = 180\text{ mm} = \ln(100000) - \ln(0{,}1)$
	$x = (\ln \sigma a + 2{,}3) \cdot 13$

Grafische Darstellung der Verteilungen im Weibullnetz

zweiparametrig

$b = 22$

$\sigma a_{0.63,D} =$ 318 MPa

σa (MPa)	G	σa (mm)
240,97	0,002	101,2006
318,00	0,63	104,8067

dreiparametrig

$b = 22$

$\sigma a_{0.63,D} =$ 318 MPa

$\sigma a_{0,D} =$ 241 MPa für 1ppm

$\sigma a_{0,D} =$ 154 MPa für 0 ppm

σa (MPa)	G	σa (mm)	G (mm)
241,52	0,000001	101,2305	0,080819
251,18	0,00001	101,7401	41,52743
261,90	0,0001	102,2836	82,97477
273,81	0,001	102,8616	124,4294
287,06	0,01	103,4758	165,9573
302,05	0,1	104,1379	208,2534
315,29	0,5	104,6954	242,1628
317,96	0,63	104,8049	248,6562
324,34	0,9	105,0632	263,7726

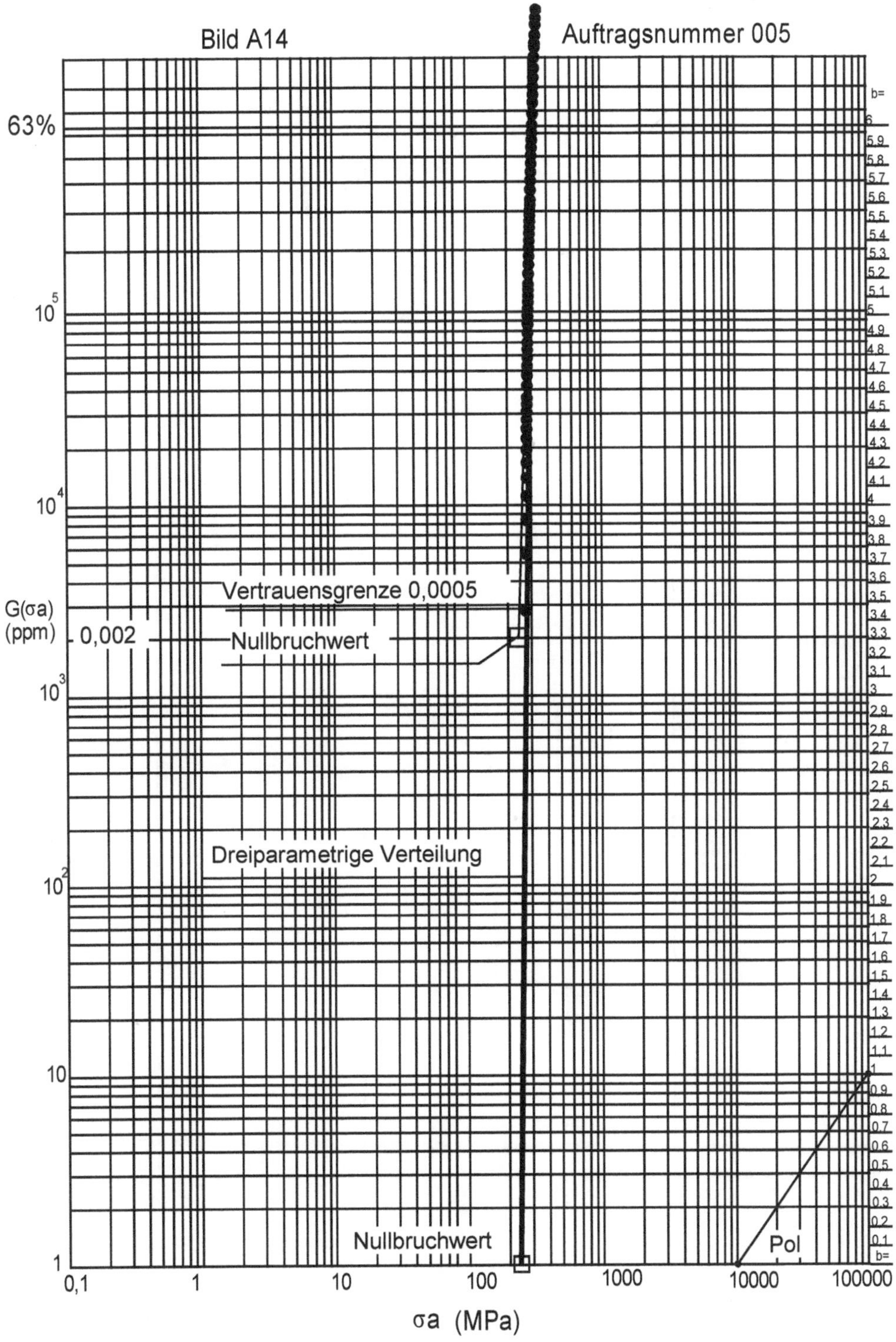
Bild A14
Auftragsnummer 005
63%
10^5
10^4
G(σa)
(ppm)
0,002
Vertrauensgrenze 0,0005
Nullbruchwert
10^3
Dreiparametrige Verteilung
10^2
10
1
Nullbruchwert
Pol
b=
0,1
1
10
100
1000
10000
100000
σa (MPa)

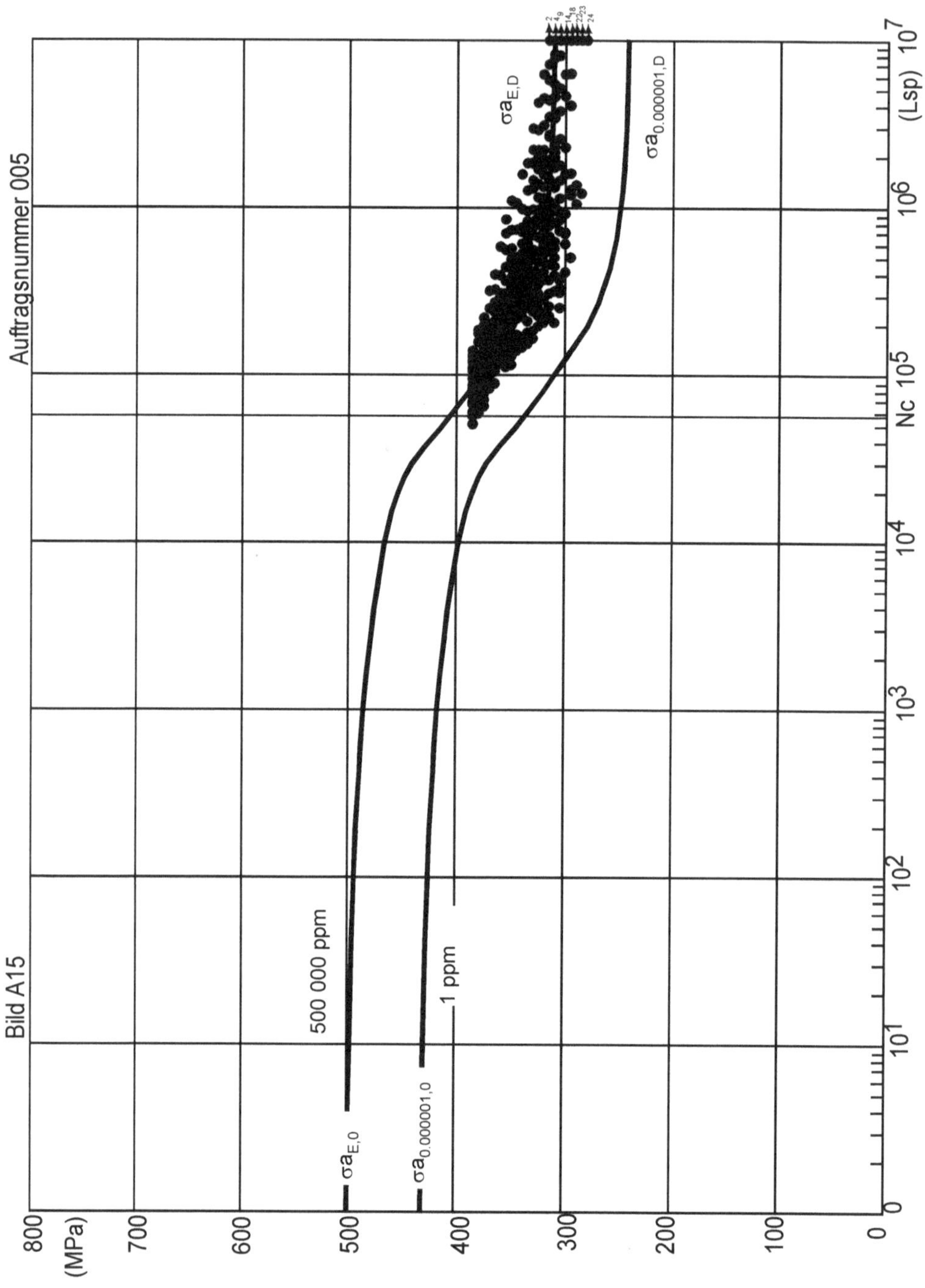

Bild A15
Auftragsnummer 005
500 000 ppm
1 ppm
σa_E,0
σa_0.000001,0
σa_E,D
σa_0.000001,D
800
(MPa)
700
600
500
400
300
200
100
0
0
10^1
10^2
10^3
10^4
Nc 10^5
10^6
(Lsp) 10^7

16.6 Beispiel 6 – Einstufige Belastung

Auftrag	**Köhler**		
Auftragsnummer:	006		
Bauteil	Zylinder D = 6,74 mm; Umlaufbiegung		
Werkstoff	1.5122		
Zugfestigkeit R_m	800 MPa		
Bruchdehnung A			
Streckgrenze $R_{p0,2}$			
Wöhlerversuche:	224 Versuche, davon 78 Durchläufer		
Lastverhältnis σu/σo	–1		
mittlere Wöhlerlinie			
$\sigma a_{E,0}$ =	800 MPa		
$\sigma a_{E,\infty}$ =	440 MPa	$\sigma a_{E,D}$ =	450 MPa
Nc =	15000 Lsp		
z =	1,78		
$N = N_c (\frac{\sigma a_{E,0} - \sigma a}{\sigma a - \sigma a_{E,\infty}})^z$			
Auswertungen			
Grenzlastspielzahl N_D =	10^7 Lsp		
Charakteristischer Wert $\sigma a_{0.63,D}$ =	455 MPa		
Steilheit b =	44		
untere Vertrauensgrenzen			
$\sigma a_{0.63,Dunten}$ =	452 MPa		
b_{unten} =	35		
Nullbruchwerte			
$\sigma a_{0.000001,D}$ =	378 MPa	für 1 ppm	
$\sigma a_{0.000001,0}$ =	728 MPa	für 1 ppm	

$$G(\sigma a, N) = 1 - \exp\{-(\frac{\sigma a - \frac{\sigma a_{0,0} + \sigma a_{0,\infty}\left(\frac{N}{N_c}\right)^{\frac{1}{z}}}{1 + \left(\frac{N}{N_c}\right)^{\frac{1}{z}}}}{\sigma a_{0.63,\infty} - \sigma a_{0,\infty}})^b\}$$

Ergebnisse, Kontrollwerte

N_D =	10^7	Lsp
G=	0,000001	
b=	35	
1/z=	0,56	
$\sigma a_{0.000001,D}$ =	378	MPa
$\sigma a_{0.63,D}$ =	452	MPa
Term	0,67	
$\sigma a_{0,D}$ =	225	MPa
$\sigma a_{0,\infty}$ =	216	MPa
$\sigma a_{0,0}$ =	575	MPa

N_D	**$(N_D/Nc)^{1/z}$**	**$\sigma a_{0,D}$**
1000000000	503	217
100000000	138	219
10000000	38	225
1000000	11	247

	N_D=	**∞**	**10^9**	**10^8**	**10^7**	**10^6**
	$\sigma a_{0.63,D}$=	**443**	**444**	**446**	**452**	**474**
G = 0	**$\sigma a_{G,D}$=**	216	217	219	225	247
G = 0,000001	**$\sigma a_{G,D}$=**	368,97	369,97	371,97	377,97	399,97
G = 0,00001	**$\sigma a_{G,D}$=**	379,37	380,37	382,37	388,37	410,37
G = 0,0001	**$\sigma a_{G,D}$=**	390,48	391,48	393,48	399,48	421,48
G = 0,001	**$\sigma a_{G,D}$=**	402,35	403,35	405,35	411,35	433,35
G = 0,1	**$\sigma a_{G,D}$=**	428,86	429,86	431,86	437,86	459,86

Die Streubandfunktion lautet:

$$G(\sigma a, N) = 1 - \exp[-(\frac{\sigma a - \frac{575 + 216 * (\frac{N}{15000})^{0,56}}{1 + (\frac{N}{15000})^{0,56}}}{443 - 216})^{35}]$$

Messwerte

σa (MPa)	N (Lsp)	σa (MPa)	N (Lsp)
555	44000	525	162000
555	49000	525	170000
555	49000	525	193000
555	55000	525	205000
555	57000	525	223000
555	63000	525	236000
555	63000	525	250000
555	67000	510	164000
555	70000	510	188000
555	72000	510	224000
555	78000	510	246000
555	86000	510	249000
555	89000	510	255000
555	92000	510	270000
540	65000	510	278000
540	69000	510	286000
540	77000	510	297000
540	83000	510	356000
540	84000	510	366000
540	88000	510	390000
540	104000	510	485000
540	112000	495	310000
540	119000	495	353000
540	121000	495	380000
540	135000	495	408000
540	136000	495	423000
540	137000	495	434000
540	145000	495	473000
525	90000	495	482000
525	101000	495	487000
525	115000	495	519000
525	121000	495	519000
525	131000	495	661000
525	142000	495	704000
525	159000	495	820000

Messwerte *(Fortsetzung)*

σa (MPa)	N (Lsp)		σa (MPa)	N (Lsp)	
480	426000		464	2185000	
480	490000		464	3877000	
480	524000		464	12027000	D
480	558000		464	14057000	D
480	592000		464	14287000	D
480	642000		464	16372000	D
480	717000		460	570000	
480	756000		460	604000	
480	852000		460	752000	
480	959000		460	842000	
480	1187000		460	908000	
480	1341000		460	1106000	
480	1876000		460	1331000	
480	2223000		460	2542000	
468	252000		460	2872000	
468	503000		460	10587000	D
468	632000		460	14690000	D
468	763000		460	17383000	D
468	1038000		460	18207000	D
468	1063000		460	18900000	D
468	1175000		456	532000	
468	1509000		456	820000	
468	1559000		456	871000	
468	2016000		456	1035000	
468	2036000		456	1068000	
468	2224000		456	1233000	
468	2391000		456	1538000	
468	15464000	D	456	2213000	
464	440000		456	2969000	
464	678000		456	10110000	D
464	1094000		456	10632000	D
464	1120000		456	14458000	D
464	1163000		456	17965000	D
464	1406000		456	18313000	D
464	1955000		454	1127000	
464	1960000		454	1391000	

Messwerte *(Fortsetzung)*

σa (MPa)	**N (Lsp)**		**σa (MPa)**	**N (Lsp)**	
454	1399000		448	15880000	D
454	1521000		448	16777000	D
454	1979000		448	18118000	D
454	3294000		448	20933000	D
454	3494000		444	804000	
454	10190000	D	444	2142000	
454	10290000	D	444	10000000	D
454	10335000	D	444	10280000	D
454	10428000	D	444	10586000	D
454	14826000	D	444	10943000	D
454	17011000	D	444	11935000	D
454	19375000	D	444	14230000	D
452	556000		444	15215000	D
452	1273000		444	15640000	D
452	1384000		444	18097000	D
452	1446000		444	18180000	D
452	2264000		444	21701000	D
452	3143000		444	73060000	D
452	10255000	D	440	4945000	
452	11900000	D	440	10548000	D
452	11927000	D	440	10719000	D
452	14296000	D	440	11156000	D
452	14310000	D	440	14495000	D
452	15058000	D	440	14579000	D
452	16534000	D	440	14927000	D
452	20615000	D	440	15715000	D
448	657000		440	16213000	D
448	1462000		440	17601000	D
448	1464000		440	17913000	D
448	3323000		440	17940000	D
448	5145000		440	18745000	D
448	10189000	D	440	20408000	D
448	10799000	D	436	10001000	D
448	10925000	D	436	10675000	D
448	14091000	D	436	14479000	D
448	15053000	D	436	93246000	D

Messwerte *(Fortsetzung)*

σa (MPa)	N (Lsp)		σa (MPa)	N (Lsp)
436	16190000	D		
436	10070000	D		
436	65515000	D	27340900	
436	112580000	D		
436	12734000	D		
436	10498000	D		
436	12000000	D		
436	13679000	D		
436	10140000	D		
436	10003000	D		

Treppenstufenverfahren

Stufe	σa (MPa)	Anzahl gebrochen	Anzahl Durchläufer	Häufigkeit der Ereignisse o		
i	xi	r	l	fi	i·fi	i²·fi
8	468	13	1	1	8	64
7	464	10	4	4	28	196
6	460	9	5	5	30	180
5	456	9	5	5	25	125
4	454	7	7	7	28	112
3	452	6	8	8	24	72
2	448	5	9	9	18	36
1	444	2	12	12	12	12
0	440	1	13	13	0	0
	Summen:	**62**	**64**	**F = 64**	**A = 173**	**B = 797**

$\sigma a_{E,D} = \quad x_0 + d\,(A/F + ½) = \quad 440 + 4(2{,}7 + 0{,}5) = 452{,}8$ MPa

Auf N_D projizierte Messwerte

σa (MPa)	N (Lsp)	σaD (MPa)	υ/(n+1)	υ
468	252000	416	0,01	1
444	804000	418	0,01	2
448	657000	418	0,02	3
452	556000	419	0,03	4
456	532000	422	0,03	5
464	440000	426	0,04	6
460	570000	428	0,05	7
460	604000	429	0,05	8
456	820000	431	0,06	9
448	1462000	431	0,07	10
448	1464000	431	0,07	11
456	871000	432	0,08	12
444	2142000	432	0,09	13
468	503000	433	0,10	14
460	752000	433	0,10	15
452	1273000	434	0,11	16
454	1127000	434	0,12	17
456	1035000	434	0,12	18
452	1384000	435	0,13	19
456	1068000	435	0,14	20
460	842000	435	0,14	21
464	678000	435	0,15	22
452	1446000	435	0,16	23
440	4945000	436	0,16	24
460	908000	436	0,17	25
454	1391000	437	0,18	26
555	44000	437	0,18	27
454	1399000	437	0,19	28
456	1233000	437	0,20	29
525	90000	438	0,20	30
468	632000	438	0,21	31
454	1521000	438	0,22	32
540	65000	439	0,22	33

Auf N_D projizierte Messwerte *(Fortsetzung)*

σa (MPa)	N (Lsp)	σaD (MPa)	υ/(n+1)	υ
460	1106000	439	0,23	34
456	1538000	440	0,24	35
448	3323000	441	0,24	36
452	2264000	441	0,25	37
454	1979000	441	0,26	38
480	426000	441	0,27	39
468	763000	441	0,27	40
540	69000	442	0,28	41
555	49000	442	0,29	42
555	49000	442	0,29	43
525	101000	442	0,30	44
460	1331000	442	0,31	45
464	1094000	443	0,31	46
464	1120000	444	0,32	47
448	5145000	444	0,33	48
452	3143000	444	0,33	49
464	1163000	444	0,34	50
480	490000	444	0,35	51
510	164000	444	0,35	52
456	2213000	444	0,36	53
480	524000	446	0,37	54
540	77000	446	0,37	55
454	3294000	446	0,38	56
468	1038000	446	0,39	57
468	1063000	447	0,39	58
555	55000	447	0,40	59
464	1406000	447	0,41	60
454	3494000	447	0,41	61
525	115000	447	0,42	62
480	558000	447	0,43	63
456	2969000	447	0,44	64
468	1175000	448	0,44	65
495	310000	448	0,45	66
480	592000	448	0,46	67

Auf N_D projizierte Messwerte *(Fortsetzung)*

σa (MPa)	N (Lsp)	σaD (MPa)	υ/(n+1)	υ
555	57000	449	0,46	68
525	121000	449	0,47	69
510	188000	449	0,48	70
540	83000	449	0,48	71
540	84000	450	0,49	72
460	2542000	450	0,50	73
480	642000	450	0,50	74
464	1955000	451	0,51	75
464	1960000	451	0,52	76
460	2872000	451	0,52	77
540	88000	452	0,53	78
525	131000	452	0,54	79
495	353000	452	0,54	80
468	1509000	452	0,55	81
480	717000	452	0,56	82
468	1559000	452	0,56	83
464	2185000	452	0,57	84
555	63000	453	0,58	85
555	63000	453	0,59	86
480	756000	453	0,59	87
495	380000	454	0,60	88
510	224000	454	0,61	89
525	142000	455	0,61	90
480	852000	455	0,62	91
495	408000	455	0,63	92
468	2016000	455	0,63	93
555	67000	456	0,64	94
468	2036000	456	0,65	95
495	423000	456	0,65	96
468	2224000	457	0,66	97
495	434000	457	0,67	98
510	246000	457	0,67	99
480	959000	457	0,68	100
468	2391000	457	0,69	101

Auf N_D projizierte Messwerte *(Fortsetzung)*

σa (MPa)	N (Lsp)	σaD (MPa)	υ/(n+1)	υ
555	70000	457	0,69	102
510	249000	457	0,70	103
464	3877000	458	0,71	104
510	255000	458	0,71	105
540	104000	458	0,72	106
525	159000	458	0,73	107
555	72000	459	0,73	108
495	473000	459	0,74	109
525	162000	459	0,75	110
495	482000	459	0,76	111
495	487000	459	0,76	112
510	270000	460	0,77	113
510	278000	460	0,78	114
480	1187000	461	0,78	115
525	170000	461	0,79	116
495	519000	461	0,80	117
495	519000	461	0,80	118
540	112000	461	0,81	119
510	286000	461	0,82	120
555	78000	462	0,82	121
510	297000	462	0,83	122
480	1341000	462	0,84	123
540	119000	463	0,84	124
540	121000	464	0,85	125
525	193000	465	0,86	126
495	661000	466	0,86	127
555	86000	466	0,87	128
525	205000	467	0,88	129
480	1876000	467	0,88	130
495	704000	467	0,89	131
510	356000	467	0,90	132
555	89000	467	0,90	133
510	366000	468	0,91	134
540	135000	468	0,92	135

Auf N_D projizierte Messwerte *(Fortsetzung)*

σa (MPa)	**N (Lsp)**	**σaD (MPa)**	**υ/(n+1)**	**υ**
540	136000	468	0,93	136
540	137000	468	0,93	137
555	92000	468	0,94	138
480	2223000	469	0,95	139
525	223000	469	0,95	140
510	390000	469	0,96	141
495	820000	470	0,97	142
540	145000	470	0,97	143
525	236000	471	0,98	144
525	250000	472	0,99	145
510	485000	474	0,99	146

$\sigma a_{E,D} =$ 450

$s =$ 12,79932364

$1+s^2/\sigma a_{E,D}{}^2 =$ 1,00081065

Ausgleichsrechnung

z=1,78 Nc = 15000 σaE,0 = 800 MPa σaE,∞ = 440 MPa

σa (MPa)	**N(Lsp)**	**N (mm)**	**logN**	**(N/Nc)^1/z**	**σa (MPa)**	**σath – σa**	**(σath – σa)²**
551,26	63095,73	192	4,8	2,235573	555	–3,73687	13,9642
530,97	103992	200,68	5,017	2,957392	540	–9,031	81,55893
515,76	159037,7	208,06	5,2015	3,751707	525	–9,23775	85,33603
499,55	269929,3	217,25	5,43125	5,045322	510	–10,4498	109,1988
485,52	473151,3	227	5,675	6,908582	495	–9,47983	89,86713
476,07	755962,1	235,14	5,8785	8,9815	480	–3,93328	15,47068
470,33	1062919	241,06	6,0265	10,86998	468	2,328601	5,422382
466,25	1406048	245,92	6,148	12,71361	464	2,251293	5,06832
472,87	907820,5	238,32	5,958	9,95105	460	12,87356	165,7286
465,06	1537269	247,47	6,18675	13,365	456	9,060916	82,10019
465,20	1521423	247,29	6,18225	13,28767	454	11,19655	125,3627
465,87	1446272	246,41	6,16025	12,91603	452	13,86946	192,3618
465,72	1462177	246,6	6,165	12,99538	448	17,72278	314,0969
474,97	803526,1	236,2	5,905	9,293705	444	30,97283	959,3162
453,48	4945953	267,77	6,69425	25,71396	440	13,4761	181,6053
						67,88354	**971,4397**

Grafische Darstellung im Wöhlerdiagramm

σa (MPa)	**σa (mm)**	**N (Lsp)**	**N (mm)**	**Mittelwerte**
555	138,75	44000	185,7381	
555	138,75	49000	187,6078	
555	138,75	49000	187,6078	
555	138,75	55000	189,6145	
555	138,75	57000	190,235	
555	138,75	63000	191,9736	
555	138,75	63000	191,9736	192
555	138,75	67000	193,043	
555	138,75	70000	193,8039	
555	138,75	72000	194,2933	
555	138,75	78000	195,6838	
555	138,75	86000	197,3799	
555	138,75	89000	197,9756	
555	138,75	92000	198,5515	
540	135	65000	192,5165	
540	135	69000	193,554	
540	135	77000	195,4596	
540	135	83000	196,7631	
540	135	84000	196,9712	
540	135	88000	197,7793	
540	135	104000	200,6813	200,68
540	135	112000	201,9687	
540	135	119000	203,0219	
540	135	121000	203,3114	
540	135	135000	205,2134	
540	135	136000	205,3416	
540	135	137000	205,4688	
540	135	145000	206,4547	
525	131,25	90000	198,1697	
525	131,25	101000	200,1729	
525	131,25	115000	202,4279	
525	131,25	121000	203,3114	
525	131,25	131000	204,6909	
525	131,25	142000	206,0915	
525	131,25	159000	208,0559	208,06

Grafische Darstellung im Wöhlerdiagramm *(Fortsetzung)*

σa (MPa)	σa (mm)	N (Lsp)	N (mm)	Mittelwerte
525	131,25	162000	208,3806	
525	131,25	170000	209,218	
525	131,25	193000	211,4223	
525	131,25	205000	212,4702	
525	131,25	223000	213,9322	
525	131,25	236000	214,9165	
525	131,25	250000	215,9176	
510	127,5	164000	208,5938	
510	127,5	188000	210,9663	
510	127,5	224000	214,0099	
510	127,5	246000	215,6374	
510	127,5	249000	215,848	
510	127,5	255000	216,2616	
510	127,5	270000	217,2546	217,25
510	127,5	278000	217,7618	
510	127,5	286000	218,2546	
510	127,5	297000	218,9103	
510	127,5	356000	222,058	
510	127,5	366000	222,5392	
510	127,5	390000	223,6426	
510	127,5	485000	227,4297	
495	123,75	310000	219,6545	
495	123,75	353000	221,911	
495	123,75	380000	223,1913	
495	123,75	408000	224,4264	
495	123,75	423000	225,0536	
495	123,75	434000	225,4996	
495	123,75	473000	226,9944	227
495	123,75	482000	227,3219	
495	123,75	487000	227,5012	
495	123,75	519000	228,6067	
495	123,75	519000	228,6067	
495	123,75	661000	232,8081	
495	123,75	704000	233,9029	
495	123,75	820000	236,5526	
480	120	426000	225,1764	

Grafische Darstellung im Wöhlerdiagramm *(Fortsetzung)*

σa (MPa)	σa (mm)	N (Lsp)	N (mm)	Mittelwerte
480	120	490000	227,6078	
480	120	524000	228,7733	
480	120	558000	229,8654	
480	120	592000	230,8929	
480	120	642000	232,3014	
480	120	717000	234,2208	
480	120	756000	235,1409	235,14
480	120	852000	237,2176	
480	120	959000	239,2727	
480	120	1187000	242,978	
480	120	1341000	245,0972	
480	120	1876000	250,9293	
480	120	2223000	253,8776	
468	117	252000	216,056	
468	117	503000	228,0627	
468	117	632000	232,0287	
468	117	763000	235,301	
468	117	1038000	240,6479	
468	117	1063000	241,0613	241,06
468	117	1175000	242,8015	
468	117	1509000	247,1476	
468	117	1559000	247,7138	
468	117	2016000	252,1796	
468	117	2036000	252,3511	
468	117	2224000	253,8854	
468	117	2391000	255,1432	
464	116	440000	225,7381	
464	116	678000	233,2492	
464	116	1094000	241,5607	
464	116	1120000	241,9687	
464	116	1163000	242,6232	
464	116	1406000	245,9194	245,92
464	116	1955000	251,6459	
464	116	1960000	251,6902	
464	116	2185000	253,5781	
464	116	3877000	263,5398	

Grafische Darstellung im Wöhlerdiagramm *(Fortsetzung)*

σa (MPa)	**σa (mm)**	**N (Lsp)**	**N (mm)**	**Mittelwerte**
460	115	570000	230,235	
460	115	604000	231,2415	
460	115	752000	235,0487	
460	115	842000	237,0125	
460	115	908000	238,3234	238,32
460	115	1106000	241,7502	
460	115	1331000	244,9671	
460	115	2542000	256,207	
460	115	2872000	258,3274	
456	114	532000	229,0365	
456	114	820000	236,5526	247,47
456	114	871000	237,6007	
456	114	1035000	240,5976	
456	114	1068000	241,1429	
456	114	1233000	243,6385	243,64
456	114	1538000	247,4783	
456	114	2213000	253,7993	
456	114	2969000	258,9044	
454	113,5	1127000	242,077	
454	113,5	1391000	245,7331	
454	113,5	1399000	245,8327	
454	113,5	1521000	247,2852	247,29
454	113,5	1979000	251,8578	
454	113,5	3294000	260,7089	
454	113,5	3494000	261,7329	
452	113	556000	229,803	
452	113	1273000	244,1931	
452	113	1384000	245,6454	
452	113	1446000	246,4067	246,41
452	113	2264000	254,1951	
452	113	3143000	259,8938	
448	112	657000	232,7026	
448	112	1462000	246,5979	
448	112	1464000	246,6216	246,6
448	112	3323000	260,8612	
448	112	5145000	268,4554	

Grafische Darstellung im Wöhlerdiagramm *(Fortsetzung)*

σa (MPa)	σa (mm)	N (Lsp)	N (mm)	Mittelwerte
444	111	804000	236,2102	236,2
444	111	2142000	253,2328	
440	110	4945000	267,7667	267,77
468		1	D	
464		4	D	
460		5	D	
456		5	D	
454		7	D	
452		8	D	
448		9	D	
444		12	D	
440		13	D	

Skalierung des Wöhlerdiagrammes

Skalierung:	y = 200 mm / 800 MPa = 0,25 mm / MPa
	x = 280 mm / log 10^7 x logN
	x = 40 mm x logN

Skalierung im Weibullnetz

Skalierung:	y = 260mm = lnln(1 / (1 − 0,000001))−lnln(1 / (1 − 0,9))
	y = (lnln(1 / (1 − G) + 13,82)) · 18
	x = 180 mm = ln(100000) − ln(0,1)
	x = (ln σa + 2,3) · 13

Grafische Darstellung der Verteilungen im Weibullnetz

zweiparametrig

b= 35

$\sigma a_{0.63,D}$ = 452 MPa

σa (MPa)	G	σa (mm)
378,48	0,002	107,07
452,00	0,63	109,3779

dreiparametrig

b= 35

$\sigma a_{0.63,D}$ = 452 MPa für 1ppm

$\sigma a_{0,D}$= 378 MPa für 1 ppm

$\sigma a_{0,D}$= 225 MPa für 0 ppm

σa (MPa)	G	σa (mm)	G (mm)
377,97	0,000001	107,0525	0,080819
388,37	0,00001	107,4054	41,52743
399,48	0,0001	107,7721	82,97477
411,35	0,001	108,1526	124,4294
424,04	0,01	108,5478	165,9573
437,86	0,1	108,9648	208,2534
449,64	0,5	109,3097	242,1628
451,96	0,63	109,3768	248,6562
457,47	0,9	109,5344	263,7726

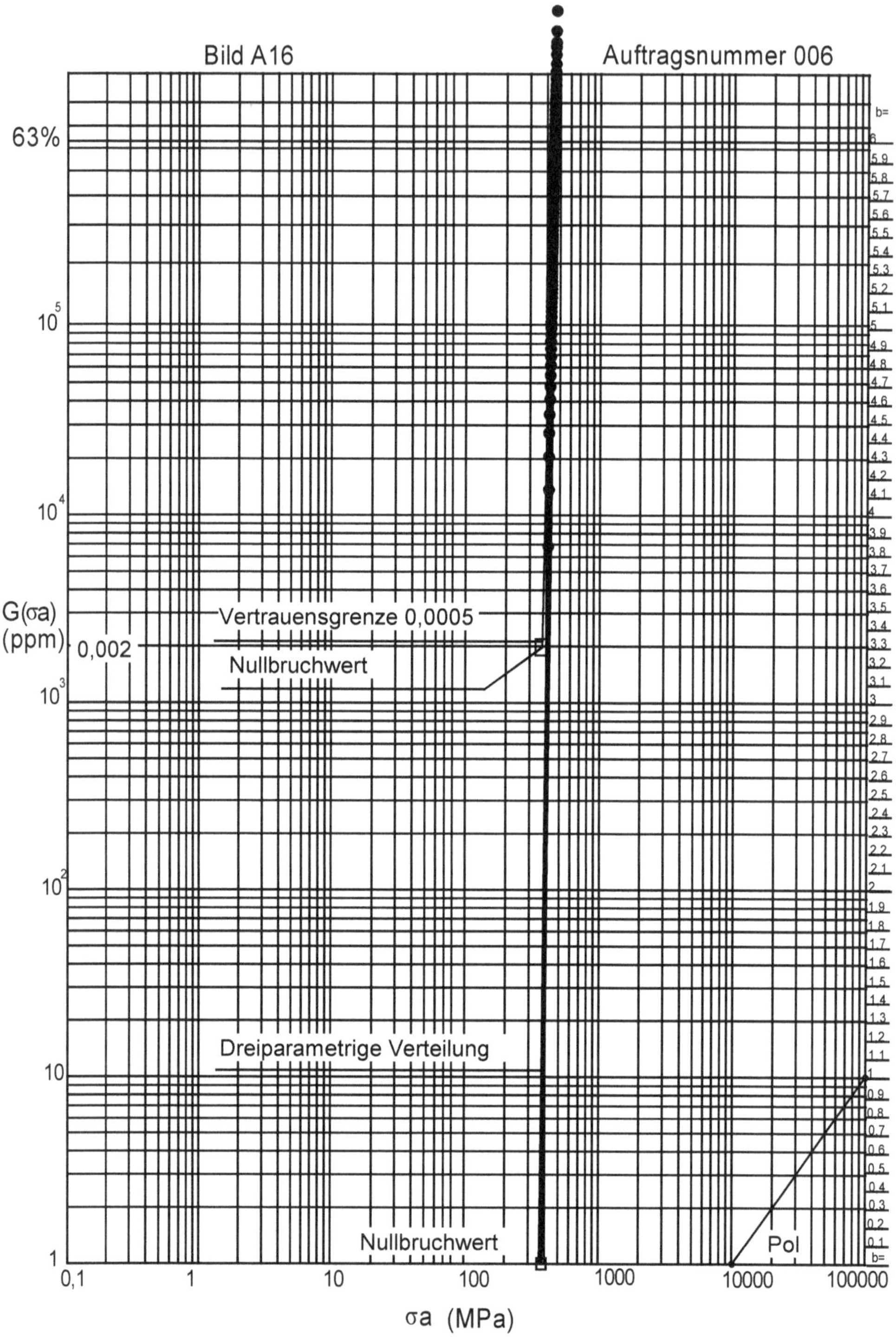
Bild A16
Auftragsnummer 006
63%
G(σa)
(ppm)
0,002
Vertrauensgrenze 0,0005
Nullbruchwert
Dreiparametrige Verteilung
Nullbruchwert
Pol
b=
σa (MPa)
0,1
1
10
100
1000
10000
100000

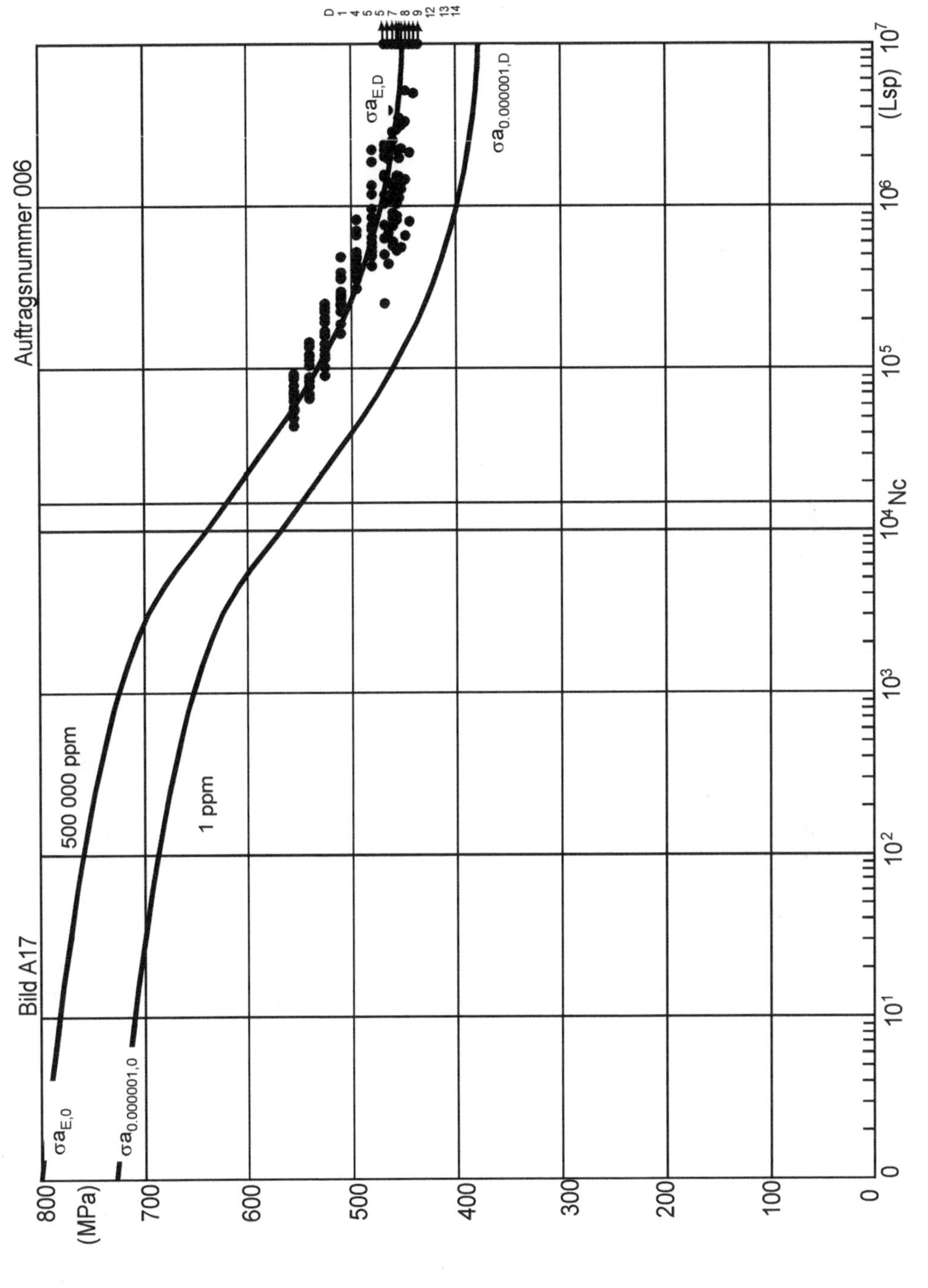
Bild A17
Auftragsnummer 006
500 000 ppm
1 ppm
σa_E,0
σa_0.000001,0
σa_E,D
σa_0.000001,D
800
(MPa)
700
600
500
400
300
200
100
0
0
10^1
10^2
10^3
10^4 Nc
10^5
10^6
(Lsp) 10^7

16.7 Beispiel 7 – Mehrstufige Belastung

Auftrag 007 – Optimalkerbe

$\sigma a_{0.63,\infty}$ =	112
b =	11
z=	1,25
Nc=	10000
1/z=	0,8
$\sigma a_{0,\infty}$=	60
$\sigma a_{0,0}$=	179

Mehrstufige Belastung

Sequenz	σa	ΔN	N	Term1	Term2	G(σa)	ppm	σa(G,∞)	$(N_\infty/N_c)^{1/z}$
1	100	4000	2000	1,275946	–1,3024088	–2,67815	–2678146	6,75	10000
1*	80		5549	133,2641	–1,0243104	–2,67815			
2	80	4000	9549	1,963746	–0,0657006	–0,06791	–67906,9	19,41	10000
2*	90		6238	130,5985	–0,7807398	–0,06791			
3	90	4000	10238	2,019034	–0,001586	–0,00159	–1587,22	31,07	10000
3*	70		24620	98,93906	–0,5565204	–0,00159			
4	70	4000	28620	3,319208	–0,0004585	–0,00046	–458,653	34,16	10000
4*	80		17929	105,8519	–0,4971523	–0,00046			
5	80	4000	21929	2,874198	–5,743E–05	–5,7E–05	–57,4333	38,61	10000
5*	100		9231	121,4029	–0,4115933	–5,7E–05			
6	100	4000	13231	2,251075	–2,123E–07	–2,1E–07	–0,2123	47,15	10000
6*	50		1023448	62,86362	–0,2473773	–2,1E–07			
7	50	4000	1027448	41,68253	–2,107E–07	–2,1E–07	–0,21073	47,16	10000
7*	85		25937	97,85491	–0,2472099	–2,1E–07			
8	85	4000	29937	3,404198	–1,269E–08	–1,3E–08	–0,01269	50,06	10000

Zeile1,Term1: $1+(\frac{N}{N_c})^{\frac{1}{z}}$ Zeile 1, Term2: $\left(\frac{\sigma a - \frac{\sigma a_{0,0} + \sigma a_{0,\infty} * (\frac{N}{N_c})^{1/z}}{1+(\frac{N}{N_c})^{1/z}}}{\sigma a_{0.63,\infty} - \sigma a_{0,\infty}}\right)^b$

Zeile1*,Term1: $\sigma a - (\ln(\frac{1}{1-G}))^{1/b} \cdot (\sigma a_{0.63,\infty} - \sigma a_{0,\infty})$ Zeile1*,Term2: $\ln(\frac{1}{1-G})^{1/b}$

Diskussion des Ergebnisses: Sieben von acht Lastsequenzen liegen über dem Nullbruchwert von 60 MPa. Deshalb wird die Nullbruchlinie nach sechs Sequenzen überschritten.

16.8 Beispiel 8 – Mehrstufige Belastung

Auftrag 001 – Beispiel 1

$\sigma a_{0.63,\infty}$ = 197

b = 19

z= 0,655

Nc= 109000

1/z= 1,53

$\sigma a_{0,\infty}$= 90

$\sigma a_{0,0}$= 251

Mehrstufige Belastung

Sequenz	σa	ΔN	N	Term1	Term2	G(σa)	ppm	σa(G,∞)	$(N_\infty/N_c)^{1/z}$
1	100	2000	2000	1,002205	–665,11186	–7E+288	–7E+294	–60,65	1155414
1*	80		30731	230,6459	–1,4079052	–7E+288			
2	80	2000	32731	1,158715	–536,18589	–7E+232	–7E+238	–58,95	1155414
2*	90		20999	238,9471	–1,3920287	–7E+232			
3	90	2000	22999	1,092505	–437,88325	–1E+190	–1E+196	–57,37	1155414
3*	70		45566	217,3678	–1,3772693	–1E+190			
4	70	2000	47566	1,281187	–351,10736	–3E+152	–3E+158	–55,66	1155414
4*	80		36316	225,6647	–1,3613523	–3E+152			
5	80	2000	38316	1,201983	–280,19755	–5E+121	–5E+127	–53,95	1155414
5*	100		14469	243,9454	–1,3452838	–5E+121			
6	100	100000	114469	2,077786	–0,0001573	–0,00016	–157,341	22,51	1155414
6*	50		306919	117,4863	–0,6307133	–0,00016			
7	50	20000	326919	6,36824	–8,37E–05	–8,4E–05	–83,7077	24,72	1155414
7*	85		152560	150,2817	–0,6101094	–8,4E–05			
8	85	20000	172560	3,019557	–9,82E–06	–9,8E–06	–9,82002	31,68	1155414

Zeile1,Term1: $1+(\frac{N}{N_c})^{\frac{1}{z}}$

Zeile 1, Term2: $$\left(\frac{\sigma a - \dfrac{\sigma a_{0,0} + \sigma a_{0,\infty} * (\frac{N}{N_c})^{1/z}}{1+(\frac{N}{N_c})^{1/z}}}{\sigma a_{0.63,\infty} - \sigma a_{0,\infty}}\right)^b$$

Zeile1*,Term1: $\sigma a - (\ln(\frac{1}{1-G}))^{1/b} \cdot (\sigma a_{0.63,\infty} - \sigma a_{0,\infty})$

Zeile1*,Term2: $\ln(\frac{1}{1-G})^{1/b}$

Diskussion des Ergebnisses: Drei von acht Lastsequenzen liegen über oder an dem Nullbruchwert von 90 MPa. Deshalb wird die Nullbruchlinie nach acht Sequenzen erreicht.

16.9 Beispiel 9 – Mehrstufige Belastung

Auftrag 002 – Beispiel 2

$\sigma a_{0.63,\infty}$ = 126

b = 9

z= 0,75

Nc= 50000

1/z= 1,33

$\sigma a_{0,\infty}$= 46

$\sigma a_{0,0}$= 152

Mehrstufige Belastung

Sequenz	σa	ΔN	N	Term1	Term2	G(σa)	ppm	σa(G,∞)	$(N_\infty/N_c)^{1/z}$
1	100	2000	2000	1,013827	–0,0160699	–0,0162	–16199,7	–4,55	525254,6
1*	80		17870	130,5543	–0,6319286	–0,0162			
2	80	2000	19870	1,29307	–0,0100314	–0,01008	–10081,8	–1,98	525254,6
2*	90		12201	137,9754	–0,5996929	–0,01008			
3	90	2000	14201	1,187474	–0,0059438	–0,00596	–5961,51	0,74	525254,6
3*	70		31074	115,2651	–0,5658142	–0,00596			
4	70	2000	33074	1,577141	–0,0039126	–0,00392	–3920,3	2,79	525254,6
4*	80		23858	123,2102	–0,5401279	–0,00392			
5	80	2000	25858	1,416037	–0,0023636	–0,00237	–2366,38	5,14	525254,6
5*	100		10033	140,8568	–0,5107103	–0,00237			
6	100	100000	110033	3,854925	4,806E–05	4,81E–05	48,06094	72,50	525254,6
6*	50		110033	23,49729	0,3312839	4,81E–05			
7	50	20000	130033	4,565009	–2,667E–06	4,81E–05	48,06094	72,50	525254,6
7*	85		226191	58,49729	0,3312839	4,81E–05			
8	85	20000	246191	9,332264	7,019E–05	7,02E–05	70,18386	73,64	525254,6

Zeile1,Term1: $1+(\frac{N}{N_c})^{\frac{1}{z}}$

Zeile 1, Term2: $\left(\frac{\sigma a-\frac{\sigma a_{0,0}+\sigma a_{0,\infty}*(\frac{N}{N_c})^{1/z}}{1+(\frac{N}{N_c})^{1/z}}}{\sigma a_{0.63,\infty}-\sigma a_{0,\infty}}\right)^{b}$

Zeile1*,Term1: $\sigma a-(\ln(\frac{1}{1-G}))^{1/b}\cdot(\sigma a_{0.63,\infty}-\sigma a_{0,\infty})$

Zeile1*,Term2: $\ln(\frac{1}{1-G})^{1/b}$

Diskussion des Ergebnisses: Acht von acht Lastsequenzen liegen über dem Nullbruchwert von 46 MPa. Deshalb wird die Nullbruchlinie nach sechs Sequenzen überschritten.

16.10 Beispiel 10 – Mehrstufige Belastung

Auftrag 003 – Beispiel 3

$\sigma a_{0.63,\infty}$ = 144

b = 33

z= 0,95

Nc= 3500

1/z= 1,05

$\sigma a_{0,\infty}$= 72

$\sigma a_{0,0}$= 728

Mehrstufige Belastung

Sequenz	**σa**	**ΔN**	**N**	**Term1**	**Term2**	**G(σa)**	**ppm**	**σa(G,∞)**	$(N_\infty/N_c)^{1/z}$
1	100	2000	2000	1,555661	–163,47498	–9,9E+70	–9,9E+76	–22,65	535461,9
1*	80		19591	164,0247	–1,1670092	–9,9E+70			
2	80	2000	21591	7,756387	–1,203016	–2,33015	–2330146	7,12	535461,9
2*	90		19979	162,4044	–1,0056167	–2,33015			
3	90	2000	41570	14,44141	–0,0552636	–0,05682	–56819,2	20,04	535461,9
3*	70		28990	135,9515	–0,9159929	–0,05682			
4	70	2000	70560	24,42685	–0,064372	–0,06649	–66489,1	19,48	535461,9
4*	80		24738	146,2571	–0,9202375	–0,06649			
5	80	2000	95298	33,11921	–0,0044101	–0,00442	–4419,83	28,24	535461,9
5*	100		20304	161,0875	–0,848437	–0,00442			
6	100	100000	115602	40,3406	0,0043335	0,004324	4324,101	91,71	535461,9
6*	50		115602	18,29189	0,6097713	0,004324			
7	50	20000	135602	47,51649	–0,1229873	0,004324	4324,101	91,71	535461,9
7*	85		135602	23,94497	0,8479866	0,004324			
8	85	20000	155602	54,74568	2,821E–06	0,004324	4324,101	91,71	535461,9

Zeile1,Term1: $1+(\frac{N}{N_c})^{\frac{1}{z}}$

Zeile 1, Term2: $\left(\dfrac{\sigma a - \dfrac{\sigma a_{0,0}+\sigma a_{0,\infty} * (\frac{N}{N_c})^{1/z}}{1+(\frac{N}{N_c})^{1/z}}}{\sigma a_{0.63,\infty}-\sigma a_{0,\infty}}\right)^b$

Zeile1*,Term1: $\sigma a-(\ln(\frac{1}{1-G}))^{1/b}\cdot(\sigma a_{0.63,\infty}-\sigma a_{0,\infty})$

Zeile1*,Term2: $\ln(\frac{1}{1-G})^{1/b}$

Diskussion des Ergebnisses: Sechs von acht Lastsequenzen liegen über dem Nullbruchwert von 72 MPa. Deshalb wird die Nullbruchlinie nach sechs Sequenzen überschritten.

16.11 Beispiel 11– Mehrstufige Belastung

Auftrag 004 – Beispiel 4

$\sigma a_{0.63,\infty}=$ 381

b = 17

z= 2

Nc= 12000

1/z= 0,5

$\sigma a_{0,\infty}=$ 165

$\sigma a_{0,0}=$ 583

Mehrstufige Belastung

Sequenz	σa	ΔN	N	Term1	Term2	G(σa)	ppm	σa(G,∞)	$(N_\infty/N_c)^{1/z}$
1	100	2000	2000	1,408248	–37,007867	–1,2E+16	–1,2E+22	–100,68	288,6751
1*	80		20130	347,12	–1,2366665	–1,2E+16			
2	80	2000	22130	2,358008	–27,099705	–5,9E+11	–5,9E+17	–95,83	288,6751
2*	90		18217	352,2683	–1,214205	–5,9E+11			
3	90	2000	20217	2,297966	–19,066676	–1,9E+08	–1,9E+14	–90,46	288,6751
3*	70		30027	326,9	–1,1893517	–1,9E+08			
4	70	2000	32027	2,633673	–15,421711	–4983838	–5E+12	–87,27	288,6751
4*	80		26199	333,7137	–1,1746004	–4983838			
5	80	2000	28199	2,532932	–12,023714	–166659	–1,7E+11	–83,58	288,6751
5*	100		19025	350,0262	–1,1575285	–166659			
6	100	100000	119025	4,149407	–0,0110772	–0,01114	–11138,8	0,71	288,6751
6*	50		628754	215,7373	–0,7673022	–0,01114			
7	50	20000	648754	8,352742	–0,0103147	–0,01037	–10368,1	1,40	288,6751
7*	85		183939	250,0434	–0,76409	–0,01037			
8	85	20000	203939	5,122493	–0,0072083	–0,00723	–7234,3	4,84	288,6751

Zeile1,Term1: $1+(\frac{N}{N_c})^{\frac{1}{z}}$

Zeile 1, Term2: $\left(\frac{\sigma a-\frac{\sigma a_{0,0}+\sigma a_{0,\infty}*(\frac{N}{N_c})^{1/z}}{1+(\frac{N}{N_c})^{1/z}}}{\sigma a_{0.63,\infty}-\sigma a_{0,\infty}}\right)^b$

Zeile1*,Term1: $\sigma a-(\ln(\frac{1}{1-G}))^{1/b}\cdot(\sigma a_{0.63,\infty}-\sigma a_{0,\infty})$ Zeile1*,Term2: $\ln(\frac{1}{1-G})^{1/b}$

Diskussion des Ergebnisses: Alle acht Lastsequenzen liegen unter dem Nullbruchwert von 165 MPa. Deshalb wird die Nullbruchlinie nicht erreicht. Man kann davon ausgehen, dass auch keine Schädigungen vorliegen.

16.12 Beispiel 12 – Mehrstufige Belastung

Auftrag 005 – Beispiel 5

$\sigma a_{0.63,\infty}$ = 317

b = 21

z= 0,87

Nc= 58000

1/z= 1,15

$\sigma a_{0,\infty}$= 152

$\sigma a_{0,0}$= 343

Mehrstufige Belastung

Sequenz	σa	ΔN	N	Term1	Term2	G(σa)	ppm	σa(G,∞)	$(N_\infty/N_c)^{1/z}$
1	100	2000	2000	1,020809	–59,18115	–5E+25	–5E+31	–48,39	74483,11
1*	80		31052	280,3889	–1,2144781	–5E+25			
2	80	2000	33052	1,523772	–7,1648829	–1292,21	–1,3E+09	–29,22	74483,11
2*	90		37301	271,2209	–1,0983082	–1292,21			
3	90	2000	39301	1,639177	–2,3783839	–9,78746	–9787455	–19,95	74483,11
3*	70		64179	241,95	–1,0421211	–9,78746			
4	70	2000	66179	2,163823	–1,4131481	–3,10887	–3108870	–15,74	74483,11
4*	80		57747	247,7397	–1,016604	–3,10887			
5	80	2000	59747	2,034722	–1,0595748	–1,88514	–1885144	–13,45	74483,11
5*	100		41652	265,4553	–1,0027594	–1,88514			
6	100	100000	141652	3,792323	–0,0052401	–0,00525	–5253,85	23,51	74483,11
6*	50		284038	178,4935	–0,7787483	–0,00525			
7	50	20000	304038	7,720863	–0,0549109	–0,05645	–56446,4	8,30	74483,11
7*	85		82059	228,7036	–0,870931	–0,05645			
8	85	20000	102059	2,915301	–0,0896689	–0,09381	–93812,1	4,90	74483,11

Zeile1,Term1: $1+(\frac{N}{N_c})^{\frac{1}{z}}$ Zeile 1, Term2: $\left(\frac{\sigma a - \frac{\sigma a_{0,0}+\sigma a_{0,\infty} * (\frac{N}{N_c})^{1/z}}{1+(\frac{N}{N_c})^{1/z}}}{\sigma a_{0.63,\infty}-\sigma a_{0,\infty}}\right)^b$

Zeile1*,Term1: $\sigma a - (\ln(\frac{1}{1-G}))^{1/b} \cdot (\sigma a_{0.63,\infty} - \sigma a_{0,\infty})$ Zeile1*,Term2: $\ln(\frac{1}{1-G})^{1/b}$

Diskussion des Ergebnisses: Alle acht Lastsequenzen liegen unter dem Nullbruchwert von 152 MPa. Deshalb wird die Nullbruchlinie nicht erreicht. Man kann davon ausgehen, dass auch keine Schädigungen vorliegen.

16.13 Beispiel 13 – Mehrstufige Belastung

Auftrag 006 – Beispiel 6

$\sigma a_{0.63,\infty}$ = 443

b = 35

z= 1,78

Nc= 15000

1/z= 0,56

$\sigma a_{0,\infty}$= 216

$\sigma a_{0,0}$= 575

Mehrstufige Belastung

Sequenz	σa	ΔN	N	Term1	Term2	G(σa)	ppm	σa(G,∞)	$(N_\infty/N_c)^{1/z}$
1	100	2000	2000	1,323568	–14,446154	–1878818	–1,9E+12	–28,28	502,7926
1*	80		65740	324,9975	–1,0792841	–1878818			
2	80	2000	67740	3,326285	–1,432785	–3,19035	–3190353	–12,63	502,7926
2*	90		75212	319,3444	–1,0103278	–3,19035			
3	90	2000	77212	3,503181	–1,0329886	–1,80945	–1809450	–10,50	502,7926
3*	70		133904	297,2106	–1,0009277	–1,80945			
4	70	2000	135904	4,435575	–0,9986024	–1,71449	–1714485	–10,28	502,7926
4*	80		102608	306,9909	–0,99996	–1,71449			
5	80	2000	104608	3,967187	–0,9888676	–1,68819	–1688189	–10,21	502,7926
5*	100		62845	326,9274	–0,9996802	–1,68819			
6	100	100000	162845	4,801744	–0,4191394	–0,52065	–520652	–4,72	502,7926
6*	50		309492	271,4298	–0,9754617	–0,52065			
7	50	20000	329492	6,641335	–0,8561125	–1,35399	–1353992	–9,28	502,7926
7*	85		92525	310,9947	–0,9955712	–1,35399			
8	85	20000	112525	4,090919	–0,8311208	–1,29589	–1295891	–9,09	502,7926

Zeile1,Term1: $1+\left(\frac{N}{N_c}\right)^{\frac{1}{z}}$

Zeile 1, Term2: $\left(\frac{\sigma a-\frac{\sigma a_{0,0}+\sigma a_{0,\infty}*\left(\frac{N}{N_c}\right)^{1/z}}{1+\left(\frac{N}{N_c}\right)^{1/z}}}{\sigma a_{0.63,\infty}-\sigma a_{0,\infty}}\right)^{b}$

Zeile1*,Term1: $\sigma a-\left(\ln\left(\frac{1}{1-G}\right)\right)^{1/b}\cdot\left(\sigma a_{0.63,\infty}-\sigma a_{0,\infty}\right)$

Zeile1*,Term2: $\ln\left(\frac{1}{1-G}\right)^{1/b}$

Diskussion des Ergebnisses: Alle acht Lastsequenzen liegen unter dem Nullbruchwert von 216 MPa. Deshalb wird die Nullbruchlinie nicht erreicht. Man kann davon ausgehen, dass auch keine Schädigungen vorliegen.

16.14 Beispiel 14 – Zufällige Belastung

Auftrag 007 – Optimalkerbe

$\sigma a_{0.63,\infty} =$ 112

$b =$ 11

$z =$ 1,25

$Nc =$ 10000

$1/z =$ 0,8

$\sigma a_{0,\infty} =$ 60

$\sigma a_{0,0} =$ 179

Zufällige Belastung

Lastspiel	σa	ΔN	N	Term1	Term2	G(σa)	ppm	σa(G,∞)	$(N_\infty/N_c)^{1/z}$
1	100	1	1	1,000631	–98,474	–5,84396E+42	–5,8E+48	–18,91	10000
1	80		1362	158,925	–1,51779	–5,84396E+42			
2	80	1	1363	1,203051	–98,3396	–5,10891E+42	–5,1E+48	–18,90	10000
2	90		511	168,9152	–1,5176	–5,10891E+42			
3	90	1	512	1,092739	–98,1416	–4,19152E+42	–4,2E+48	–18,89	10000
3	70		2583	148,9007	–1,51732	–4,19152E+42			
4	70	1	2584	1,338677	–98,0464	–3,8107E+42	–3,8E+48	–18,88	10000
4	80		1365	158,8937	–1,51719	–3,8107E+42			
5	80	1	1366	1,203431	–97,9126	–3,33365E+42	–3,3E+48	–18,87	10000
5	100		2	178,884	–1,517	–3,33365E+42			
6	100	1	3	1,001407	–97,2163	–1,66144E+42	–1,7E+48	–18,82	10000
6	50		6734	128,8328	–1,51602	–1,66144E+42			
7	50	1	6735	1,728914	–97,1695	–1,58555E+42	–1,6E+48	–18,82	10000
7	85		903	163,8293	–1,51595	–1,58555E+42			
8	85	1	904	1,146241	–97,0107	–1,35275E+42	–1,4E+48	–18,81	10000
8	100		3	178,8176	–1,51572	–1,35275E+42			

Zeile1,Term1: $1+(\frac{N}{N_c})^{\frac{1}{z}}$

Zeile 1, Term2: $\left(\frac{\sigma a - \frac{\sigma a_{0,0} + \sigma a_{0,\infty} * (\frac{N}{N_c})^{1/z}}{1+(\frac{N}{N_c})^{1/z}}}{\sigma a_{0.63,\infty} - \sigma a_{0,\infty}}\right)^b$

Zeile1*,Term1: $\sigma a - (\ln(\frac{1}{1-G}))^{1/b} \cdot (\sigma a_{0.63,\infty} - \sigma a_{0,\infty})$

Zeile1*,Term2: $\ln(\frac{1}{1-G})^{1/b}$

Auswertung der einzelnen Lastspiele einer stochastischen Belastung vom Lastspiel 1 bis 32753. Mit dieser Belastung erreicht man nach 32753 Lastspielen die gleiche Bruchwahrscheinlichkeit wie mit einer einstufigen Belastung bei 100 MPa und 17084 Lastspielen. Die erreichte Bruchwahrscheinlichkeit von –0,000241 ppm bedeutet, dass man sich mit dem Verfahren noch unter der Nullbruchlinie im Bereich der Schädigungen befindet.

Lastspiel	σa	ΔN	N	Term1	Term2	G(σa)	ppm	σa(G,∞)	$(N_\infty/N_c)^{1/z}$
32746	80	1	46433	4,415553	–2,4E–10	–2,4318E–10	–0,00024	53,06	10000
32746	90		27107	96,95019	–0,13366	–2,4318E–10			
32747	90	1	27108	3,220617	–2,4E–10	–2,42891E–10	–0,00024	53,06	10000
32747	70		94314	76,94944	–0,13364	–2,42891E–10			
32748	70	1	94315	7,020932	–2,4E–10	–2,42844E–10	–0,00024	53,06	10000
32748	80		46435	86,94932	–0,13364	–2,42844E–10			
32749	80	1	46436	4,415755	–2,4E–10	–2,42705E–10	–0,00024	53,06	10000
32749	100		17081	106,949	–0,13363	–2,42705E–10			
32750	100	1	17082	2,534739	–2,4E–10	–2,42194E–10	–0,00024	53,06	10000
32750	50		17082	56,94763	–0,13361	–2,42194E–10			
32751	50	1	17083	2,534811	–2,71696	–2,42194E–10	–0,00024	53,06	10000
32751	85		35009	91,94763	–0,13361	–2,42194E–10			
32752	85	1	35010	3,724909	–2,4E–10	–2,4199E–10	–0,00024	53,06	10000
32752	100		17083	106,9471	–0,1336	–2,4199E–10			
32753	100	1	17084	2,53484	–2,4E–10	–2,4148E–10	–0,00024	53,07	10000

Fortsetzung durch Wiederholung der letzten Zeile

Sequenz	σa	ΔN	N	Term1	Term2	G(σa)	ppm	σa(G,∞)	$(N_\infty/N_c)^{1/z}$
Lastspiele	100		17083			0,000000			
1	100	1	17084	2,53487	0,00000	0,000000	–0,00024	53,07	10000
32753	100		17084	106,94520	–0,13356	0,000000			
2	100	17084	34168	3,67236	0,00000	0,000000	0,00065	67,61	10000
65506	100		34168	92,40419	0,14607	0,000000			
3	100	17084	51252	4,69631	0,00000	0,000001	0,89485	74,67	10000
98259	100		51252	85,33903	0,28194	0,000001			
4	100	17084	68336	5,65286	0,00002	0,000015	15,04293	78,96	10000
131012	100		68336	81,05130	0,36440	0,000015			
5	100	17084	85420	6,56221	0,00007	0,000073	72,67464	81,88	10000
163765	100		85420	78,13413	0,42050	0,000073			
6	100	17084	102504	7,43565	0,00020	0,000202	202,04683	84,01	10000
196518	100		102504	76,00397	0,46146	0,000202			
7	100	17084	119588	8,28031	0,00042	0,000417	416,71547	85,64	10000
229271	100		119588	74,37144	0,49286	0,000417			
8	100	17084	136672	9,10109	0,00072	0,000717	716,89884	86,94	10000
262024	100		136672	73,07535	0,51778	0,000717			

Fortsetzung der Auswertung durch Wiederholung der letzten Zeile: Nach 262024 Lastspielen hat man die Bruchwahrscheinlichkeit von 717 ppm (0,0717%) erreicht. Bei einstufiger Belastung mit 100 MPa hätte man dafür 136672 Lastspiele benötigt.

Fortsetzung der Auswertung durch Wiederholung der letzten Lastsequenz

Lastspiele	**σa**	**ΔN**	**N**	**Term1**	**Term2**	**G(σa)**	**ppm**	**σa(G,∞)**	**$(N_\infty/N_c)^{1/z}$**
32753	100		17084			0,00000	–0,00024	53,06	
	80		46445	86,94576	–0,13357	0,0000000			
65499	80	46432	92877	6,947407	0,00000	0,0000000	0,00000	62,89	10000
	90		45945	87,1268	0,05525	0,0000000			
98246	90	27107	73052	5,90801	0,00000	0,0000000	0,01137	69,87	10000
	70		44964419	60,14215	0,18957	0,0000000			
130994	70	94314	45058733	838,574	0,00000	0,0000000	0,01137	69,87	10000
	80		194279	70,14191	0,18958	0,0000000			
163743	80	46435	240714	13,74094	0,00000	0,0000001	0,05304	71,35	10000
	100		42000	88,66025	0,21807	0,0000001			
196493	100	17081	59081	5,141502	0,00000	0,0000041	4,14937	76,87	10000
	50		59081	33,14499	0,32413	0,0000041			
229244	50	0	59081	5,141502	–0,00706	0,0000041	4,14937	76,87	10000
	85		261415	68,14499	0,32413	0,0000041			
261996	85	35009	296424	16,04981	0,00001	0,0000066	6,61738	77,60	10000
	100		62084	82,41442	0,33818	0,0000066			
294749	100	17083	79167	6,23403	0,00004	0,0000445	44,47621	80,92	10000

Beginnend bei der Lastspielzahl 32753 resultieren die folgenden Lastspielzahlen aus: 65499 = 32753 + 32746; 98246 = 65499 + 32747; 130994 = 98246 + 32748; 163743 = 130994 + 32749; 196493 = 163743 + 32750; 229244 = 196493 + 32751; 261996 = 229244 + 32752; 294749 = 261996 + 32753. Nach 294749 Lastspielen hat man bei dieser Auswertung die Bruchwahrscheinlichkeit 44 ppm (0,0044 %) erreicht: Bei Auswertung einer zufälligen Belastung wandert der Arbeitspunkt im Wöhlerdiagramm nach rechts, die Wöhlerlinie nach oben. Zusätzliche Lastspiele bewirken kaum Änderungen der Bruchwahrscheinlichkeit. Man muss Lastspiele zusammenfassen. Man kann die folgenden Lastspiele durch eine einstufige Belastung ersetzen, indem man die letzte Zeile wiederholt. Hat die zufällige Belastung wiederkehrende Sequenzen, so kann man die Auswertung auch durch Wiederholung der letzten Sequenz fortführen. Beides führt zu unterschiedlichen Prognosen.

Literatur

[1] J. Köhler: Nullbruchlinie der Dauerfestigkeit, Materialwissenschaft und Werkstofftechnik (2008), 39, No.8

[2] J. Köhler: Versuchen oder rechnen. Betriebsfestigkeit und Nullbruchlinie, Materialwissenschaft und Werkstofftechnik (2010), 43, No. 3

[3] J. Köhler: Statistischer Größeneinfluss im Dauerschwingverhalten ungekerbter und gekerbter metallischer Bauteile, Dissertation TU München (1975)

[4] E. J. Gumbel: Statistic of Extremes, Columbia University Press, New York (1958)

[5] W. Weibull: A Statistical Representation of Fatigue Failures in Solids. Kung. Techn. Högs. Handl., Transactions of the Royal Institute of Technology, Stockholm (1949)

[6] H. G. Hahn: Bruchmechanik, B. G. Teubner, Stuttgart (1976)

[7] R. Wagner: Lebensdauervorhersage schwingend beanspruchter scharf gekerbter Bauteile auf der Grundlage der Bruchmechanik, Dissertation TU München (1973)

[8] J. Böhm: Zur Vorhersage von Dauerschwingfestigkeiten ungekerbter und gekerbter Bauteile unter Berücksichtigung des statistischen Größeneinflusses, Dissertation TU München (1980)

[9] F. A. Mc.Clintock und G. R. Irwin: Symposium on Fracture Toughness Testing and its Application, STP 381, S. 84–113, ASTM Philadelphia (1965)

[10] D. S. Dugdale: Journal of the Mechanics and Physics of Solids 8 (1960) S. 100

[11] H. Neuber: Kerbspannungslehre, Springer Verlag (2001)

Stichwortverzeichnis

FSC
www.fsc.org
MIX
Papier | Fördert
gute Waldnutzung
FSC® C083411

Kolibri 360 GmbH
Ferdinand-Jühlke-Straße 7
99095 Erfurt, Deutschland
produktsicherheit@kolibri360.de